信息与计算科学专业系列教材

信息论基础

（第三版）

石　峰　莫忠息　编著

WUHAN UNIVERSITY PRESS
武汉大学出版社

图书在版编目(CIP)数据

信息论基础/石峰,莫忠息编著.—3 版.—武汉：武汉大学出版社，2014.9

信息与计算科学专业系列教材

ISBN 978-7-307-14254-1

Ⅰ.信…　Ⅱ.①石…　②莫…　Ⅲ.信息论—高等学校—教材　Ⅳ.TN911.2

中国版本图书馆 CIP 数据核字(2014)第 203613 号

责任编辑:顾素萍　　　责任校对:鄢春梅　　　版式设计:马　佳

出版发行：**武汉大学出版社**　(430072　武昌　珞珈山)

(电子邮件：cbs22@whu.edu.cn　网址：www.wdp.com.cn)

印刷:湖北民政印刷厂

开本:720×1000　1/16　　印张：15.75　字数：270 千字　插页：1

版次:2002 年 7 月第 1 版　　2006 年 4 月第 2 版

2014 年 9 月第 3 版　　2014 年 9 月第 3 版第 1 次印刷

ISBN 978-7-307-14254-1　　定价：29.00 元

出版说明

1998年，教育部颁布了经调整后的高等学校新的专业目录，从1999年秋季开始，各院校开始按新的专业设置进行招生。信息与计算科学专业是在这次调整中设置的，是以信息处理和科学与工程计算为背景的，由信息科学、计算科学、运筹与控制科学等交叉渗透而形成的一个新的理科专业。目前，社会对这方面的人才需求越来越多，开办这个专业的院校也越来越多。因此，系统地出版一套高质量的相关教材是当务之急。

由于信息与计算科学专业是一个新设的专业，有关该专业的人才培养模式、培养目标、教学计划、课程体系、教材建设等一系列专业建设问题，各院校目前正在积极地研究和探索之中。为了配合全国各类高校信息与计算科学专业的教学改革和课程建设，推进高校信息与计算科学专业教材的出版工作，在有关专家的倡议和有关部门的大力支持下，我们于2002年组织成立了信息与计算科学专业系列教材编委会，并制定了教材出版规划。

编委会一致认为，规划教材应该能够反映当前教学改革的需要，要有特色和一定的前瞻性。规划的教材由个人申报或有关专家推荐，经编委会认真评审，最后由出版社审定出版。教材的编写力求体现创新精神和教学改革，并且应具有深入浅出、可读性强等特点。这一套系列教材不仅适用于信息与计算科学专业的教学，也可以作为其他有关专业的教材和教学参考书，还可供工程技术人员学习参考。

限于我们的水平和经验，这批教材在编审、出版工作中还可能存在不少的缺点和不足，希望使用本系列教材的教师、同学和其他广大读者提出批评和建议。

信息与计算科学专业系列教材编委会

第三版序言

鉴于信息理论在工程、医学和数据挖掘等方面越来越广泛和深入的应用，与Shannon熵相关的一些信息度量方式受到越来越多的重视，故本次修订主要有如下一些变动：

1. 增加了Renyi熵与Tsallis熵的简单介绍。

2. 增加了近似熵与样本熵的简单介绍。

同时，由于多数高校大幅压缩学时，根据教材使用反馈的情况，我们删除了连续信源的信息率失真函数等部分内容。

本书在介绍信息理论基本内容的同时，将致力于吸收得到普遍重视的一些新的信息理论研究成果。

本次修订得到了信息与计算科学专业系列教材编委会、使用该教材的广大师生和武汉大学出版社的大力支持，编者在此表示由衷的感谢！

这次修订虽然更贴近于现代科技的发展，但是难免还有许多不足之处，希望使用者能多多指正。

石峰　莫忠息

2014年5月于武汉

第二版序言

本书修订版的主要变动有如下几个方面：

1. 更正了一些错误，对部分内容的介绍更加详细。

2. 增加了意义信息和加权熵、游程编码、Kieffer-Yang 通用编码、级联信道和并联信道的信道容量等内容，使本书的内容与现代技术更加接近。

3. 增加了少量的实际应用例子，使学生能体会信息理论在实际生活中是如何应用的。

4. 修正并增加了少量的习题，并对部分习题给出了习题参考答案或提示。

很多读者认为本书理论性很强，实用编码方法介绍偏少。编者认为：本书的定位主要介绍的是信息理论的基础部分，较多的理论说明是应该的。本书不同于一般的编码理论，不可能过多地讲述编码方法。其次，这次修订我们也增加了部分新的编码方法，如游程编码、Kieffer-Yang 通用编码，并增加了几个实际的例子，以满足这些读者的需要。根据编者近几年的教学经验，第 6 章和第 10 章可以作为选学内容，可以根据学时和学生的实际情况安排讲解内容，毕竟有单独的课程或书籍来介绍它们。

另外，很多读者认为习题比较难做。实际上，每章后面的习题都可以根据该章的内容做出来，主要是做题的方法不容易想到，有一定的灵活性。这需要读者认真的、潜心的思考，不是套公式来做。这次修订也给出了部分习题的解答或提示。对于是否给出习题解答，很多专家认为，给出习题解答，往往会让部分学生懒惰下来，不认真做练习。对此，我们只是给出部分习题的提示。完整的解题过程，还是需要学生认真思考，自己得到。

本书的此次修订，得到信息与计算科学专业系列教材编委会、使用该教材的广大师生和武汉大学出版社的大力支持，编者在此表示由衷的感谢！

这次修订虽然主观上力求完善，但是难免还有很多不妥之处，希望读者多多指正。

石峰　莫忠息

2006 年 3 月于武汉

目　录

前　言

随着科学技术的迅速发展、知识体系的不断更新，信息的概念已在自然科学、人文与社会科学中被广泛地采用，信息理论越来越受到人们的重视。实际上，我们目前所处的时代早已被称为信息时代。香农信息理论，是一个业已成熟的科学体系，是研究信息理论的基础。

长期以来，信息论的教材均是为通信工程或概率统计等专业的学生而编写的，需要读者具有较多的相关专业的知识。为使其他专业的学生能尽早掌握信息理论的基本原理和方法，也使信息论的思想、原理和方法在更为广泛的范围内得到推广和应用，本书尽量用较少的概率统计知识和通信工程知识，尽可能以离散的情形来讨论有关问题。

本教材着重介绍香农信息理论的基本概念、基本分析方法和主要结论，同时，还介绍组合信息和算法信息知识。由于香农（Claude Shannon）提出的信息论是一种基于统计意义上的信息理论，这一理论对通信技术的发展产生了持久而又深刻的影响，但它对信息技术的其他某些方面，如人工智能、机器学习等，则指导作用很少，所以人们对更为广泛意义下的信息的研究一直没有停止。到目前为止，较为成熟的研究成果有：E. T. Jaynes 在 1957 年提出的最大熵原理的理论；S. E. K. Kullback 在 1959 年首次提出后又被 J. S. Shore 等人发展了的鉴别信息和最小鉴别信息原理的理论；A. N. Kolmogorov 在 1965 年提出的关于信息度量定义的三种方法——概率法、组合法和计算法；A. N. Kolmogorov 于 1968 年阐明并被 J. Chaitin 在 1987 年系统发展了的关于算法信息的理论。这些成果大大丰富了信息理论的概念、方法和应用范围。首先，它把信息的统计定义进一步推广并对非统计意义下的信息给出了一种度量。其次，信息度量的意义已不再局限于信源编码和信道编码，而是已经系统地发展成为信息处理的一种准则，如最大熵原理和最小鉴别信息原理在目前的估计理论中占据着重要的地位。基于此，本书对这些基本概念和成果也作了较为详细的介绍。

传统的信息论包含三个方面：信息论基础、编码理论、密码理论。由于信息论的基本原理和方法与编码理论息息相关，我们在介绍信息理论的基本知识时，处处涉及编码理论，虽然在第 5 章的最后提到了重复码和 Hamming 码，但那仅仅只是为了加深读者对有关编码的感性认识，在第 6 章我们专门对较为成熟的线性码作了简单而又系统的介绍。由于现代密码学是基于信息理论的，所以我们对密码学作了一点介绍。

全书共分 10 章。第 1 章主要介绍香农信息理论的基本概念、基本内容、发展简史以及通信系统模型。第 2 章讨论信源的特点和分类，信息的度量，以及信息熵、条件熵、联合熵等。第 3 章介绍互信息。第 4 章主要介绍有关信源编码的一些基本概念和 Huffman 最优编码。第 5 章主要介绍离散信道编码问题、信道编码定理，并对 Hamming 码作了简单的介绍。第 6 章系统地从理论上对线性码作了介绍。第 7 章介绍有关率失真理论。第 8 章介绍两个应用得非常广泛的最大熵原理和最小鉴别信息原理，它们是估计理论中两个重要的原理，也是两个重要的方法。非统计意义下的信息理论（组合信息与算法信息）在第 9 章中作了介绍，同时给出通用编码方法的代表——Lewpel-Ziv 编码方法。第 10 章介绍密码学的基础知识。

本书前 5 章和第 7 章是信息理论的基本内容，力求系统、全面地介绍有关信息的基本概念，如信源和信宿、信道和编码的基本概念和理论。作者认为本书第 2 章所讲述的一些基本概念和问题是最基本的，特别是熵的概念，初学者应该细心研读，准确理解。这一章内容掌握得好，其余部分的内容也就容易理解和掌握了。学习这部分内容的数学基础要求是学习过数学分析和概率论的基本内容。当然，最好对随机过程的一般理论和分析方法也有所了解。

第 6 章、第 8～10 章的内容是专题研讨部分，读者可根据需要选读有关内容。作者力求反映国内外在这些专题研究的主要成果。这部分内容主要是为了扩大读者的知识面。教师在讲授信息论理论基础课程时可只作简略介绍或只选讲其中部分内容。

全书第 1～5 章、第 7～9 章由石峰编写，第 6 章和第 10 章由莫忠息编写。虽然在编写过程中参考了大量的教科书和有关专著，但由于编者的学识有限，书中错误在所难免，敬请读者批评和指正，编者不胜感激。在此，尤其感谢哈尔滨工业大学李琼博士和湖北省公安厅石艳飞先生对本书所提出的许多宝贵意见和建议。

编 者

2014 年 5 月

第1章 概　　论

当今，信息已经成为现代社会的一项重要资源. 信息的要领在自然科学和社会科学中均已被广泛地采用. 研究信息的产生、获取、检测、传输、处理、识别及其应用的信息科学技术，在近几十年里得到了迅速发展. 目前社会上流行的一些提法，如“信息、材料、能源是现代科学的三大支柱”、“信息、物质、能量是构成一切系统的三大要素”等，充分说明了人们对信息的重要性的认识.

1.1　信息理论的基本内容

信息科学是研究信息的产生、获取、度量、变换、传输、处理、识别及其应用的一门科学，也是源于通信实践发展起来的一门新兴应用科学. 它所研究的问题是带有根本性的、基础性的问题，所给出的方法也是具有普遍性的、令人信服的、可以解决实际问题的方法，所得结论是严谨的、经得起考验的结论.

信息理论的基本问题是信源和信宿、信道以及编码问题.

信息的获取或产生主要依赖于信息源，简称**信源**. 信源大致可分为三大类：一是自然信源，包括来自于物理、化学、天体、地学、生物等方面的自然的信息. 获取信息的主要工具是传感器和传感设备，其种类繁多，形式不一，不胜枚举，主要有物理型（热、光、磁、电、声、力）传感器、化学型（气体、化合等）传感器和生物型（神经、感觉、嗅觉、视觉、听觉、触觉等）传感器. 二是社会信源，包括政治、军事、管理、金融、商情以及各种情报等. 采集信息主要靠社会调查，利用统计方法加以整理. 三是知识源. 古今中外记录下来的知识和专家的经验都蕴含大量的信息.

在信息理论中，信息和消息是紧密相关的两个不同的概念. 一般认为，消息是信息的载体，如语言、文字、各种符号、声音、图片等，而信息蕴含在消息之中. 同一个消息，比如说当天新闻联播的一篇报道，不同的人从中获取的信息是不一样的；一封家书，对于收信人而言可抵万金，但对旁人来说可能是废纸一张. 因此信息是一个奇妙的东西，它是有别于物质和能量的一种存在. 信息可由一个人掌握，也可由多人所知晓. 信息的本质和它的科学定义是当前科学界，乃至哲学界热衷研究的课题，但是它的重要性是毋庸置疑的.

信息的核心问题是它的度量问题. 从目前的研究来看，要对通常意义下的信息给出一个统一的度量是困难的. 至今最为成功的，也是最为普及的信息度量是由信息论创始人 Shannon 在他的光辉著作《通信的数学理论》中提出的、建立在概率统计模型上的信息度量. 他把信息定义为“用来消除不确定性的东西”. 用概率的某种函数来描述不确定性是自然的，所以，Shannon 用

$$I(A) = -\log P(A)$$

来度量事件 A 发生所提供的信息量，称之为事件 A 的自信息，其中 $P(A)$为事件 A 发生的概率. 这个定义与人们的直觉经验相吻合. 如果一个随机实验有 N 个可能的结果或一个随机消息有 N 个可能值，若它们出现的概率分别为 $p_1, p_2, \cdots, p_N$，则这些事件的自信息的平均值

$$H = -\sum_{i=1}^{N} p_i \log p_i$$

作为这个随机实验或随机消息所提供的平均信息也是合理的. H 也称为**熵**，是借用统计物理中的一个名词. 因为在物理学中，熵是描述系统的不规则性或不确定性的一个物理量.

由于信息论是源于通信实践发展起来的一门新兴应用科学，故通信系统的基本模型也是信息理论的基本模型，该模型如图 1.1 所示.

信源是产生消息(或消息序列)的源. 消息通常是符号序列或时间函数. 消息取值服从一定的统计规律，所以信源的数学模型可以是离散的随机序列或连续的随机过程.

所谓编码，就是用符号来表达信息，即进行信源编码；还需要将符号转换成信道所要求的信号，即进行信道编码. 译码是编码的反变换.

信源编码器把信源产生的消息变换成数字序列. 在不允许编码失真的情况下，信源编码器的目的是在保证能从其输出数字序列并能准确无误地恢复输入消息序列的前提下，提高输出数字序列的效率，也就是保证在不

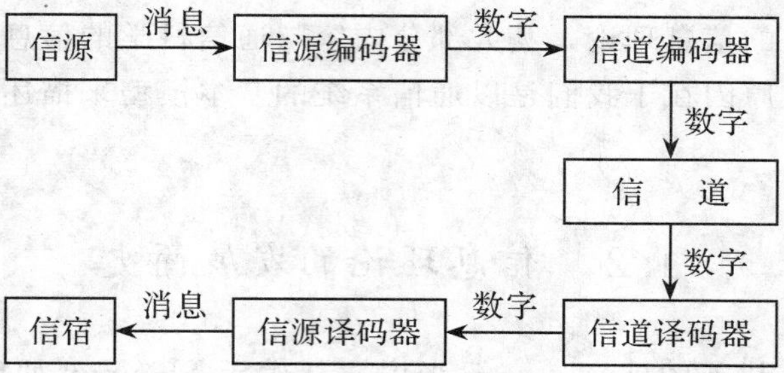

图 1.1　基本的通信系统模型

失真的条件下，对输入消息序列进行压缩. 或者，在允许失真的情况下，信源编码器的目的是对给定的信源，在保证消息平均失真不超过某个给定允许值 D 的条件下，对输入消息序列进行压缩.

信道在实际通信系统中是指传输信号的媒介或通道，如电缆、光缆、电离层、人造卫星等. 在信息论的模型中也把发送端和接收端的调制、解调器等归入到信道中，并把系统中各部分的噪声和干扰都归入到信道中. 在信道的输入、输出模型中，根据噪声和干扰的统计特征，用输入、输出的条件概率（或称转移概率）来描述信道特征.

信道编码器把信源编码输出的数字序列变换成适合于信道传输的由信道入口符号组成的序列. 其主要作用是对其输出序列提供保护，以抵抗信道噪声和干扰.

信道译码器和信源译码器分别是信道编码和信源编码的反变换，信宿是消息的接收者.

总之，编码是把信息变换成信号的方法、措施，而信道则是传送、存储信号的具体的物理设施，译码是编码的反变换. 这些问题的讨论是结合通信系统模型的研究进行的. 从信源得来的信息，经过编码后进入信道. 信道是系统的关键部分，它将信源的输出输入系统，然后再将输出信号经加工后送给用户，前者称为**编码**或**调制**，后者称为**解码**（**译码**）或**解调**. 正是在研究通信系统的基础上，1948 年，Shannon 建立了信息理论的基础. 他利用随机编码的方法证明，在含噪的信道中，利用适当的编码器和适当的解码器就可以得到近乎无误的通信. 然而这一非构造性的证明并没有告诉我们如何设计这样的编码器和解码器，也没有告诉我们它们是如何复杂. 从那以后，科学家们做了许多解决这些实际问题的工作，但迄今为止还是没有完全解决，人们仍在继续研究解决这些问题的答案. 因而，信息理论仍处在不断的发展之中，并且起着越来越大的指导作用.

本书讲述的信息理论，其大部分内容与通信科学的信息理论的基本内容大体一致，原因在于我们是以通信系统的基本模型来描述信息科学中的基本理论的.

1.2 信息理论的发展简史

信息理论基础的建立，一般来说，开始于 Shannon 研究通信系统时所发表的论文. 随着研究的深入与发展，信息论具有了较为宽广的内容.

从历史上看，信息论的形成是两部分人共同努力的结果，一部分是通信工程方面的学者，另一部分是统计数学家. 这两部分人虽然研究的是同一个领域的问题，但是他们感兴趣的方面和侧重点不一样. 这种情况从信息论的产生开始一直保持到现在.

信息理论与通信理论是分不开的，通信理论的发展正是信息理论发展的基础. 通信中最重要的问题就是信息量问题和传送信息的速度问题. 1267 年 Roger Bacon（罗杰·培根）提出了利用所谓“共振针”进行远距离的通信. 16 世纪 Gilbert Porta（吉尔伯特）提出了共鸣电报. 1746 年，英国 Watson（沃森）在 2 英里的电线上，传送了电信号. 1876 年 Graham Bell（贝尔）发明了电话. 1925—1927 年，引入了电视，出现宽频带问题及远距离传送图像时的相位问题和噪声问题. 噪声问题一直是一个大问题，研究这方面问题的先驱者有：Einstein（爱因斯坦，1905 年），Schottky（肖特克，1918 年），Johnson（约翰逊，1928 年）和 Nyquist（奈奎斯特，1928 年）. 1922 年，John Carson（约翰·卡森）研究了调频信号的频带，提出“调频信号”非窄带而是宽带，他认为“许多问题中往往包含有基本的谬误”，但到 1936 年，Armstrong（阿姆斯特朗）公布了他的调频试验的结果，指出：“在一组载波中可将最强的一个波分离出来，许多很靠近的载波不致互相干扰.” 这样就改正了卡森的错误结论，于是调频技术得到发展.

1924 年，美国的奈奎斯特和德国的 Küpfmüller（屈普夫米勒）同时提出这样的定理：在速率一定的情况下传输电报信号需要一定的频带. 证明了信号传输速率与信道带宽成正比. 经过 4 年后，Hartley（哈特利）将它写成公式. 设由 N 个符号组成一条消息，这 N 个符号又是从 S 个符号中选取出来的，因此可有 S^N 条可能的消息. Hartley 定义信息量为 $H=N\log S$，他还指出：为传输一定的信息量，需要一定的频带 B 和一

定的时间 t.

1948 年，Shannon 和 N. Wiener（维纳）提出有关信息的统计理论，设各符号出现的概率为 $p_1, p_2, \cdots, p_N$，则信息量

$$H_N = -\sum_{i=1}^{N} p_i \log p_i.$$

该式与 Boltzmann（波尔兹曼）的统计公式很相似.

信息与熵的等同关系早在 1929 年就由 Szilard（西拉德）所指出. 他在讨论麦克斯韦尔的小精灵（Maxwell's demon）时指出，由于高能和低能气体分子的分离所损失的熵等于 demon 所得到的信息.

Shannon 的另一贡献是提出关于信道最大容量的表示式：

$$I_{\max} = Bt\log\left(1 + \frac{P}{N}\right),$$

P 和 N 分别代表信号功率和噪声功率. 这里引出编码问题：当把一消息经过编码变为高斯噪声结构时，就得到最大信息传输速率，因而得到最大熵.

由于噪声的存在，在传送信息时必须有多余量用以克服噪声的影响.

克服噪声的一个方法就是 Wiener 所提出的最佳滤波系统，其相应特性是，输入信号与输出信号加噪声的均方误差为最小. 时延是减少误差的另一途径，时延越大则误差越小. 与最佳滤波有关的一个问题是预测. Wiener 指出，在领先时间的情况下，可以得到最小平方误差的输出信号，可以设计出这样的预测器.

在早期通信系统的信息理论的发展过程中有许多关键问题得到了注意，如信息量 H、传送时间 T、频带 B、传输速率 v 之间的关系.

1884 年 Kelvin（凯尔文）提出海底电缆的平方定律，即信号的传输速度 v 与距离 l 的平方成反比，与电缆每单位长度的电阻 R 和电容 C 的乘积成反比，写成

$$v \propto \frac{1}{RCl^2}.$$

1928 年 Hartley 在“信息传输”一文中说道：“在一信道中传输的信息量 I 与信道的频带 B 和传输时间 T 的乘积成正比”，即

$$I \propto BT.$$

一正弦波是在 $t=-\infty$ 到 $t=\infty$ 全部时间内连续的，取其中一小段时间 Δt.

一理想脉冲的频谱是在 $f=0$ 到 $f=\infty$ 的全部频域中连续的，取其中

一小段频率 Δf.

到 1946 年，加博尔在他的《通信理论》一书中指出：信息量与 Δf 和 Δt 的乘积成正比：

$$I \propto \Delta f \Delta t.$$

这一关系与海森伯格的不定原理 $h \approx \Delta p \Delta q$ 相似.

到 20 世纪 70 年代，有关信息论的研究从点与点间的通信转入多端系统的研究. 1972 年 Reever（利弗）发表了有关广播信道的研究结果，Slepian（斯莱皮恩）和 Wolf（沃尔夫）在 1973 年研究了多端数据的紧缩编码问题. 这些问题比较难，至今仍有许多尚待解决的课题. 与此同时，决策和估值问题得到发展，S. K. Kullback（库尔贝克）于 1959 年将决策与估值理论纳入信息理论的范畴，作为信息论的一个组成部分. 他引入鉴别信息，与统计数学有一定的关系. 鉴别信息是模拟试验和参数估计的一个十分重要的核心函数，它还在信道和信源编码中起着重要作用，并与香农信息论中的熵函数和互信息函数有密切的关系. 决策和估计理论与信息理论中随机数据的最佳利用有着相近的关系. 近年来，这些领域发展得很迅速.

然而从历史上看，把信息作为一个科学名词提出最早出现在数学中. 1925 年，即 R. V. L. Hartley 发表信息量定义的前三年，数学家 R. A. Fisher 就从古典统计理论的角度定义了信息量，该信息量现在一般被称为 **Fisher 信息量**. 至今它在估计问题中有重要的价值.

由于 Shannon 最初的工作集中在无记忆信源和无记忆信道上，在他的论文“通信的数学理论”发表以后，数学家们纷纷把 Shannon 的基本概念和编码定理推广到更一般的信源、更一般的编码结构和性能度量，并给出严格的证明. 在发展信息论的概念方面，苏联数学家 A. N. Kolmogorov 有突出贡献. 1956 年他提出信息量的一般定义，1958 年他指出熵相等是动力系统同构的必要条件，这一工作开辟了遍历理论的一个新方向，即动力系统的熵及其在同构中的应用. 1968 年，他又提出定义信息量的三个途径，首次提出序列复杂度的概念并把它和 Shannon 熵相互联系在一起. 这一工作后来得到了 G. J. Chaitin 的发展并在 1987 年建立了算法信息理论. 另一位数学家 Kullback 在 1959 年系统地论述了鉴别信息（或称为相对熵、交叉熵等）的概念及其与 Fisher 信息量、Shannon 熵的关系. 由于 Shannon 熵在连续随机变量下失去了意义，故鉴别信息在这种情况下特别重要.

以上这些工作不仅对数学本身而且对信息技术产生了重大的影响. 例

如，动力系统同构问题的研究使人们对信源编码问题有了更深刻的认识并获得了一些新的结果和编码方法；而序列复杂度的概念已导致通用编码，甚至在生物信息学中也取得较大的成果；鉴别信息的概念为估计问题、识别问题带来理想的数学工具，在信号处理中获得重要的应用.

除此之外，数学家对上述定义做了很多推广. 如 A. N. Kolmogorov 在 1958 年提出了 ε-熵，A. Renyi 于 1961 年提出了 α-阶熵，J. Havrda 在 1967 年提出了 β-次熵，S. Arimoto 在 1971 年提出了 γ-熵，C. Ferreri 于 1980 年提出了次熵，等等. 这些熵在模式识别及模糊集理论中有一定的应用，但其重要性远不及 Shannon 熵. 本书没作介绍.

1.3 控制论、信息论与系统论

谈到信息论不难想到控制论与系统论，三者统称为老三论.

1. 控制论

美国数学家 N. Wiener（1894—1964 年）曾对自动控制系统产生很大兴趣. 20 世纪 40 年代初，Wiener 研究计算机时认识到机器的控制系统与人脑功能有相似之处.

1948 年，Wiener 出版了《控制论》（*Cybernetics*）一书. Cybernetics 原意是"操舵术"，也就是掌舵的技术和方法的意思，柏拉图称之为管理人的艺术. Wiener 认为，控制论是"关于动物和机器中控制和通信的科学". 他还说："控制论的目的在于创造一种语言和技术，使我们有效地研究一般的控制和通信问题. 同时也给出一套恰当的思想和技术，以便通信和控制问题中的各种特殊问题，都能借助于一系列概念加以分类和分析."他把既是机器又是动物中的控制和通信理论的整个领域叫做控制论.

控制论有以下一些重要的特点：

(1) 摆脱了牛顿、拉普拉斯的机械决定论，而是建立在统计理论的基础之上.

(2) 抛开对象的物质和能量的形态观，着重于以信息观点来研究系统的功能.

(3) 抛开"一时一地"固定的观点，而着重于所有可能的行为方式和状态，重视变化的趋势.

(4) 把系统观点、信息观点和反馈观点结合起来，形成一门新的科学技术.

从以上几点，不难看出控制论与信息论的关系十分密切，好像一对在1948年出生的孪生兄弟.

2. 系统论

一般系统论是由奥地利生物学家Ludwig von Bertalanffy（柏塔兰飞）首先提出的. 他在研究生物机体运动时，得出一个重要的结论就是：一切生物体都是在一定的时间和空间中，呈现出复杂的有层次的结构；是由各要素组成的有机整体，整体的功能大于组成它的各部分的功能的总和. 这一结论是符合人们的认识的. 例如人的身体是一个整体，是由心、肝、肾等部分组成，各部分功能的总和，显然小于整体的功能. 社会也是这样，一个企业、一个工厂也是这样.

应该指出系统工程与系统论的概念虽有联系，但不完全一样. 系统工程是以系统论的观点来解决系统的分析与设计问题. 贝尔电话公司在研究电话自动交换机时运用了排队论原理. 1911年，美国工程师F. W. Taylor（泰勒，1856—1915年）研究合理安排工序，分析工人动作，提高工作效率，探索管理规律，最后提出企业的管理方法和体制，之后被称为泰勒系统. 第二次世界大战期间，运用运筹学，制定出护航编队和作战计划等. 1948年，美国空军建立兰德公司，由MIT的E. Bowles（鲍尔斯）教授领导的科学家小组，提出许多用于分析大系统的数学方法，这就形成了系统工程的数学方法. 1958年，美国在研制北极星导弹时采用计划评审技术(PERT)，有效地进行了计划管理.

以上都属于系统工程. 20世纪70年代以后，系统工程得到很大的发展. 美国以运筹学为基础，发展了系统工程；日本是从质量管理为出发点发展了系统工程；俄罗斯则是在控制论的观点上建立起系统工程. 我国近年来对系统工程给予很大重视，系统工程得到较快的发展. 我们重视信息论、控制论与系统论的综合运用，这一点无疑是正确的. 这三论均萌芽于20世纪20年代，经过两次世界大战的考验与激励，于1948年左右形成. 三论的基本思想、基本方法有许多类似之处，这绝不是偶然的，它们的观点有以下几个重要的共同点：

（1） 综合的整体的观点——从个别的分析到综合的研究.

（2） 从机械的静止的观点到动态的观点和方法.

（3） 从物质、能量二者的交换发展到物质、能量和信息三者的交换.

（4） 信息反映了系统的重要特性，反映了系统的组织化、复杂化，系统越复杂，信息越重要. 人脑是由10^{10}～10^{11}个神经细胞组成的，而消耗的功率却不到 1 W.

Wiener 指出：信息和控制是不可分割的，信息论是控制论的基础.

总之，三论各有其本身的学术领域和发展方向，但是紧密相关. 现在有人认为应将物质、能量、信息和时间作为物理世界的四要素. 根据这 4 个基本概念，可用以揭示复杂系统的结构、过程和相互联系.

1.4 信息理论的应用

对科学家们来说，信息理论是用来理解和发现自然定律的一门基础学科.

对工程师们来讲，信息理论被视为各种应用的基础. 研究信息论的最重要理由之一是可深入到信息传输系统的设计中去，对信息和传输给出更为清晰的概念，对技术的极限和应用求得更深入的理解. 这些深入理解导致研究和系统的设计均能在较有成效的方向发展，这也就是信息理论的一个重要成就. 信息论主要应用在通信领域，在含噪信道中传输信息有无最优方法到今天还不十分清楚. 特别是当数据的信息量大于信道容量的情况，更是毫无所知，这是经常遇到的情况，因为从信源提取的消息常常是连续的，也就是信号的信息含量为无限大. 我们知道在一般信道中传输这样的信号，是不可能不产生误差的，引入信道容量和信息量的概念以后，这类问题可以得到满意的解释. 这就为设计这样的通信系统提供了理论根据.

当前在点与点间的数字通信中，包括卫星通信、电话的调制解调、磁记录系统等，都采用复杂的数据流内锁技术. 不再使用时间上顺序传送 1 个比特的方法，而是传送数据包或码流. 信息理论帮助人们发展这方面的新技术和方法，并可预知尚有多大的改进余地.

数字多用户通信系统是极为复杂的通信系统，目前设计者们还只能根据经验设计这种系统. 而理论者们却可提供一些新理论和新方法，帮助设计者们解决困难的问题.

信息理论的应用领域是十分广泛的，也是非常重要的. 当然，运用得最为成熟、最为深入的，多是在通信方面，这是因为 Shannon 等人的工作开拓了这方面广泛而深入的应用. 实际上任一科学技术领域都离不开信息的基本概念和基本原理. 除应用科学外，基础科学也是与信息理论密切相关的. 法国大科学家 M. Brillowin（布里渊）在他的《信息与科学》一书中详细阐述了这个问题.

我们知道，在许多技术领域中，都是在有观测的数据后要求从中提取出有用的信息．这一提取信息的过程实际上就是信息理论的应用过程．例如，在地球物理勘探技术中，利用人工地震得到大量的测量数据，从中提取关于地层构造、地质性质、地下矿藏的信息．这就应用到信息论的基本概念和方法．又如市场调查中得到大量的商品的供求数据，从中提取有用的市场信息，以供制造厂家参考，这也要利用信息理论中的方法．在自然科学技术和社会科学中还会遇到很多这方面的例子．信息论的应用是极广泛的，很难一一列举，只能概括地说明一些基本方法和概念，灵活运用于各个领域．应用中需要注意的是，违背基本概念和方法的套用，往往会出现很大的错误．譬如，信息的基本概念在于它的不确定性，任何已确定的事物都不再含有信息，有人却把已很清楚和明确的消息当做信息．再如市场上已明确某种商品过剩，这就不再含有信息，而有些人却把这个消息当成宝贵的信息，这就可能造成决策上的错误，甚至弄出很大的笑话．从数据中提取有用信息的过程或方法主要有检测和估计两类．按照信息论或控制论的观点，在通信和控制系统中传送的本质内容是信息，系统中实际传输的则是测量的信号，信息包含在信号之中，信号是信息的载体．信号到了接收端（信息论里称为信宿）经过处理变成文字、语声或图像，人们再从中得到有用的信息．在接收端将含有噪声的信号经过种种处理和变换，从而取得有用信息的过程就是信息提取．载有信息的可观测、可传输、可存储及可处理的信号，均称为数据．在传输、存储和处理的过程中，不可避免地要受到噪声或其他无用信号的干扰，信息理论就是为能可靠、有效地从数据中提取信息，提供必要的依据和方法．这就必须研究噪声和干扰的性质以及它们与信息本质上的差别，噪声与干扰往往具有按某种统计规律的随机特性，信息则具有一定的概率特性，如度量信息量的熵值就具概率性质．因此，信息论、计算理论、概率论、随机过程和数理统计学，是信息论应用的基础和工具．

下面，我们先讨论检测再讨论估计．如果信源发出的信号仅有两类，即 H_0(有)和 H_1(没有)，检测判决过程也只是在 H_0 和 H_1 中选择一种，这称为**二元检测**．如果原始数据有多种可能，$H_0, H_1, H_2, \cdots, H_n$ 则是**多元检测**．如果对噪声和干扰的统计特性具有先验知识，则称为**参量检测**，经典检测理论就属于这一类．如果对噪声和干扰的统计特性不具有先验知识，则是**非参量检测**．现在来讨论估计问题．如果有用的信息包含在数据的某些参量含有目标位置的信息等，从观测到的数据中估计出有用的参量也就是提取到有用的信息，这就是**参量估计问题**．如果所要提取的信息随时间不断地变化，例如发射导弹，为得到它的状态信息，就要测定出不断变化的三个空间位置矢量和三个速度矢量，这就是所谓**状态估计问题**. 根据对噪声统计特性的先验知识来进行估计，又可分为**参量估计**、**非参量估计**，常用的参量估计方法有最小二乘法估计、最大似然法估计和贝叶斯估计. 所有估计方法都是力求按某一准则所定义的误差为最小，不同的误差准则导出不同的估计方法. 例如，Wiener 滤波理论就是在最小均方误差准则下的线性滤波理论. 有时，所要提取的信息包含在系统之中，这属于**系统辨识问题**. 因为系统的性能信息与系统参量有着密切的关系，所以系统辨识问题往往就是系统参量估计问题. 常用的方法是，先测出系统的输入和输出数据，然后估计出系统模型中的待定参量，最小二乘法、极大似然法都可用于系统参量的估计. 现在，人们已开始使用信息理论中的最大熵原理和最小鉴别信息原理来进行参数的估计. 有时为了提取信息，需要经过种种的处理过程. 例如，遥感信号所给出的地形地物图像，有着丰富的农作物和地质构造信息，只能经过复杂的图像处理，才能获得有用的信息，这一类问题统称为**模式识别**.

在实际应用中，所采用的方法往往要看信源的特性而定. 一般地，信源可分为离散信源和连续信源两大类：数据、电报等都属于离散信源；语声、图像、图形等都是连续信源. 离散序列信源又分为无记忆和有记忆两类，当各消息相互统计独立时称为**无记忆**，否则称为**有记忆**. 无记忆同时为同分布时则称为**平稳无记忆**. 在实际问题中，当记忆长度较大时则很难表示和处理. 常用的方法是马尔可夫链，即任一消息仅与其前面的一个消息有关. 连续信源的描述和处理都比较困难. 常用的方法是将连续的随机过程在一定条件下转化为离散的随机序列，常用到卡休-宁勒维展开（即 K-L 展开）. 在实际应用中，由于分析方法的限制，所应用的信源主要限于平稳遍历信源和简单的马尔可夫信源.

信息论中的编码理论也是广泛应用的一个重要领域. 为了提高通信系统的控制系统的可靠性和有效性，往往利用编码技术. 下面举几个例子来说明它的应用. 电报常用的莫尔斯码就是按信息论的基本编码原则设计出来的；又如在国内外，从超级市场、百货公司或药店购来的商品上面都有一张由粗细条纹组成的标签. 从这张标签可以得知该商品的生产厂家、生产日期和价格等信息. 这几年来国内购买的一些商品上也有了这种标签. 这些标签是利用条形码设计出来的，非常方便、有用，应用越来越普遍. 再如，计算机的运行速度很高，又要保证它几乎不出差错，相当于要求在 100 年的时间内不得有 1 秒钟的误差，这就需要利用纠错码来自动地、及时地纠正所发生的错误. 每出版一本书，都给定一个国际标准书号(ISBN)，大大地方便了图书的销售、编目和收藏工作. 可以说，人们在日常生活中和生产实践中，正在越来越多地使用编码技术.

20世纪70年代以来，电子计算机的广泛应用和通信系统能力的大大提高，极大地推动了信息论的不断发展，其应用领域日益扩大. 信息的概念和方法已广泛渗透到各个科学领域，有人说，现在在科学、技术中没有利用到信息论的地方已经不多了. 这句话说得并不过分，因为人们已经从实践中深刻体会到，信息可以作为与材料、能源等一样的资源来加以利用. 可以说，信息科学技术早已突破早期香农信息论的狭隘的应用范围，而扩展到科学研究、工程技术、物质生产和社会生活的各个方面.

关于 Shannon

Claude Shannon，1916年4月30日生于美国密西根州的贝多斯克(Petoskey)，2001年2月24日在长期患老年痴呆症后在美国马萨诸塞州的蒙得福特(Medford)去世，享年85岁，Shannon有2个儿子和1个女儿.

1936年Shannon 20岁时在密西根大学获数学和电机工程学学士学位，此后进入著名的麻省理工学院(MIT)，1938年获硕士学位，他的硕士学位论文《延迟电路和开关电路的符号分析》后来获得美国电机工程师协会优秀论文奖(1940)，1940年Shannon以题为《理论遗传学的代数学》的论文获MIT数学博士，但那以后他再也没写过遗传学方面的论文.

在MIT，Shannon跟随Vannevar Bush研究当时称为微分分析器的模拟计算机. 1940年夏天，他曾在AT & T的贝尔电话实验室工作. 之后，他在普林斯顿大学的高等研究院跟随著名数学家Hermann Weyl工作了一年. 在普林斯顿，他开始思考如何建立通信系统的恰当的数学基础.

1941年，他回到贝尔实验室，一直在那里工作了15年. 第二次世界大战期间，他参与了数字密码系统的研究，包括曾用于丘吉尔和罗斯福的跨洋会议系统. 1945年他完成了《密码学的数学理论》的报告，该文直到1949年才在 *Bell System Technical Journal* (BSTJ)上发表，正是他对密码学的思考促进了他对通信理论的研究. 1948年，Shannon发表了《通信的数学理论》这篇划时代的杰作，奠定了信息论的基础.

1956年，Shannon离开了贝尔实验室回到母校MIT，担任通信科学方面的教授，1958年起担任Donner讲座教授直到1978年退休.

国际电子和电机工程协会(IEEE)在1950年初期成立了信息论学会，

并于 1973 年设立了 Shannon 讲座（现已更名为 Shannon 奖），用以表彰对信息论发展做出卓越贡献的科学家，是国际信息论界的最高荣誉，而 Shannon 本人则是 Shannon 讲座的第一个得主.

Shannon 后来的兴趣超出了通信工程范围，曾致力于密码学，用概率论研究如何投资股票市场，试图在 DNA 复制和荷尔蒙信号研究中应用信息论方法，他还研究过早期的机器人，设计能在轮盘赌中取胜的计算机软件、智力游戏机. Shannon 本人能一边骑自行车一边玩杂耍，他设计了一个类似骑自行车玩杂耍的机械.

Shannon 一生发表了一百多篇论文，1993 年出版的 Shannon 论文集收集了他 1938—1982 年期间发表的 127 篇论文. Shannon 一生获得过无数的荣誉与奖励. 他是 IEEE 的会士、美国科学院院士、美国艺术与科学院院士. 他获得的奖励中包括 IEEE 成就奖(1966)、美国国家科学奖、以色列哈维(Harvey)奖(1972)和日本 Kyoto 奖(1985).

第2章 信息与熵

1925 年，R. A. Fisher 给出了“信息”的定义. 它是从古典统计理论的角度定义的一种信息量，又称为 Fisher 信息量. Fisher 信息量在统计理论中具有重要的价值，并且在各种信号处理中获得了广泛的应用. 其后，信息论的创始人 Shannon 在 1948 年发表的信息论奠基性论文《通信的数学理论》中提出了两个重要的概念：熵（entropy）和互信息（mutual information). 利用这两个概念，Shannon 对通信系统进行了理论分析，取得了划时代的重要成果. 本章内容主要是介绍 Shannon 的信息熵.

2.1 信 源 熵

这一部分，我们给出一个离散信源所包含的信息大小的一个度量. 首先，我们给出如下定义：

定义 2.1.1 一个**离散信源**是一个有序对 $\mathscr{I}=(S,P)$，其中 $S=\{x_1, x_2,\cdots,x_n\}$ 是一个有限符号集(或称为字母集)，P 为 S 上的一个概率分布，一般记 x_i 的概率为 p_i，或记为 $p(x_i)$.

假设我们想从信源 $\mathscr{I}$ 中取样，也就是根据概率分布 P 在 S 中随机抽取一个元素，则元素 x_i 被取到的概率为 $p(x_i)$. 取样之前，抽取的结果是不确定的；而取样之后，我们可以得到一个确定的结果，获得有关信源的一定量的信息，不确定性也随之消失. 这样，不确定性是和信息相关联的.

为了更深入地阐述这一点，我们考虑下面极端的情况. 假设

$$p(x_1)=1,\quad p(x_i)=0\ (i=2,3,\cdots,n),$$

则 x_1 永远会被选中，在这种情况下，没有什么不确定性，即不确定性大小为 0. 换一种说法，我们从取样中得不到任何信息，学不到任何东西.

同样地，如果概率分布中只有“很少”几个概率非 0，则我们对取样的结果会有一个很好的预期（估计），这样不确定性依然很少，关于信源的信息量也就很少. 另一方面，如果每个信源符号出现的概率都相等$\left(为\frac{1}{n}\right)$，凭直觉，取样的结果会有最大的不确定性. 此时，通过取样，我们会获得最大的信息量.

在这种意义下，由于信息量和不确定性是等价的，在后面我们将随意地采用这两个概念.

定义 2.1.2 设 $\mathscr{I}=(S,P)$ 为一个信源，事件 x_i（$x_i\in S$）的**自信息**记为 $I(x_i)$，并定义为

$$I(x_i)=-\log p(x_i).$$

在这个定义中，对数的底没有加以说明，选择什么样的底对我们来说是无关紧要的，因为底的改变仅仅变动了计量的尺度——单位. 最常见的底为 2，e 和 10. 当底选为 2 时，I 是以比特（bit）作为度量单位（bit 为 binary digit 的缩写，即二进制数的缩写）；当底为 10 时，I 是以哈特（Hart）度量（Hart 是 Hartly unit 的缩写，即十进制数的缩写）；当底选为 e 时，I 是以奈特（nat）度量（nat 是 nature unit 的缩写）. 自然对数一般写成 ln.

当 $p_i=\frac{1}{2}$ 时，

$$-\log_2 p_i=1,\quad I(x_i)=1\text{ bit}.$$

因此，1 比特的信息量是从两个等可能事件中任取一个时所含的信息量，如生男生女问题的信息，就是 1 比特. 对数底为 2 特别适合于二进制数字，因而在计算和编码的各种应用中，多采用这种度量.

p_i 越小，则 $I(x_i)$ 越大，这种情况同日常生活中我们的感觉是相符的，一事件越少见，其出现所带来的信息量也就越多.

例 2.1.1 从英文字母中任意选取一个字母时所给出的信息是多少呢？因为有 26 种可能情况，取任一字母的概率为$\frac{1}{26}$，所以

$$I=-\log_2\frac{1}{26}\approx 4.7\,(\text{bit}).$$

这是选择一个字母所给出的信息.

例 2.1.2 设随机选择一个 m 位数字的二进制数，该数的每一位可从两个不同的数字 $\{0,1\}$ 中任取一个，因此共有 2^m 个等概率的可能组合. 因此有

$$I = -\log_2 \frac{1}{2^m} = m \text{ (bit)}.$$

例 2.1.3 64 个点被排列于一个正方形格子里，令 x_i, y_j 分别表示随意拾取落于第 i 行、第 j 列的点. 于是有

$$p(x_i) = p(y_j) = \frac{1}{8}$$

和

$$I(x_i) = I(y_j) = 3 \text{ bit}.$$

这告诉我们，落于 j 列的点给出 3 bit 的信息，同样多的信息来自于 i 行的点. 同时在 i 行、j 列的点意味着这个点是 64 个等同相似的可能情况中的一个，即

$$I(x_i \cap y_j) = -\log_2 \frac{1}{64} = 6 \text{ (bit)}.$$

因而得到

$$I(x_i \cap y_j) = I(x_i) + I(y_j).$$

它反映了如下事实：各行各列是相互独立的事件.

上面最后一个式子并非例 2.1.3 所特有，它对于统计独立情况都适用. 假设 S 包含事件 $E_i \cap F_j$，

$$P(E_i) = p_i \quad (p_1 + p_2 + \cdots + p_n = 1),$$
$$P(F_j) = q_j \quad (q_1 + q_2 + \cdots + q_m = 1).$$

如果对全部 i 和 j 而言，E_i 和 F_j 是统计独立的，则由统计独立的定义，

$$P(E_i \cap F_j) = p_i q_j,$$
$$\begin{aligned} I(E_i \cap F_j) &= -\log p_i q_j = -\log p_i - \log q_j \\ &= I(E_i) + I(F_j). \end{aligned}$$

一函数 f 具有与系统 S 中的事件 E_i 相对应的数值 f_i，则 f 的期望值或平均值定义为

$$E(f) = \sum_{i=1}^{n} p_i f_i.$$

这一概念使得我们可以引入如下的定义：

定义 2.1.3 信源 $\mathscr{I} = (S, P)$ 的熵，记为 $H(S)$，是自信息的统计平均值，即

$$H(S) = -\sum_{i=1}^{n} p_i \log p_i.$$

因为 p_i 可以为 0，在此定义中 $p_i \log p_i$ 成为不定式，由于

$$\lim_{x\to 0^+} x\log x = 0,$$

故指定 $0\cdot\log 0=0$.

字母 H 是用来纪念 Boltzmann（波尔兹曼）的，他是第一个给出这种类型(气体统计力学）的定义，并指定用 H 来表示.

业已指出，一个事件的自信息是随其不确定程度(uncertainty）的增大而加大的，所以熵可以被认为是一个系统不稳定程度的度量.

首先应该指出，由于 $0\leqslant p_i\leqslant 1$，故 $p_i\log p_i\leqslant 0$，从而 $H(S)\geqslant 0$，所以熵不可能为负值，但可以为 0.

令 $p_1=1$，而 $p_2=p_3=\cdots=p_n=0$，此时 $H(S)=0$. 同样，若 $H(S)=0$，则说明 $\forall i$，$p_i\log p_i=0$，从而 p_i 非 0 即 1，但只有一个 p_i 会为 1. 因而当且仅当存在完全确定的情况，熵才有可能为 0.

熵或为 0 或为正，但存在一个可能为任意大的极限值. 为说明这一点，先证明如下一个定理，它在以后有许多应用.

定理 2.1.1 设 $x>0$，则

$$\ln x\leqslant x-1,$$

且仅当 $x=1$ 时，等式成立.

证 当 $0<t\leqslant 1$ 时，$\frac{1}{t}\geqslant 1$，故

$$\int_x^1\frac{\mathrm{d}t}{t}\geqslant\int_x^1\mathrm{d}t,\quad 0<x\leqslant 1.\tag{$*$}$$

算出上式积分值即为本定理的不等式，区间为 $0<x\leqslant 1$.

若 $t\geqslant 1$，即 $\frac{1}{t}\leqslant 1$，

$$\int_1^x\frac{\mathrm{d}t}{t}\leqslant\int_1^x\mathrm{d}t,\quad x\geqslant 1.\tag{$*\,*$}$$

同样可得定理的不等式.

除非 $t=1$，$\frac{1}{t}$ 不等于 1. 当 $x\neq 1$ 时，不等式($*$),($*\,*$)满足严格的不等关系. 当 $x=1$ 时，该式两侧均为 0，于是定理得到证明. ▌

现在可以说明如下定理：

定理 2.1.2 $H(S)\leqslant\log n$，仅当 $p_1=p_2=\cdots=p_n=\frac{1}{n}$ 时，等式成立.

证 首先假设 p_i 均不为 0. 由定理 2.1.1，

$$\sum_{i=1}^{n} p_i \ln \frac{1}{np_i} \leqslant \sum_{i=1}^{n} p_i \left(\frac{1}{np_i} - 1\right) = \sum_{i=1}^{n} \left(\frac{1}{n} - p_i\right)$$
$$= 1 - 1 = 0. \tag{2.1.1}$$

因而

$$-\sum_{i=1}^{n} p_i \ln p_i \leqslant \sum_{i=1}^{n} p_i \ln n = \ln n. \tag{2.1.2}$$

如前所述，ln 可以换成 log，只需乘以适当的一个正数. 故

$$-\sum_{i=1}^{n} p_i \log p_i \leqslant \log n. \tag{2.1.3}$$

因为每个 p_i 均为正数，只有当每个 $np_i = 1$ 时，上式中等式成立，也就是当且仅当 $p_i = \frac{1}{n}$ 时，等式成立. 所以对于 p_i 非 0 的情况，该定理得到了证明.

如果某个概率 $p_i = 0$，则约定 $p_i \log p_i n = 0 \cdot \log 0 = 0$，从而可知

$$p_i \log \frac{1}{np_i} < \frac{1}{n} - p_i. \tag{2.1.4}$$

式(2.1.1)继续适用，$H(S)$的上限可从式(2.1.2)中得到. 并且式(2.1.4)使得式(2.1.3)中等号不成立. ∎

当所有的事件具有等概率时，整个系统的不确定性最大. 在这种情况下，熵应该是最大的，也就是说，当各事件的不确定性都相等时，$H(S)$最大. 反之，对于确定事件而言，$H(S)=0$，这正好说明熵可以作为不确定性的度量.

当讨论信源 $\mathscr{I}=(S,P)$ 时，实际上我们讨论的是事件 $x_1, x_2, \cdots, x_n$ 的概率分布所带来的不确定性的大小，而与信源字母 x_i 的具体表达形式无关，即作为一个概率场

$$S = \begin{pmatrix} x_1 & x_2 & \cdots & x_n \\ p_1 & p_2 & \cdots & p_n \end{pmatrix},$$

它的信息量为 $H(S) = -\sum_{i=1}^{n} p_i \log p_i$，只与概率分布有关. 这样，我们常将它的信息量记为

$$H(S) = H_n(p_1, p_2, \cdots, p_n) = -\sum_{i=1}^{n} p_i \log p_i.$$

这种表达方式使我们非常清楚地看到信息熵是一个多元函数，即为概率分布的函数.

例 2.1.4 一个非常重要的熵函数为

$$H_2(p,1-p)=-p\log_2 p-(1-p)\log_2(1-p)$$

(请注意，其底为 2)，该函数常简写为 $H(p)$，并且称为熵函数. 其图象如图 2.1 所示.

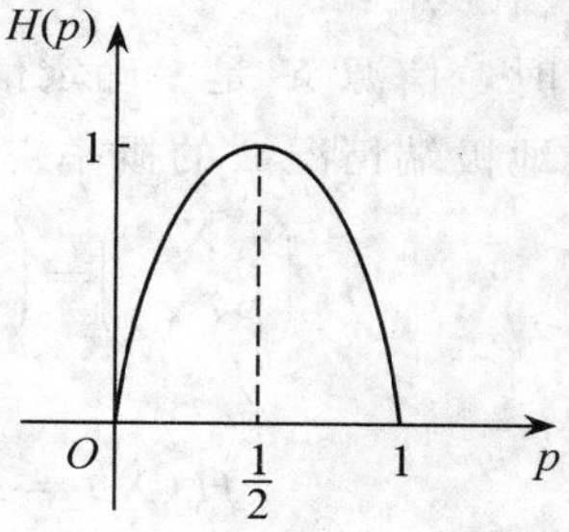

图 2.1 熵函数 $H(p)$

例 2.1.5 设甲地的天气预报为：晴(占 4/8)，阴(占 2/8)，大雨(占 1/8)，小雨(占 1/8). 又设乙地的天气预报为：晴(占 7/8)，小雨(占 1/8). 试求两地天气预报各自提供的平均信息量. 若甲地天气预报为两极端情况：一种是晴出现概率为 1 而其余为 0；另一种是晴、阴、小雨、大雨出现的概率都相等，各为 1/4. 试求这两种极端情况所提供的平均信息量，并试求乙地出现这两种极端情况所提供的平均信息量.

解 甲地天气预报构成的信源空间为

$$\begin{pmatrix} X \\ P(X) \end{pmatrix}=\begin{pmatrix} \text{晴} & \text{阴} & \text{大雨} & \text{小雨} \\ 1/2 & 1/4 & 1/8 & 1/8 \end{pmatrix},$$

即其提供的平均信息量 —— 信源的信息熵

$$\begin{aligned} H(X) &= -\sum_{i=1}^{4} P(a_i)\log P(a_i) \\ &= -\frac{1}{2}\log\frac{1}{2}-\frac{1}{4}\log\frac{1}{4}-\frac{1}{8}\log\frac{1}{8}-\frac{1}{8}\log\frac{1}{8} \\ &= \frac{7}{4}\ \text{bit}=1.75\ \text{bit}. \end{aligned}$$

同理，乙地天气预报的信源空间为

$$\begin{pmatrix} Y \\ P(Y) \end{pmatrix}=\begin{pmatrix} \text{晴} & \text{小雨} \\ 7/8 & 1/8 \end{pmatrix},$$

信源的信息熵为

$$H(Y)=-\frac{7}{8}\log\frac{7}{8}-\frac{1}{8}\log\frac{1}{8}=\log 8-\frac{7}{8}\log 7=0.544\ \text{bit}.$$

可见，甲地提供的平均信息量大于乙地，因为乙地的平均不确定性比甲地的小.

甲地极端情况 1 的概率空间为

$$\begin{pmatrix} X \\ P(X) \end{pmatrix}=\begin{pmatrix} \text{晴} & \text{阴} & \text{大雨} & \text{小雨} \\ 1 & 0 & 0 & 0 \end{pmatrix},$$

信源的信息熵为

$$H(X) = -1 \cdot \log 1 - 0 \cdot \log 0 - 0 \cdot \log 0 - 0 \cdot \log 0.$$

因为$\lim_{\varepsilon \to 0} \varepsilon \log \varepsilon = 0$，所以 $H(X) = 0$.

这时，信源 X 是一确定信源，所以不存在不确定性，信息熵等于0.

甲地极端情况2的概率空间为

$$\begin{pmatrix} X \\ P(X) \end{pmatrix} = \begin{pmatrix} \text{晴} & \text{阴} & \text{大雨} & \text{小雨} \\ 1/4 & 1/4 & 1/4 & 1/4 \end{pmatrix},$$

可得

$$H(X) = -\log \frac{1}{4} = \log 4 = 2 \text{ bit}.$$

在这种情况下，信源不稳定性最大，信源熵最大.

乙地极端情况1的概率空间为

$$\begin{pmatrix} Y \\ P(Y) \end{pmatrix} = \begin{pmatrix} \text{晴} & \text{小雨} \\ 1 & 0 \end{pmatrix},$$

信息熵为

$$H(Y) = 0 \text{ bit}.$$

乙地极端情况2的概率空间为

$$\begin{pmatrix} Y \\ P(Y) \end{pmatrix} = \begin{pmatrix} \text{晴} & \text{小雨} \\ 1/2 & 1/2 \end{pmatrix},$$

信息熵为

$$H(Y) = 1 \text{ bit}.$$

由此可见，同样在极端情况2下，甲地比乙地提供更多的信息量，这是因为，甲地可以出现的消息数大于乙地可能出现的消息数.

2.2 联合熵与条件熵

许多有关熵的结果都是通过随机变量 X 或随机向量 $\boldsymbol{X} = (X_1, X_2, \cdots, X_n)$ 来表达的. 因此，我们给出如下定义：

定义 2.2.1 设 X 为取值于 $S = \{x_1, x_2, \cdots, x_n\}$ 的一个随机变量. 如果 $P(X = x_i) = p(x_i)$，则随机变量 X 的**熵**定义为

$$H(X) = -\sum_{i=1}^{n} p(x_i) \log p(x_i)$$

（注：它和系统 S 的熵的定义一样）.

定义 2.2.2 设 X 和 Y 分别为取值于 $S_1 = \{x_1, x_2, \cdots, x_n\}$ 和 $S_2 = \{y_1, y_2, \cdots, y_m\}$ 的两个随机变量. 如果 $P(X = x_i, Y = y_j) = p(x_i, y_j)$，则

X 与 Y 的**联合熵**定义为

$$H(X,Y)=\sum_{i,j}p(x_i,y_j)\log\frac{1}{p(x_i,y_j)}.$$

随机向量 $\boldsymbol{X}=(X,Y)$ 的**熵**定义为

$$H(\boldsymbol{X})=H(X,Y).$$

显然，$H(X,Y)=H(Y,X)$.

定义 2.2.3 设 $X_1,X_2,\cdots,X_k$ 为一组随机变量，其中 X_i 取值于 S_i. 如果 $P(X_1=x_1,\ X_2=x_2,\ \cdots,\ X_k=x_k)=p(x_1,x_2,\cdots,x_k)$，则 X_1，$X_2,\cdots,X_k$ 的**联合熵**定义为

$$H(X_1,X_2,\cdots,X_k)$$
$$=-\sum_{x_1\in S_1,\ x_2\in S_2,\ \cdots,\ x_k\in S_k}p(x_1,x_2,\cdots,x_k)\log p(x_1,x_2,\cdots,x_k).$$

同理，随机向量 $\boldsymbol{X}=(X_1,X_2,\cdots,X_k)$ 的**熵**定义为

$$H(\boldsymbol{X})=H(X_1,X_2,\cdots,X_k).$$

例 2.2.1 假设我们在等概率分布的样本空间 $S=\{x_1,x_2,\cdots,x_n\}$ 中随机取样，随机变量 X 表示取样结果，则对任意的 x_i，$P(X=x_i)=p(x_i)=\dfrac{1}{n}$. 所以

$$H(X)=H\left(\frac{1}{n},\frac{1}{n},\cdots,\frac{1}{n}\right)=\sum_{i=1}^{n}\frac{1}{n}\log n=\log n.$$

另一方面，如果用 Y 表示另一个随机变量，且 $P(Y=x_1)=1$，$P(Y=x_i)=0\ (i=2,3,\cdots,n)$，则

$$H(Y)=H(1,0,\cdots,0)=-1\cdot\log 1=0.$$

例 2.2.2 如果 X 与 Y 的定义同例 2.2.1，且假设 X,Y 相互独立，则

$$\begin{aligned}p(x_i,y_j)&=P(X=x_i,\ Y=y_j)\\&=P(X=x_i)P(Y=y_j)\\&=p(x_i)p(y_j)\\&=p(x_i)\delta_{j,1},\end{aligned}$$

其中 $\delta_{j,1}=\begin{cases}1, & \text{当 } j=1,\\ 0, & \text{当 } j\neq 1.\end{cases}$ 此时 X 与 Y 的联合熵为

$$\begin{aligned}H(X,Y)&=\sum_{i,j}p(x_i)\delta_{j,1}\cdot\log\frac{1}{p(x_i)\delta_{j,1}}\\&=\sum_{i}p(x_i)\log\frac{1}{p(x_i)}=H(X).\end{aligned}$$

也就是，在这种特殊情况下，从两个随机变量取样所得的信息量与仅从 X

这一个随机变量获得的信息量是一样的.

一般来讲，给定两个随机变量 X 和 Y，有关 Y 的信息可能会影响到 X 的不确定性，这导致下面的定义：

定义 2.2.4 设 X 与 Y 为两个随机变量. 对于给定 $Y=y_j$，此时 X 的**条件熵**定义为

$$H(X|Y=y_j)=-\sum_i p(x_i|y_j)\log p(x_i|y_j).$$

X 关于 Y 的**条件熵**定义为

$$\begin{aligned}H(X|Y)&=\sum_j p(y_j)H(X|Y=y_j)\\&=-\sum_i\sum_j p(x_i|y_j)p(y_j)\log p(x_i|y_j).\end{aligned}$$

它依赖于 Y 的分布及条件概率 $p(x_i|y_j)$.

条件熵 $H(X|Y)$ 表示在得到 Y 后有关 X 的剩余不确定性的大小，也可解释为当得到 Y 后，X 还有多少不确定性.

例 2.2.3 考虑下面两个随机变量 X 与 Y，其中 $P(X=0)=\frac{1}{4}$，$P(X=1)=\frac{3}{4}$，条件概率为

$$P(Y=0|X=0)=\frac{1}{2},\quad P(Y=1|X=0)=\frac{1}{2},$$
$$P(Y=2|X=0)=0,\quad P(Y=0|X=1)=0,$$
$$P(Y=1|X=1)=\frac{1}{3},\quad P(Y=2|X=1)=\frac{2}{3}.$$

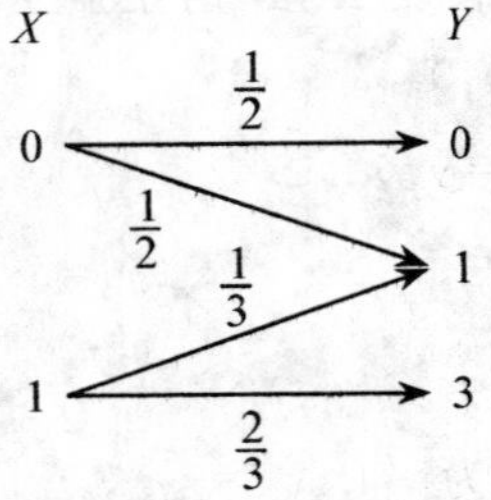

图 2.2

如图 2.2 所示. Y 的分布可如下计算：

$$\begin{aligned}P(Y=0)&=P(Y=0|X=0)P(X=0)\\&\quad+P(Y=0|X=1)P(X=1)\\&=\frac{1}{8}.\end{aligned}$$

同理有

$$P(Y=1)=\frac{3}{8},\quad P(Y=2)=\frac{1}{2}.$$

联合分布为

$$\begin{aligned}P(X=0,Y=0)&=P(Y=0|X=0)P(X=0)\\&=\frac{1}{2}\times\frac{1}{4}=\frac{1}{8}.\end{aligned}$$

同理可计算出：

$$P(X=0,Y=1)=\frac{1}{8},\quad P(X=0,Y=2)=0,$$

$$P(X=1,Y=0)=0,\quad P(X=1,Y=1)=\frac{1}{4},$$

$$P(X=1,Y=2)=\frac{1}{2}.$$

X 关于 Y 的条件概率计算如下：

$$P(X=0|Y=0)=\frac{P(X=0,Y=0)}{P(Y=0)}=\frac{1}{8}\times 8=1,$$

$$P(X=0|Y=1)=\frac{1}{3},\quad P(X=0|Y=2)=0,$$

$$P(X=1|Y=0)=0,\quad P(X=1|Y=1)=\frac{2}{3},$$

$$P(X=1|Y=2)=1.$$

最后我们来计算有关熵，所有单位取 bit：

$$\begin{aligned}H(X)&=P(X=0)\log\frac{1}{P(X=0)}+P(X=1)\log\frac{1}{P(X=1)}\\&=\frac{1}{4}\log 4+\frac{3}{4}\log\frac{4}{3}\approx 0.811,\end{aligned}$$

$$H(Y)\approx 1.406,$$

$$\begin{aligned}H(X|Y=0)&=P(X=0|Y=0)\log\frac{1}{P(X=0|Y=0)}\\&\quad+P(X=1|Y=0)\log\frac{1}{P(X=1|Y=0)}\\&=0,\end{aligned}$$

$$H(X|Y=1)\approx 0.918,\quad H(X|Y=2)=0,$$

$$\begin{aligned}H(X|Y)&=H(X|Y=0)P(Y=0)+H(X|Y=1)P(Y=1)\\&\quad+H(X|Y=2)P(Y=2)\\&\approx 0.344.\end{aligned}$$

注意到 $H(X|Y=1)>H(X)$，当我们得知 $Y=1$ 时，有关 X 的不确定性确实比不知 Y 时要大. 而由 $H(X|Y)<H(X)$，它表明从平均（整体）上讲，已知 Y 后有关 X 的不确定性要小一些.

由于联合熵 $H(X,Y)$ 表示包含在 X 和 Y 中的不确定性，$H(X,Y)-H(Y)$ 表示去掉 Y 的不确定性后还留在 X 和 Y 中的信息量，似乎可以认为其大小应为 $H(X|Y)$，下面的定理刚好证实了这一点.

定理 2.2.1 如果 X 和 Y 为两个随机变量，则

$$H(X|Y)=H(X,Y)-H(Y).$$

证
$$\begin{aligned}H(X|Y)&=\sum_{i,j}p(x_i|y_j)p(y_j)\log\frac{1}{p(x_i|y_j)}\\&=\sum_{i,j}p(x_i,y_j)\log\frac{p(y_j)}{p(x_i,y_j)}\\&=\sum_{i,j}p(x_i,y_j)\log\frac{1}{p(x_i,y_j)}-\sum_{i,j}p(x_i,y_j)\log\frac{1}{p(y_j)}\\&=\sum_{i,j}p(x_i,y_j)\log\frac{1}{p(x_i,y_j)}-\sum_{j}p(y_j)\log\frac{1}{p(y_j)}\\&=H(X,Y)-H(Y).\end{aligned}$$
∎

定理2.2.1也可作如下解释：从 X 与 Y 中获取的信息量，等于从 Y 中获取的信息量加上在 Y 确定后从 X 处获取的信息量.

推论 2.2.1 设 X 和 Y 为两个随机变量，则

$$H(X|Y)\leqslant H(X),$$

其中等式成立的充要条件是 X 和 Y 相互独立.

值得注意的是，尽管有推论 2.2.1，对某个取定的 y，有可能

$$H(X|Y=y)>H(X),$$

如上例所示.

同样，我们可以计算条件熵 $H(Y|X)$，它的定义如下：

$$\begin{aligned}H(Y|X)&=\sum_{i}H(Y|X=x_i)p(x_i)\\&=\sum_{i}\sum_{j}p(y_j|x_i)p(x_i)\log\frac{1}{p(y_j|x_i)}.\end{aligned}$$

由于它是利用向前转移概率 $p(y_j|x_i)$，一般而言，它比 $H(X|Y)$ 容易计算.

对随机向量也可定义条件熵.

定义 2.2.5 设 $X_1,X_2,\cdots,X_n$ 及 $Y_1,Y_2,\cdots,Y_m$ 为一列随机变量，则给定 $Y_1=y_1,\ Y_2=y_2,\ \cdots,\ Y_m=y_m$ 后 $X_1,X_2,\cdots,X_n$ 的**条件熵**为

$$\begin{aligned}&H(X_1,X_2,\cdots,X_n|Y_1=y_1,\ Y_2=y_2,\ \cdots,\ Y_m=y_m)\\&=-\sum_{x_1,x_2,\cdots,x_n}p(x_1,x_2,\cdots,x_n|y_1,y_2,\cdots,y_m)\\&\quad\cdot\log p(x_1,x_2,\cdots,x_n|y_1,y_2,\cdots,y_m),\end{aligned}$$

或用向量形式表示为

$$H(\boldsymbol{X}|\boldsymbol{Y}=\boldsymbol{y})=-\sum_{\boldsymbol{x}}p(\boldsymbol{x}|\boldsymbol{y})\log p(\boldsymbol{x}|\boldsymbol{y}),$$

$\boldsymbol{X}$ 关于 $\boldsymbol{Y}$ 的**条件熵**定义为

$$H(\boldsymbol{X}|\boldsymbol{Y})=\sum_{\boldsymbol{y}}H(\boldsymbol{X}|\boldsymbol{Y}=\boldsymbol{y})p(\boldsymbol{y})=\sum_{\boldsymbol{x},\boldsymbol{y}}p(\boldsymbol{x},\boldsymbol{y})\log\frac{1}{p(\boldsymbol{x}|\boldsymbol{y})}.$$

2.3 熵函数的唯一性

前面所提出的信息与熵的特性，足以令人信服这些定义是严格的. 在深入了解熵函数的性质之前，我们先自问一下：是否还有其他的函数来表达一个信源的信息量呢？下面，我们作一点分析.

我们希望用一个函数 $H(p_1,p_2,\cdots,p_n)$来表达一个系统或随机变量的不确定性的大小，这个提法本身就隐含着 H 仅仅依赖于概率分布$(p_1,p_2,\cdots,p_n)$，而与信源中元素或符号无关. 为了更好地定义 H，我们再仔细考虑一下不确定性的含义. 当然，我们希望 $H(p_1,p_2,\cdots,p_n)$能对所有满足 $\sum_{i=1}^{n}p_i=1$，且 $0\leqslant p_i\leqslant 1\ (i=1,2,\cdots,n)$ 的$(p_1,p_2,\cdots,p_n)$ 有定义. 同时，概率的一点变化也只应引起不确定性大小的一点变化，从而我们希望函数 H 是连续的. 另外，在等概率分布的情况下，有理由要求信源符号越多，则不确定性越大，即我们要求

$$H\left(\frac{1}{n},\frac{1}{n},\cdots,\frac{1}{n}\right)<H\left(\frac{1}{n+1},\frac{1}{n+1},\cdots,\frac{1}{n+1}\right).$$

最后，假设集合 $S=\{x_1,x_2,\cdots,x_n\}$ 中元素被分成 k 个非空不相交子集 $B_1,B_2,\cdots,B_k$，其中 B_i 中元素的个数为$|B_i|=b_i\ (\sum b_i=n)$. 做下面实验：首先，根据 B_i 的大小依概率$P(B_i)=\frac{b_i}{n}$来随机抽取某个子集B_i，然后，在取到的 B_i 中，根据等概率分布随机抽取 B_i 中的一个元素. 现在，假设 $x_j\in B_u$，由于

$$P(x_i|B_u)=\begin{cases}0, & \text{当 } x_i\notin B_u,\\ \dfrac{1}{b_u}, & \text{当 } x_i\in B_u,\end{cases}$$

我们有

$$p(x_j)=\sum_{i=1}^{k}P(x_j|B_i)P(B_i)=\frac{1}{b_u}\cdot\frac{b_u}{n}=\frac{1}{n}.$$

因此，按照上述方法取到 x_j 的概率同直接从 S 中抽取到 x_j 的概率一样，从而有关抽取结果的不确定性大小也是一样的. 这导致对函数 H 有一个新要求，即直接从 S 中等概率抽取，不确定性为 $H\left(\frac{1}{n},\frac{1}{n},\cdots,\frac{1}{n}\right)$. 另外，如果分两步抽取，从 $B_1,B_2,\cdots,B_k$ 中取一个子集的不确定性大小为

$$H\left(\frac{b_1}{n},\frac{b_2}{n},\cdots,\frac{b_k}{n}\right).$$

假设某个子集取到了，从该子集中选取元素仍有不确定性. 这个过程的平均不确定性为

$$\begin{aligned}&\sum_{i=1}^{k}P(B_i)\cdot(\text{从 } B_i \text{ 中选取一个元素的不确定性})\\&=\sum_{i=1}^{k}\frac{b_i}{n}\cdot H\left(\frac{1}{b_i},\frac{1}{b_i},\cdots,\frac{1}{b_i}\right).\end{aligned}$$

这样，我们有

$$H\left(\frac{1}{n},\frac{1}{n},\cdots,\frac{1}{n}\right)=H\left(\frac{b_1}{n},\frac{b_2}{n},\cdots,\frac{b_k}{n}\right)+\sum_{i=1}^{k}\frac{b_i}{n}H\left(\frac{1}{b_i},\frac{1}{b_i},\cdots,\frac{1}{b_i}\right).$$

总之，函数 H 应当满足如下三个性质：

(1) $H(p_1,p_2,\cdots,p_n)$有定义且连续(对所有概率分布$(p_1,p_2,\cdots,p_n)$)；

(2) $H\left(\frac{1}{n},\frac{1}{n},\cdots,\frac{1}{n}\right)<H\left(\frac{1}{n+1},\frac{1}{n+1},\cdots,\frac{1}{n+1}\right)$对所有自然数 n 成立；

(3) 若 $b_1,b_2,\cdots,b_k$ 为 k 个自然数，$\sum_{i=1}^{k}b_i=n$，则

$$H\left(\frac{1}{n},\frac{1}{n},\cdots,\frac{1}{n}\right)=H\left(\frac{b_1}{n},\frac{b_2}{n},\cdots,\frac{b_k}{n}\right)+\sum_{i=1}^{k}\frac{b_i}{n}H\left(\frac{1}{b_i},\frac{1}{b_i},\cdots,\frac{1}{b_i}\right).$$

可以证明，满足上面三个条件的函数 H 是唯一的.

定理 2.3.1 函数 H 满足性质(1)～(3)当且仅当 H 具有如下形式：

$$H_b(p_1,p_2,\cdots,p_n)=-\sum_{i=1}^{n}p_i\log_b p_i, \tag{2.3.1}$$

其中 $b>1$，且约定 $0\cdot\log_b 0=0$.

证 充分性显然，下面只证必要性.

当 $p_1=p_2=\cdots=p_n=\frac{1}{n}$时，将 H 写成 $g(n)$，即

$$g(n)=H\left(\frac{1}{n},\frac{1}{n},\cdots,\frac{1}{n}\right).$$

对任意正整数 m 和 n，由(3)知

$$\begin{aligned}g(mn) &= H\left(\frac{1}{mn},\frac{1}{mn},\cdots,\frac{1}{mn}\right)\\ &= H\left(\frac{1}{m},\frac{1}{m},\cdots,\frac{1}{m}\right)+\sum_{i=1}^{m}\frac{1}{m}H\left(\frac{1}{n},\frac{1}{n},\cdots,\frac{1}{n}\right)\\ &= g(m)+g(n).\end{aligned}$$

因而

$$g(n^2)=2g(n).$$

一般地，对任意自然数 s，有

$$g(n^s)=sg(n). \tag{2.3.2}$$

现固定 m 和 n，我们总可以找到正整标号 t，使得

$$s^t\leqslant n^m\leqslant s^{t+1}. \tag{2.3.3}$$

取对数，有

$$t\log s\leqslant m\log n\leqslant (t+1)\log s.$$

因为 g 是非减的，

$$g(s^t)\leqslant g(n^m)\leqslant g(s^{t+1}),$$

从而

$$tg(s)\leqslant mg(n)\leqslant (t+1)g(s).$$

由于 g 非负，有

$$\frac{t}{m}\leqslant\frac{g(n)}{g(s)}\leqslant\frac{t+1}{m}. \tag{2.3.4}$$

由(2.3.3)知

$$\frac{t}{m}\leqslant\frac{\log n}{\log s}\leqslant\frac{t+1}{m}. \tag{2.3.5}$$

将(2.3.4)与(2.3.5)合起来，就有

$$-\frac{1}{m}\leqslant\frac{g(n)}{g(s)}-\frac{\log n}{\log s}\leqslant\frac{1}{m}.$$

令 $m\to+\infty$，可得

$$\frac{g(n)}{g(s)}=\frac{\log n}{\log s}.$$

由 s 与 n 的任意性，必然有

$$g(n)=C\log n, \tag{2.3.6}$$

其中 C 为任一常数. 由(2)知 C 为正常数. 于是对于等概率情况，定理得证.

现设所有的 p_i 为有理数. 此时所有的 p_i 可以表示为

$$p_i=\frac{m_i}{\sum_{i=1}^{n} m_i}=\frac{m_i}{M},$$

其中 m_i 为整数，而 $M=\sum_{i=1}^{n} m_i$. 由性质(3)，有

$$g(M)=H(p_1,p_2,\cdots,p_n)+\sum_{i=1}^{n} p_i g(m_i).$$

于是

$$\begin{aligned}H(p_1,p_2,\cdots,p_n)&=g(M)-\sum_{i=1}^{n} p_i g(m_i)\\&=C\log M-\sum_{i=1}^{n} p_i C\log m_i\\&=C\log M\left(\sum_{i=1}^{n} p_i\right)-C\sum_{i=1}^{n} p_i\log m_i\\&=-C\sum_{i=1}^{n} p_i\log\frac{m_i}{M}\\&=-C\sum_{i=1}^{n} p_i\log p_i.\end{aligned}\tag{2.3.7}$$

从而对有理数的情况，也得到证明. 由性质(1)，H 是连续的，(2.3.7)对所有的正实数 $p_1,p_2,\cdots,p_n\ \left(\sum_{i=1}^{n} p_i=1\right)$ 也成立. 最后注意到

$$\lim_{p\to 0^+} p\log p=0,$$

故(2.3.7)对所有非负实数 $p_1,p_2,\cdots,p_n\ \left(\sum_{i=1}^{n} p_i=1\right)$ 也成立. 将 C 写成对数形式，就得到(2.3.1). ∎

本章开始时我们已经说过，b 取何值对我们的讨论影响不大，只涉及信息量单位，此处的证明再次说明了这一点.

2.4 熵函数的性质

为了更好地描述熵函数，先介绍一个基本引理.

引理 2.4.1 设 $P=\{p_1,p_2,\cdots,p_n\}$ 为一个概率分布，$Q=\{q_1,q_2,\cdots,q_n\}$ 满足：$0\leqslant q_i\leqslant 1$，且 $\sum_{i=1}^{n} q_i\leqslant 1$（请注意此处的不等号“$\leqslant$”，

即 Q 不见得为一个概率分布). 则

$$\sum_{i=1}^{n} p_i \log \frac{1}{p_i} \leqslant \sum_{i=1}^{n} p_i \log \frac{1}{q_i},$$

并且等号成立的充要条件是：对任意的 i，$p_i = q_i$.（此处，约定 $0 \cdot \log \frac{1}{0} = 0 \cdot \log 0 = 0$，对所有 $p > 0$，$p \cdot \log \frac{1}{0} = +\infty$.）

证 $\forall i$，如果 $p_i q_i > 0$，则由定理 2.1.1，$\log \frac{q_i}{p_i} \leqslant \frac{q_i}{p_i} - 1$，即 $p_i \log \frac{q_i}{p_i} \leqslant q_i - p_i$，从而

$$p_i \log \frac{1}{p_i} \leqslant p_i \log \frac{1}{q_i} + q_i - p_i. \tag{2.4.1}$$

若 $p_i q_i = 0$，由 q_i 的非负性和约定知(2.4.1)同样成立. 对(2.4.1)求和，得

$$\begin{aligned} \sum_{i=1}^{n} p_i \log \frac{1}{p_i} &\leqslant \sum_{i=1}^{n} p_i \log \frac{1}{q_i} + \sum_{i=1}^{n} q_i - \sum_{i=1}^{n} p_i \\ &\leqslant \sum_{i=1}^{n} p_i \log \frac{1}{q_i}. \end{aligned}$$

引理不等式得到证明. 由定理 2.1.1 中等式成立的条件可知，上式中等式成立的条件为：$\forall i$，$p_i = q_i$. ▍

由此，可得熵函数的一系列性质.

性质 2.4.1（非负性与极值性） 设 X 为取值于 $\{x_1, x_2, \cdots, x_n\}$ 的离散型随机变量，则

$$0 \leqslant H(X) \leqslant \log n.$$

特别地，$H(X) = \log n$ 的充要条件是，对所有的 i，$p(x_i) = \frac{1}{n}$；$H(X) = 0$ 的充要条件是：恰好有某一个 $p(x_i) = 1$，而其余的 $p(x_j) = 0$.

证 对于等概率分布 $Q = \left\{\frac{1}{n}, \frac{1}{n}, \cdots, \frac{1}{n}\right\}$，由引理 2.4.1，

$$\begin{aligned} H(X) &= -\sum_{i=1}^{n} p(x_i) \log p(x_i) \\ &\leqslant \sum_{i=1}^{n} p(x_i) \log \frac{1}{1/n} \\ &= \sum_{i=1}^{n} p(x_i) \log n = \log n, \end{aligned}$$

同时还知道等式成立的充要条件是：对所有的 i，$p(x_i)=\frac{1}{n}$. 性质中前一个不等式的证明，留给读者作为练习. ▍

在讨论熵函数的唯一性时，有一个分组原则. 下面给出另外一种形式的分组定理. 其证明留给读者(当然可以扩大到任意多个组).

性质 2.4.2 (可加性) 设$\{p_1,\cdots,p_n,q_1,\cdots,q_m\}$为一个概率分布. 如果 $a=p_1+p_2+\cdots+p_n$，且 $0<a<1$，则

$$H(p_1,\cdots,p_n,q_1,\cdots,q_m)=H(a,1-a)+aH\left(\frac{p_1}{a},\frac{p_2}{a},\cdots,\frac{p_n}{a}\right)$$
$$+(1-a)H\left(\frac{q_1}{1-a},\frac{q_2}{1-a},\cdots,\frac{q_m}{1-a}\right).$$

性质 2.4.3 (对称性) 设$\{p_1,\cdots,p_i,\cdots,p_j,\cdots,p_n\}$为一概率分布，则将其中的任意两项互换时，信息量不变. 即将概率分布中第 i 项 p_i 与第 j 项 p_j 互换位置，得到一个新的概率分布$\{p_1,\cdots,p_j,\cdots,p_i,\cdots,p_n\}$，有

$$H(p_1,\cdots,p_i,\cdots,p_j,\cdots,p_n)=H(p_1,\cdots,p_j,\cdots,p_i,\cdots,p_n).$$

性质 2.4.4 (扩展性) 对于两组概率分布$\{p_1,\cdots,p_n\}$和$\{p_1,\cdots,p_{n-1},p_n-\varepsilon,\varepsilon\}$，前者表示 n 个信息符号的概率分布，后者是原信息符号增加一个信息符号，构成的 $n+1$ 个信息符号的概率分布，则

$$\lim_{\varepsilon\to 0^+}H(p_1,\cdots,p_{n-1},p_n-\varepsilon,\varepsilon)=H(p_1,\cdots,p_{n-1},p_n).$$

证 只需利用函数 $f(x)=x\log x$ 在$[0,+\infty)$上的连续性及 $\lim\limits_{x\to 0^+}x\log x=0\cdot\log 0=0$ 即得. ▍

设 K 为 $\mathbf{R}^n$ 中的一个子集. 我们称 K 为一个**凸集**，如果对于任意的 $x,y\in K$ 和任意的 $a\in[0,1]$，均有 $ax+(1-a)y\in K$. 由于集合

$$\{ax+(1-a)y\,|\,a\in[0,1]\}$$

刚好表示连接 x 和 y 的线段，因此 K 为凸集的充要条件是 K 中任意两点的连线全部落在 K 中，如图 2.3 所示.

设 K 为凸集，称实函数 $f: K\to\mathbf{R}$ 是一个**凸函数**(或称**下凸函数**)，若对任意的 $x,y\in K$，任意 $a\in[0,1]$，有

$$f(ax+(1-a)y)\leqslant af(x)+(1-a)f(y).$$

同理，称实函数 $f: K\to\mathbf{R}$ 为一个**凹函数**(或称**上凸函数**)，如果 $\forall x,y\in K$，$\forall a\in[0,1]$，有

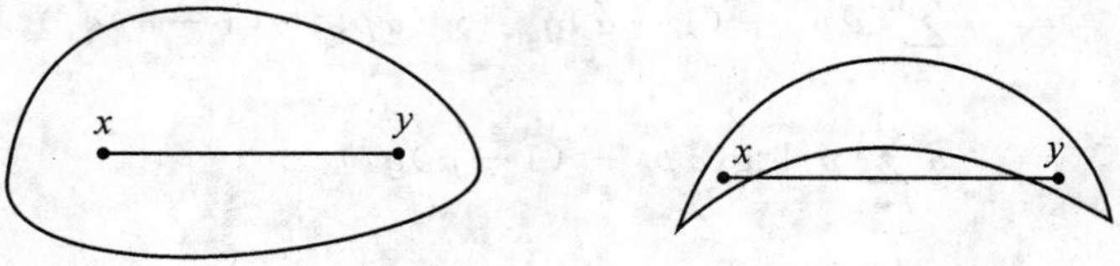

凸集 非凸集

图 2.3

$$f(ax+(1-a)y)\geqslant af(x)+(1-a)f(y).$$

有时，我们可以根据需要利用凸组合的概念来刻画凸集或凸函数. 元素 $x_1,x_2,\cdots,x_n\in K$ 的一个凸组合是指形如

$$a_1x_1+a_2x_2+\cdots+a_nx_n$$

的一个表达式，其中，$0\leqslant a_i\leqslant 1$，$\sum_{i=1}^{n}a_i=1$. 集合 K 是凸的当且仅当 K 中任意有限多个元素的凸组合还在 K 中；函数 $f: K\to\mathbf{R}$ 是凸函数当且仅当对每个凸组合 $a_1x_1+a_2x_2+\cdots+a_nx_n$，有

$$f(a_1x_1+a_2x_2+\cdots+a_nx_n)\leqslant a_1f(x_1)+a_2f(x_2)+\cdots+a_nf(x_n).$$

函数 $f: K\to\mathbf{R}$ 是一个上凸函数(凹函数)当且仅当对于 K 中元素的每个凸组合 $a_1x_1+a_2x_2+\cdots+a_nx_n$，有

$$f(a_1x_1+a_2x_2+\cdots+a_nx_n)\geqslant a_1f(x_1)+a_2f(x_2)+\cdots+a_nf(x_n).$$

下面取定 $\mathbf{R}^n$ 中的一个集合

$$K=\left\{\boldsymbol{P}=(p_1,p_2,\cdots,p_n)\,\middle|\,0\leqslant p_i\leqslant 1,\ \sum_{i=1}^{n}p_i=1\right\},$$

其中的元素为所有的概率分布，易看出 K 为一个凸集. 下面的定理显示熵函数 H 为一个 K 上的上凸函数.

定理 2.4.1 在概率分布集合

$$K=\left\{\boldsymbol{P}=(p_1,p_2,\cdots,p_n)\,\middle|\,0\leqslant p_i\leqslant 1,\ \sum_{i=1}^{n}p_i=1\right\}$$

上，熵函数 $H(p_1,p_2,\cdots,p_n)$ 为一个上凸函数. 即对 K 中任意两个元素 $\boldsymbol{P}=(p_1,p_2,\cdots,p_n)$ 和 $\boldsymbol{Q}=(q_1,q_2,\cdots,q_n)$，$\forall\alpha\in[0,1]$，有

$$H(\alpha\boldsymbol{P}+(1-\alpha)\boldsymbol{Q})\geqslant\alpha H(\boldsymbol{P})+(1-\alpha)H(\boldsymbol{Q}).$$

证 $H(\alpha\boldsymbol{P}+(1-\alpha)\boldsymbol{Q})$

$$=H(\alpha p_1+(1-\alpha)q_1,\cdots,\alpha p_n+(1-\alpha)q_n)$$

$$=-\sum_{i=1}^{n}[\alpha p_i+(1-\alpha)q_i]\log(\alpha p_i+(1-\alpha)q_i)$$

$$=-\alpha\sum_{i=1}^{n}p_i\log(\alpha p_i+(1-\alpha)q_i)$$

$$-(1-\alpha)\sum_{i=1}^{n}q_i\log(\alpha p_i+(1-\alpha)q_i)$$

$$\geqslant-\alpha\sum_{i=1}^{n}p_i\log p_i-(1-\alpha)\sum_{i=1}^{n}q_i\log q_i \quad \text{(引理 2.4.1)}$$

$$=\alpha H(\boldsymbol{P})+(1-\alpha)H(\boldsymbol{Q}).$$

▍

对于联合熵，有如下的定理:

定理 2.4.2 *若 X 和 Y 为两个离散型随机变量，则*

$$H(X,Y)\leqslant H(X)+H(Y),$$

并且等式成立的充要条件是 X 与 Y 相互独立.

证 由于 $\sum_j p(x_i,y_j)=p(x_i)$ 且 $\sum_i p(x_i,y_j)=p(y_j)$，我们有

$$H(X)+H(Y)=-\sum_i p(x_i)\log p(x_i)-\sum_j p(y_j)\log p(y_j)$$

$$=-\sum_{i,j}p(x_i,y_j)\log p(x_i)-\sum_{i,j}p(x_i,y_j)\log p(y_j)$$

$$=-\sum_{i,j}p(x_i,y_j)\log p(x_i)p(y_j).$$

因为 $\sum_i\sum_j p(x_i)p(y_j)=1$，由引理 2.4.1 可知

$$H(X)+H(Y)\geqslant-\sum_{i,j}p(x_i,y_j)\log p(x_i,y_j)=H(X,Y).$$

同理由引理 2.4.1 知，此处等式成立的充要条件是：$\forall i,j$，有 $p(x_i)p(y_j)=p(x_i,y_j)$，亦即 X 与 Y 相互独立. ▍

可将定理 2.4.2 推广到更多随机变量的情形. 下面两个推论的证明留给读者.

推论 2.4.1 *设 $X_1,X_2,\cdots,X_n$ 为 n 个离散型随机变量，则*

$$H(X_1,X_2,\cdots,X_n)\leqslant H(X_1)+H(X_2)+\cdots+H(X_n),$$

并且等式成立的充要条件是 X_i 相互独立.

推论 2.4.2 *设 $X_1,\cdots,X_n$ 及 $Y_1,\cdots,Y_m$ 均为离散型随机变量. 则*

$$H(X_1,\cdots,X_n,Y_1,\cdots,Y_m)\leqslant H(X_1,\cdots,X_n)+H(Y_1,\cdots,Y_m),$$

并且等式成立的充要条件是随机向量 $\boldsymbol{X}=(X_1,\cdots,X_n)$ 与 $\boldsymbol{Y}=(Y_1,\cdots,Y_m)$ 相互独立.

2.5 连续型随机变量的熵

在讨论了离散型随机变量的熵之后，自然会想到连续型随机变量的熵的表示问题，实际问题中经常用到连续型随机变量. 在微积分中我们已经熟悉如何将连续函数用阶梯函数逼近. 但从离散熵到连续熵不仅涉及数学处理上的问题，还涉及不确定性概念本身.

回顾离散型随机变量 X 的熵，我们的定义是

$$H(X)=\sum_i p(x_i)\log\frac{1}{p(x_i)}.$$

根据这一公式，由于求和是有限的，故熵肯定存在. 但当求和项变成无穷时，就会遇到级数收敛性问题，熵不一定存在. 若令 $S=\sum_{n=2}^{\infty}\frac{1}{n\ln^2 n}$，则该级数收敛，但若取 $p_n=\frac{1}{n\ln^2 n\cdot S}$，则 $H(p_2,\cdots,p_n,\cdots)$ 发散. 特别地，当随机变量取值为连续分布时，按离散熵概念推导过来的熵，必将发散，也即趋于无穷大. 对此，我们作以下描述.

设连续型随机变量 X 的可能取值为整个实数轴，其概率密度函数为 $p(x)$. 若将 X 的值域分为间隔为 Δx 的小区间，则 X 的值在小区间 $(x_i,x_i+\Delta x)$ 内的概率近似为 $p(x_i)\Delta x$. 于是熵的近似值为

$$H_{\Delta x}(X)=-\sum_{i=-\infty}^{\infty}p(x_i)\Delta x\log p(x_i)\Delta x.$$

令 $\Delta x\to 0$，有

$$\begin{aligned}\lim_{\Delta x\to 0}H_{\Delta x}(X)&=\lim_{\Delta x\to 0}\left(-\sum_{i=-\infty}^{\infty}p(x_i)\Delta x\log p(x_i)\Delta x\right)\\&=-\int_{-\infty}^{\infty}p(x)\log p(x)\,\mathrm{d}x-\lim_{\Delta x\to 0}\log\Delta x\int_{-\infty}^{\infty}p(x)\mathrm{d}x\\&=-\int_{-\infty}^{\infty}p(x)\log p(x)\,\mathrm{d}x-\lim_{\Delta x\to 0}\log\Delta x.\end{aligned}$$

后一项的极限值为无穷大. 按照离散熵的概念，连续型随机变量的熵应为无穷大，失去意义. 但第一项仍存在一定的意义和价值，在历史上曾一再被利用.

1948 年，Shannon 在其论文中直接定义**连续分布随机变量的熵**为

$$H_C(X)=-\int_{-\infty}^{\infty} p(x)\log p(x)\,\mathrm{d}x.$$

有时，我们也称其为**微分熵**，它还常常记为 $h(X)$，以区别于离散熵 $H(X)$. 这一定义目前已被广泛地采用，本书将遵循这一定义，并以 e 为底.

例 2.5.1 设随机变量 $X\sim U(a,b)$，即 X 服从均匀分布，其密度函数为

$$p(x)=\begin{cases}\dfrac{1}{b-a}, & 当\ x\in[a,b],\\ 0, & 当\ x\,\overline{\in}\,[a,b].\end{cases}$$

则其微分熵

$$H_C(X)=h(X)=\int_a^b \frac{1}{b-a}\log(b-a)\,\mathrm{d}x=\log(b-a).$$

由于当 $1>b-a>0$ 时，$\log(b-a)<0$，由此可知，微分熵可为一个负数，这与离散随机变量的熵一定非负不一致. 从而说明微分熵并非真实反映出一个连续型随机变量的不确定性程度.

例 2.5.2 设随机变量 $X\sim N(\mu,\sigma^2)$，即 X 服从参数为 (μ,σ^2) 的正态分布，其密度函数为

$$p(x)=\frac{1}{\sqrt{2\pi}\,\sigma}\exp\left(-\frac{1}{2\sigma^2}(x-\mu)^2\right).$$

则其微分熵为

$$H_C(X)=h(X)=-\int_{-\infty}^{\infty} p(x)\log p(x)\,\mathrm{d}x=\frac{1}{2}\ln 2\pi\mathrm{e}\sigma^2 \quad (\mathrm{e}\ 为底).$$

对于一般的随机变量，若 H_C 为其熵，则称数

$$\overline{\sigma^2}=\frac{1}{2\pi\mathrm{e}}\mathrm{e}^{2H_C}$$

为**熵功率**，这是一个很有用的概念. 对于正态分布而言，熵功率就等于其方差 σ^2.

应该说，连续分布随机变量的微分熵与离散型随机变量的熵在概念上是不同的. 前者去掉了无穷大项，只保留有限值的那一项. 它并不代表集合中事件出现的不确定性，但可作为连续分布随机变量的不确定程度的一种相对度量.

微分熵的概念可以推广到多个随机变量. 以两个连续型随机变量 X 和 Y 为例，设它们的概率密度函数分别为 $p(x)$ 和 $p(y)$，其联合概率密度为 $p(x,y)$，条件概率密度函数为 $p(y|x)$ 和 $p(x|y)$，则 X 与 Y 的**联合微**

分熵定义为

$$H_C(X,Y)=-\iint p(x,y)\log p(x,y)\,\mathrm{d}x\mathrm{d}y.$$

条件微分熵 $H_C(X|Y)$定义为

$$\begin{aligned}H_C(X|Y)&=-\iint p(x,y)\log p(x|y)\,\mathrm{d}x\mathrm{d}y\\&=-\int p(y)\mathrm{d}y\int p(x|y)\log p(x|y)\,\mathrm{d}x.\end{aligned}$$

它们之间仍有如下关系：

$$H_C(X,Y)=H_C(X)+H_C(Y|X)=H_C(Y)+H_C(X|Y),$$

$$H_C(X|Y)\leqslant H_C(X),\quad H_C(Y|X)\leqslant H_C(Y),$$

$$H_C(X,Y)\leqslant H_C(X)+H_C(Y).$$

它们的证明与离散熵的类似，这里不再赘述.

我们知道，对离散型随机变量而言，等概率分布时熵最大. 对连续型随机变量来说，我们需加上一些附加的约束，如峰值约束、功率约束等. 为此，我们有如下定理：

定理 2.5.1 (峰值约束情况) 设 X 为取值于$(-M,M)$上的连续型随机变量，则 $H_C(X)\leqslant \ln 2M$，等式在均匀分布时成立.

证 设X的密度函数为$p(x)$，则$\int_{-M}^{M}p(x)\mathrm{d}x=1$. 引入Lagrange乘子$\lambda$，求 $H_C(X)-\lambda$ 的极大值.

$$\begin{aligned}H_C(X)-\lambda&=-\int_{-\infty}^{\infty}p(x)\ln p(x)\,\mathrm{d}x-\lambda\\&=-\int_{-M}^{M}p(x)\ln p(x)\,\mathrm{d}x-\lambda\int_{-M}^{M}p(x)\mathrm{d}x\\&=-\int_{-M}^{M}p(x)\ln \mathrm{e}^{\lambda}p(x)\,\mathrm{d}x\\&\leqslant\int_{-M}^{M}p(x)\left(\frac{1}{\mathrm{e}^{\lambda}p(x)}-1\right)\mathrm{d}x\\&=\frac{2M}{\mathrm{e}^{\lambda}}-1.\end{aligned}$$

当 $p(x)\mathrm{e}^{\lambda}=1$时，等式成立. 故当$p(x)=\frac{1}{\mathrm{e}^{\lambda}}$，$-M\leqslant x\leqslant M$，即$X$为均匀分布时等式成立. 此时

$$p(x)=\begin{cases}\frac{1}{2M}, & \text{当 } x\in[-M,M],\\0, & \text{其他}.\end{cases}$$

对于其他任何密度函数 $p(x)$,

$$H_C(X) < \ln 2M.$$

▌

定理 2.5.2（平均功率约束） 设 X 为一连续型随机变量，其密度函数为 $p(x)$，其方差 σ^2 一定时，有

$$H_C(X) \leqslant \ln \sqrt{2\pi e}\sigma,$$

其中当 X 服从正态分布时，等式成立.

证 将 Lagrange 乘子 λ_1 和 λ_2 引入目标函数 $H_C(X)$，有

$$-\int_{-\infty}^{\infty} p(x)\ln p(x)\,dx - \lambda_1\int_{-\infty}^{\infty} p(x)dx - \lambda_2\int_{-\infty}^{\infty} p(x)(x-\mu)^2 dx$$

$$= \int_{-\infty}^{\infty} p(x)\ln \frac{e^{-\lambda_1}\cdot e^{-\lambda_2(x-\mu)^2}}{p(x)}\,dx$$

$$\leqslant \int_{-\infty}^{\infty} p(x)\left(\frac{e^{-\lambda_1}\cdot e^{-\lambda_2(x-\mu)^2}}{p(x)} - 1\right)dx,$$

其中 μ 为均值. 当 $p(x) = e^{-\lambda_1}\cdot e^{-\lambda_2(x-\mu)^2}$ 时，等式成立. 此时，由 $\int_{-\infty}^{\infty} p(x)dx = 1$ 及 $\int_{-\infty}^{\infty} p(x)(x-\mu)^2 dx = \sigma^2$，可知

$$e^{-\lambda_1} = \frac{1}{\sqrt{2\pi}\sigma}, \quad \lambda_2 = \frac{1}{2\sigma^2}.$$

所以

$$p(x) = \frac{1}{\sqrt{2\pi}\sigma}\exp\left(-\frac{(x-\mu)^2}{2\sigma^2}\right)$$

为正态分布密度函数. 从而

$$H_C(X) = \ln \sqrt{2\pi e}\sigma.$$

而在其他情况下，不等式成立. ▌

2.6 意义信息和加权熵

绪论中，我们已经提到 Shannon 定义的信息量是撇开了人的主观因素的，它只是概率的函数. 而在实际场合中，各种随机事件虽以一定的概率发生，但各种事件的发生对人们有着不同的价值和效用，即其重要程度不同. 因此，通常很难忽略与个人目的有关的主观因素. 例如下棋，棋子在棋盘上不同位置的事件是随机事件，这些随机事件的出现有一定的客观概率，但下棋时，这个客观概率与下棋人的主观经验、主观能力有很大关系.

为了把主观价值和主观意义引进信息的度量中，Guiasu（1997 年）提出了加权熵和意义信息的概念.

设信源

$$\begin{pmatrix} X \\ P(X) \end{pmatrix} = \begin{pmatrix} a_1 & a_2 & \cdots & a_k \\ p_1 & p_2 & \cdots & p_k \end{pmatrix},$$

其中 $0 \leqslant p_i \leqslant 1$ $(i=1,2,\cdots,k)$，且 $\sum\limits_{i=1}^{k} p_i = 1$；并且对每一事件 a_i 指定一个非负实数 $\omega_i \geqslant 0$ $(i=1,2,\cdots,k)$，这组实数称为事件的权重，它如同物理学中常见的加权一样. 我们把事件 a_i 的权重与它的重要性和意义联系起来. 如果一事件比另一事件更有意义、更为重要或更有效用（对已知的目的而言），那么前一事件的权重将大于后一事件的权重. 所以，ω_i 是一事件的效用权重系数.

事件权重的大小与事件发生的客观概率没有明确的直接关系. 在有些试验中，它们是有联系的；在有些试验中，它们是无联系的. 如，在天气预报中，出现的事件有晴、雨、多云、阴转多云等，它们有不同的发生概率. 而夏天出现“阴有小雪”这一事件的可能性极小，但若它一旦发生，会对农作物带来严重的后果，所以，其重要性很大，可以令此事件的权重很大. 在天气预报中，发生概率越小的事件对人们的主观性来说越重要. 这种情况下，由主观重要性引进的事件权重就与客观概率有关了. 另外，若不同的人对某事物是否发生的关心程度不同，那么引进不同大小的事件权重，就可以得到不同人有不同的意义信息. 可见，事件的权重可以反映人们主观的特性（就人们的主观目的而言），也可以反映事件本身的某些客观的质的特性.

为此引进加权熵的概念. 它是既依赖于事件出现的概率，又依赖于事件的主观的权重系数. 可用加权熵表示事件发生后和事件主观意义所提供的平均信息量.

现有两个概率空间

$$\begin{pmatrix} X \\ P(X) \end{pmatrix} = \begin{pmatrix} a_1 & a_2 & \cdots & a_k \\ p_1 & p_2 & \cdots & p_k \end{pmatrix} \text{及} \begin{pmatrix} a_1 & a_2 & \cdots & a_k \\ \omega_1 & \omega_2 & \cdots & \omega_k \end{pmatrix},$$

其中 $p_i \geqslant 0$ $(i=1,2,\cdots,k)$ 且 $\sum\limits_{i=1}^{k} p_i = 1$，而 $\omega_i \geqslant 0$ $(i=1,2,\cdots,k)$. p_i 是事件 a_i 发生的客观概率，而 ω_i 是事件 a_i 的权重，它决定于实验者的目的或所考虑系统的某些质的特性.

定义加权熵为

$$H_{\omega}(X)=\sum_{i=1}^{k}\omega_i p_i \log\frac{1}{p_i}. \tag{2.6.1}$$

下面讨论加权熵的一些性质，以便加深对加权熵这个量的认识.

1. 非负性

加权熵具有非负性，即

$$H_{\omega}(\omega_1,\cdots,\omega_k,p_1,\cdots,p_k)\geqslant 0. \tag{2.6.2}$$

这是因为

$$\begin{aligned}&H_{\omega}(\omega_1,\cdots,\omega_k,p_1,\cdots,p_k)\\&\qquad=-\omega_1 p_1\log p_1-\omega_2 p_2\log p_2-\cdots-\omega_k p_k\log p_k,\end{aligned}$$

且 $0<p_i<1\ (i=1,2,\cdots,k)$，$\omega_i\geqslant 0\ (i=1,2,\cdots,k)$，所以

$$-\omega_i p_i\log p_i\geqslant 0\quad (i=1,2,\cdots,k).$$

从而 $H_{\omega}(\omega_1,\cdots,\omega_k,p_1,\cdots,p_k)\geqslant 0$.

这个性质表明，在赋予事件的效用权重系数后，信源事件的发生总能提供一定的平均信息量，至少等于零.

2. 等重性

设各个事件的权重都相等，即 $\omega_1=\omega_2=\cdots=\omega_k=\omega$，则

$$H_{\omega}(\omega_1,\cdots,\omega_k,p_1,\cdots,p_k)=\omega H(p_1,\cdots,p_k). \tag{2.6.3}$$

这是因为

$$\begin{aligned}H_{\omega}(\omega_1,\cdots,\omega_k,p_1,\cdots,p_k)&=H_{\omega}(\omega,\cdots,\omega,p_1,\cdots,p_k)\\&=-\sum_{i=1}^{k}\omega p_i\log p_i\\&=\omega H(p_1,\cdots,p_k).\end{aligned}$$

上式说明，若信源是各个事件的权重都相等的等重信源，则其加权熵等于信源的概率信息熵的 ω 倍.

3. 无重性

若各个事件的权重都等于零，即 $\omega_1=\omega_2=\cdots=\omega_k=0$，则

$$H_{\omega}(\omega_1,\cdots,\omega_k,p_1,\cdots,p_k)=0. \tag{2.6.4}$$

此性质直接可从式(2.6.3)推得.

此性质表明，当信源所有可能发生的事件都是无意义或无用时，尽管 Shannon 信息熵不等于零，但获得的都是无用、无意义的信息. 当然从效用性或意义性角度观察，所获得的信息应等于零，所以加权熵等于零.

4. 确定性

若 $p_j = 1$，$p_i = 0$ $(i = 1,2,\cdots,k,\ i \neq j)$，则

$$H_\omega(\omega_1,\cdots,\omega_k,p_1,\cdots,p_k) = 0. \tag{2.6.5}$$

因为由 $p_j = 1$，$p_i = 0$ $(i \neq j)$，可得 $-p_j \log p_j \neq 0$. 又

$$-p_i \log p_i = 0 \quad (i \neq j),$$

而 $\omega_i \geqslant 0$，所以

$$H_\omega(\omega_1,\cdots,\omega_k,p_1,\cdots,p_k) = 0.$$

这个性质说明，只包含一个事件的实验（即产生确定事件的实验），即使赋予了表示效用的权重，仍不可能提供任何信息量. 这就是说，不论某事物是多么重要，对于人们是多么有用，但只要是确定事件，它就不能提供任何信息量. 这结论与 Shannon 信息熵是一致的.

5. 非容性

若对于每一个 $i \in I$，$p_i = 0$，$\omega_i \neq 0$，以及对于每一个 $j \in J$，$p_j \neq 0$，$\omega_j = 0$，而且 $I \cup J = \{1,2,\cdots,k\}$，$I \cap J = \varnothing$，则

$$H_\omega(\omega_1,\cdots,\omega_k,p_1,\cdots,p_k) = 0. \tag{2.6.6}$$

这一性质说明，如果可能的事件是无意义或无用的，则有意义或有用的事件却是不可能的事件. 这时 Shannon 熵不等于零，但当考虑事件的有用性和意义时其提供的整个平均信息量等于零，即加权熵等于零.

特殊情况是当所有事件的权重都为零时，即使 Shannon 熵不等于零 $(0 < p_i < 1)$，也能得到加权熵 $H_\omega = 0$. 这就说明加权熵具有效用和意义的含义.

6. 扩展性

加权熵满足扩展性，即

$$\begin{aligned} &H_\omega^{k+1}(\omega_1,\cdots,\omega_k,\omega_{k+1},p_1,\cdots,p_k,\ p_{k+1} = 0) \\ &\quad = H_\omega^k(\omega_1,\cdots,\omega_k,p_1,\cdots,p_k). \end{aligned} \tag{2.6.7}$$

因为

$$\begin{aligned} H_\omega^{k+1}(\omega_1,\cdots,\omega_k,\omega_{k+1},p_1,\cdots,p_k,0) &= -\sum_{i=1}^{k+1}\omega_i p_i \log p_i \\ &= -\sum_{i=1}^{k}\omega_i p_i \log p_i - \omega_{k+1} p_{k+1} \log p_{k+1}, \end{aligned}$$

又 $p_{k+1} = 0$，$\omega_{k+1} > 0$，所以

$$-p_{k+1} \log p_{k+1} = -0 \cdot \log 0 = 0.$$

从而 $\omega_{k+1} p_{k+1} \log p_{k+1} = 0$. 因此得式(2.6.7).

此性质表明，当信源增加一个有效用或有意义的事件，但此事件是不可能发生的事件时，信源的加权熵并不增加，而且保持原信源的加权熵不变.

类似 Shannon 信息熵的扩展性，可将式(2.6.7)写成更为一般的表达式：

$$\lim_{\varepsilon \to 0} H_{\omega}^{k+1}(\omega_1, \cdots, \omega_k, \omega_{k+1}, p_1, \cdots, p_k - \varepsilon, \varepsilon) = H_{\omega}^{k}(\omega_1, \cdots, \omega_k, p_1, \cdots, p_k). \tag{2.6.8}$$

式(2.6.8)说明，信源的事件增多，所增事件是有意义或有用的事件，它们的权重可能很大，这样，当此所增事件发生后，将提供一定的或很大的意义信息. 但事件发生的概率接近于零（是几乎不可能的事件），所以此事件在平均意义上所提供的意义信息接近于零，以致总的加权熵仍然维持不变.

7. 线性叠加性

对于一非负实数 λ，有

$$H_{\omega}(\lambda\omega_1, \lambda\omega_2, \cdots, \lambda\omega_k, p_1, \cdots, p_k) = \lambda H_{\omega}(\omega_1, \omega_2, \cdots, \omega_k, p_1, \cdots, p_k). \tag{2.6.9}$$

此性质称为加权熵的线性叠加性.

根据加权熵的表达式

$$H_{\omega}(\lambda\omega_1, \lambda\omega_2, \cdots, \lambda\omega_k, p_1, \cdots, p_k) = -\sum_{i=1}^{k} \lambda\omega_i p_i \log p_i,$$

由于 λ 是一非负实数且与 i 无关，则

$$\begin{aligned} H_{\omega}(\lambda\omega_1, \lambda\omega_2, \cdots, \lambda\omega_k, p_1, \cdots, p_k) &= \lambda\left(-\sum_{i=1}^{k} \omega_i p_i \log p_i\right) \\ &= \lambda H_{\omega}(\omega_1, \omega_2, \cdots, \omega_k, p_1, \cdots, p_k). \end{aligned}$$

这个性质表明，当信源所有事件的效用或意义都同时扩大若干倍时，信源的加权熵也扩大同样的倍数.

8. 递增性

加权熵满足递增性，即

$$\begin{aligned} & H_{\omega}^{n+1}(\omega_1, \omega_2, \cdots, \omega_{n-1}, \omega', \omega''; p_1, p_2, \cdots, p_{n-1}, p', p'') \\ &= H_{\omega}^{n}(\omega_1, \cdots, \omega_n, p_1, \cdots, p_n) + p_n H_{\omega}^{2}\left(\omega', \omega'', \frac{p'}{p_n}, \frac{p''}{p_n}\right), \end{aligned}$$

其中

$$p_n = p' + p'', \quad \omega_n = \frac{p'\omega' + p''\omega''}{p' + p''}. \tag{2.6.10}$$

证 因为

$$p_n = p' + p'', \quad \omega_n = \frac{p'\omega' + p''\omega''}{p' + p''},$$

所以有

$$\begin{aligned}
&H_\omega^{n+1}(\omega_1, \cdots, \omega_{n-1}, \omega', \omega''; p_1, \cdots, p_{n-1}, p', p'') \\
&= \sum_{i=1}^{n-1} \omega_i p_i \log p_i - \omega' p' \log p' - \omega'' p'' \log p'' \\
&= -\sum_{i=1}^{n-1} \omega_i p_i \log p_i - \omega_n p_n \log p_n + \omega_n p_n \log p_n \\
&\quad - \omega' p' \log p' - \omega'' p'' \log p'' \\
&= -\sum_{i=1}^{n-1} \omega_i p_i \log p_i + (\omega' p' + \omega'' p'') \log p_n \\
&\quad - \omega' p' \log p' - \omega'' p'' \log p'' \\
&= -\sum_{i=1}^{n} \omega_i p_i \log p_i + p_n \left(-\omega' \frac{p'}{p_n} \log \frac{p'}{p_n} - \omega'' \frac{p''}{p_n} \log \frac{p''}{p_n} \right) \\
&= H_\omega^n(\omega_1, \cdots, \omega_n, p_1, \cdots, p_n) \\
&\quad + p_n H_\omega^2 \left(\omega', \omega'', \frac{p'}{p_n}, \frac{p''}{p_n} \right).
\end{aligned}$$

▌

此性质表明，信源发生分割或分裂时，加权熵也增加.增加量与分割出新事件的发生概率以及新事件的效用或意义的大小有关.

若信源事件(包括分割出的新事件)的权重都相等，即

$$\omega_1 = \omega_2 = \cdots = \omega_{n-1} = \omega' = \omega'' = \omega,$$

则加权熵的递增性就成为 Shannon 信息熵的递增性.

以上给出了加权熵的定义和基本性质.我们也可在某些公理条件下证明，式(2.6.1)是加权熵的唯一函数形式.

以上引进的加权熵虽然在一定程度上能够反映信息对收信者的主观价值. 但是，对于全面解决与人们主观价值和主观意义有关的信息问题来说，这一点显然是远远不够的. 近年来，人们不断地对信息的测度提出新的探索，如语法信息、语义信息、语用信息、模糊信息、定义信息等，但这些研究还没有获得令人满意的统一的结果.

2.7 Renyi 熵与 Tsallis 熵

Renyi 信息熵是对香农信息熵的一种拓展，含有一个参数. 设有一离散变量的概率分布$(p_1, p_2, \cdots, p_n)$，**Renyi 信息熵**定义为

$$R(q) = \frac{\log\left(\sum_{i=1}^{n} p_i^q\right)}{1-q},$$

其中，q 为一个可取任意实数的参数. 当 $q=0$ 时，$R(q)=\log n$，即计算元素个数的对数；当 $q=1$ 时，分子和分母同时趋近于0，于是，可以通过洛必达法则求它的极限为

$$\lim_{q\to 1} R(q) = -\sum_{i=1}^{n} p_i \log p_i,$$

即当 $q=1$ 时，Renyi 熵变成了 Shannon 信息熵.

自 20 世纪 40 年代 Shannon 提出 Shannon 熵以来，Shannon 熵得到了迅速的发展和广泛的应用，目前，Shannon 熵已经成为信息科学、统计学、经济学等诸多研究领域中的重要工具. Shannon 熵是 q-Renyi 熵当 $q=1$ 时的特殊情形. 在许多情形下 $q\neq 1$ 的 q-Renyi 熵比 Shannon 熵有着更好的性质，因此对于 q-Renyi 熵及其统计性质的研究有着重要的理论价值与实际意义.

Tsallis 熵也是 Shannon 熵的一种拓展形式，带有一个参数，它是统计物理学中一种新的度量信息的方法. 这种方法能对混杂或具有不规则碎片形状的非可加系统提供较为满意的物理解释. 其定义为

$$S(q) = \frac{1}{q-1}\left(1 - \sum p_i^q\right).$$

Tsallis 熵是标准的 Boltzman-Gibbs 熵的推广，最早于 1988 年由巴西的 Tsallis 教授作为标准统计力学的一个推广而提出. 在科学界，从 Tsallis 理论提出开始，就一直存在激烈的争论. 然而，自 2000 年以来，人们发现越来越多的自然界的、人工的和社会的复杂系统在令人惊奇的极为广泛的学科领域中，研究证实了从 Tsallis 熵推导出来的预测和结果.

其实，从表达式上看，Renyi 熵和 Tsallis 熵之间有如下关系：

$$R(q) = \frac{\ln(1+(1-q)S(q))}{1-q}.$$

习　题

2.1　随机地掷三颗骰子，以 X,Y,Z 分别表示第一颗骰子抛掷的结果，第一颗与第二颗骰子抛掷结果之和，三颗骰子抛掷结果之和. 试求 $H(X|Y),H(Y|X),H(Z|X,Y),H(X,Z|Y)$ 和 $H(Z|X)$.

2.2　设一个系统传送10个数字：0,1,2,…,9. 奇数在传送时以0.5的概率等可能地错成下一个奇数，而其他数字完全正确地接收. 试求收到一个数字后平均得到的信息量.

2.3　对任意随机变量 X 和 Y，定义 $d(X,Y)=H(X|Y)+H(Y|X)$ 为 X 与 Y 的信息距离. 试证明：

(a) $d(X,X)=0$, $d(X,Y)\geqslant 0$;

(b) $d(X,Y)=d(Y,X)$;

(c) $d(X,Y)+d(Y,Z)\geqslant d(X,Z)$.

2.4　对任意概率分布的随机变量，试证下述三角不等式成立：

(a) $H(X|Y)+H(Y|Z)\geqslant H(X|Z)$;

(b) $\dfrac{H(X|Y)}{H(X,Y)}+\dfrac{H(Y|Z)}{H(Y,Z)}\geqslant\dfrac{H(X|Z)}{H(X,Z)}$.

2.5　令 X 为离散型随机变量，$Y=g(X)$ 为 X 的任意函数. 试证：$H(X)\geqslant H(Y)$ 及 $H(X|Y)\geqslant H(Y|X)$，并分别给出等号成立的充要条件.

2.6　若 $H(Y|X)=0$，试证：对一切使 $p(x)>0$ 的 x，仅有一个可能的 y 具有 $p(x,y)>0$.

2.7　设随机变量 X 和 Y 的联合分布如下所示：

X \ Y	0	1
0	1/3	1/3
1	0	1/3

随机变量 $Z=X\oplus Y$，式中 $\oplus$ 为模2和. 试求(单位为 bit)：

(1) $H(X),H(Y)$;

(2) $H(X|Y),H(Y|X),H(X|Z)$;

(3) $H(X,Y,Z)$.

2.8 设随机变量 X 的值取自于集合 $\{a_1,a_2,\cdots,a_k\}$，已知 $P(X=a_k)=a$，$a\neq 1$. 试证：

(1) $H(X)=-a\log a-(1-a)\log(1-a)+(1-a)H(Y)$，其中 Y 的值取自于集合 $\{a_1,a_2,\cdots,a_{k-1}\}$，且其概率分布为

$$P(Y=a_i)=\frac{P(X=a_i)}{1-a},\quad i=1,2,\cdots,k-1;$$

(2) $H(X)\leqslant -a\log a-(1-a)\log(1-a)+(1-a)\log(k-1)$.

2.9 抛掷一硬币两次(独立地)，每次正面朝上的概率为 p. 设 X_1 和 X_2 为两次抛掷的结果，Y 为另一随机变量，取值于 $\{0,1\}$. 其中若 $X_1=X_2$，则 $Y=0$，否则 $Y=1$.

(1) 试求 $H(Y)$.

(2) 试证：$H(X_1,Y)=H(X_1,X_2)$，它说明了什么？

(3) 试估计 $H(X_1,Y)-H(X_1)$，然后加以评断.

2.10 设 X 为 $[-1,1]$ 上的均匀分布随机变量. 试求 $H_C(X)$，$H_C(X^2)$，$H_C(X^3)$.

2.11 考虑以下用天平称球问题. 假设有 12 个球，其中有一个球重量与其他球不同，其他 11 个均等重（称为标准重量）. 设计一种方法，只用 3 次天平就能找出这个不等重的球.

(1) 用信息论的方法证明该问题是有解的，3 次称重是足够的.

(2) 给出解决的方法.

(3) 如果再增加一个有标准重量的球，重复步骤(1)和(2).

(4) 如果有 14 个球，其中一个球是非标准重量，用信息论方法证明 3 次称重不足以找到非标准重量的球.

(5) 如果第 13 个球是不标准球（假定这 2 个不标准球的重量相同），能否用 3 次称重找到这 2 个不标准球？用信息论方法说明，若能，给出解决的办法.

(6) 有 n 个球，其中有 1 个不标准球，其他为标准球. 如果只允许称重 k 次（k 固定），要从 n 个球中找出非标准球，n 最大可能值为多少？

2.12 设每次掷钱币正面朝上的概率为 p，令 X 为掷钱币直至其正面第一次向上所需的次数，求 $H(X)$.

第3章 互 信 息

3.1 平均互信息

通常的信息处理系统如图 3.1 所示，其中 X 与 Y 分别表示输入、输出随机变量，中间部分代表对输入作某种变换. 设 A 和 B 分别表示 X 与 Y 的取值范围. 对于离散情形而言，不妨设

图 3.1

$$A=\{a_i \mid i=1,2,\cdots,K\},$$

$$B=\{b_j \mid j=1,2,\cdots,J\},$$

它们分别有概率空间 $\{p(a_i)\}_{i=1}^{K}$ 和 $\{p(b_j)\}_{j=1}^{J}$. 相应的联合概率 $p(a_i,b_j)$ 和条件概率 $p(b_j \mid a_i)$, $p(a_i \mid b_j)$ 之间有如下关系：

$$p(b_j \mid a_i)=\frac{p(a_i,b_j)}{p(a_i)},$$

$$p(a_i \mid b_j)=\frac{p(a_i,b_j)}{p(b_j)}.$$

3.1.1 事件的互信息

定义 3.1.1 设 X 和 Y 为两个离散型随机变量，事件 $Y=b_j$ 的出现对于事件 $X=a_i$ 的出现的**互信息量** $I(a_i;b_j)$ 定义为

$$I(a_i;b_j)=\log\frac{p(a_i \mid b_j)}{p(a_i)}. \tag{3.1.1}$$

当对数底取 2 时，信息量单位取比特(bit)；当对数底取 e 时，单位为奈特(nat).

由定义可知

$$\begin{aligned}I(a_i;b_j)&=\log\frac{p(a_i \mid b_j)}{p(a_i)}=\log\frac{p(a_i,b_j)}{p(b_j)p(a_i)}\\&=\log\frac{p(b_j \mid a_i)}{p(b_j)}=I(b_j;a_i).\end{aligned} \tag{3.1.2}$$

因而事件的互信息具有对称性. 如果 a_i 的出现使 b_j 出现的可能性增大，即 $p(b_j|a_i) > p(b_j)$，则 $I(b_j;a_i) > 0$；反之，$I(b_j;a_i) < 0$. 两事件的互信息可正、可负，也可为 0.

当 X 与 Y 为同一随机变量，且 $a_i = b_j$ 时，有

$$I(a_i;a_i) = \log \frac{p(a_i|a_i)}{p(a_i)} = \log \frac{1}{p(a_i)} = I(a_i).$$

这说明事件 a_i 与自身的互信息即为 a_i 的自信息. 在一般情况下，由于 $p(a_i|b_j) \leqslant 1$，$p(b_j|a_i) \leqslant 1$，故有

$$I(a_i;b_j) \leqslant I(a_i), \tag{3.1.3}$$

$$I(a_i;b_j) \leqslant I(b_j). \tag{3.1.4}$$

若事件 $X = a_i$ 与 $Y = b_j$ 相互独立，则 $p(a_i|b_j) = p(a_i)$，从而导致

$$I(a_i;b_j) = 0.$$

如果我们定义**条件自信息**(a_i 在条件 b_j 下的自信息)为

$$I(a_i|b_j) = -\log p(a_i|b_j), \tag{3.1.5}$$

以及**联合自信息**(联合事件 a_ib_j 的自信息)为

$$I(a_i,b_j) = -\log p(a_i,b_j), \tag{3.1.6}$$

则有

$$\begin{aligned} I(a_i;b_j) &= I(a_i) - I(a_i|b_j) \\ &= I(b_j) - I(b_j|a_i) \\ &= I(a_i) + I(b_j) - I(a_i,b_j). \end{aligned} \tag{3.1.7}$$

特别地，当 a_i 与 b_j 独立时，有

$$I(a_i,b_j) = I(a_i) + I(b_j). \tag{3.1.8}$$

3.1.2 多随机变量下条件互信息与联合事件的互信息

定义 3.1.2 对于三个随机变量 X,Y,Z 的联合概率空间

$$\{XYZ, A \times B \times C, p(a_i,b_j,c_k)\},$$

在给定条件 $Z = c_k \in C$ 下，事件 $X = a_i \in A$ 与 $Y = b_j \in B$ 之间的**条件互信息**定义为

$$I(a_i;b_j|c_k) = \log \frac{p(a_i|b_j,c_k)}{p(a_i|c_k)} = \log \frac{p(a_i,b_j|c_k)}{p(a_i|c_k)p(b_j|c_k)}. \tag{3.1.9}$$

上面的定义可进一步推广到 N 个随机变量的联合空间

$$\{X_1X_2\cdots X_N, \mathscr{X}_1 \times \mathscr{X}_2 \times \cdots \times \mathscr{X}_N, p(x_1,x_2,\cdots,x_N)\},$$

可以定义在事件 $x_1,x_2,\cdots,x_{N-2}$ 给定的条件下，x_{N-1} 和 x_N 之间的**条件互信息**为

$$I(x_N;x_{N-1}|x_1,\cdots,x_{N-2})=\log\frac{p(x_N|x_1,\cdots,x_{N-2},x_{N-1})}{p(x_N|x_1,\cdots,x_{N-2})}.\tag{3.1.10}$$

显然，条件互信息具有对称性：

$$I(x_N;x_{N-1}|x_1,\cdots,x_{N-2})=I(x_{N-1};x_N|x_1,\cdots,x_{N-2}).\tag{3.1.11}$$

下面进一步考虑联合事件(b_j,c_k)与事件$a_i\in A$之间的互信息：

$$\begin{aligned}I(a_i;b_j,c_k)&=\log\frac{p(a_i|b_j,c_k)}{p(a_i)}\\&=\log\frac{p(a_i|b_j)p(a_i|b_j,c_k)}{p(a_i|b_j)p(a_i)}\\&=\log\frac{p(a_i|b_j)}{p(a_i)}+\log\frac{p(a_i|b_j,c_k)}{p(a_i|b_j)}\\&=I(a_i;b_j)+I(a_i;c_k|b_j).\end{aligned}\tag{3.1.12}$$

同理可得

$$\begin{aligned}I(a_i;b_j,c_k)&=I(b_j,c_k;a_i)\\&=I(b_j;a_i)+I(c_k;a_i|b_j)\\&=I(a_i;b_j)+I(c_k;a_i|b_j).\end{aligned}\tag{3.1.13}$$

上面两式称为互信息的可加性.

注 符号“,”,“;”,“|”的运算次序为“,”,“;”和“|”.

3.1.3 平均互信息

在前面定义了事件与事件之间的互信息之后，我们可以定义随机变量之间的互信息，即平均互信息.

定义 3.1.3 设 X 与 Y 为两个离散型随机变量，则 X 与 Y 之间的**互信息** $I(X;Y)$为单个事件之间互信息的数学期望，即

$$I(X;Y)=E(I(a_i;b_j))=\sum_i\sum_j p(a_i,b_j)\log\frac{p(a_i,b_j)}{p(a_i)p(b_j)}.\tag{3.1.14}$$

由定义可知

$$I(X;Y)=I(Y;X).\tag{3.1.15}$$

由于 $p(b_j)=\sum_i p(a_i)p(b_j|a_i)$，当我们已知 X 的分布及状态转移概率矩阵$(p(b_j|a_i))$时，$I(X;Y)$还有如下表达方式：

$$I(X;Y)=\sum_i\sum_j p(a_i)p(b_j|a_i)\log\frac{p(b_j|a_i)}{\sum_i p(a_i)p(b_j|a_i)}. \tag{3.1.16}$$

它表明平均互信息 $I(X;Y)$完全取决于 $p(a_i)$及 $p(b_j|a_i)$.

3.2 互信息与其他熵之间的关系

3.2.1 互信息的等价定义

我们已经谈到过，单个随机事件之间的互信息可以为负数. 那么随机变量之间的互信息可以为负吗？实际上，我们有定理：

定理 3.2.1 设 X,Y 为两个离散型随机变量，则

$$I(X;Y)=H(X)-H(X|Y). \tag{3.2.1}$$

证 由定义知

$$\begin{aligned}
&H(X)-H(X|Y)\\
&=-\sum_i p(a_i)\log p(a_i)+\sum_j p(b_j)\sum_i p(a_i|b_j)\log p(a_i|b_j)\\
&=-\sum_i p(a_i)\log p(a_i)+\sum_i\sum_j p(a_i,b_j)\log p(a_i|b_j)\\
&=\sum_i\sum_j p(a_i,b_j)\log\frac{p(a_i,b_j)}{p(a_i)p(b_j)}\\
&=I(X;Y).
\end{aligned}$$

▌

定理 3.2.2 设 X,Y 为两个离散型随机变量，则

$$I(X;Y)=H(X)+H(Y)-H(X,Y). \tag{3.2.2}$$

证

$$\begin{aligned}
I(X;Y)&=\sum_i\sum_j p(a_i,b_j)\log\frac{p(a_i,b_j)}{p(a_i)p(b_j)}\\
&=\sum_i\sum_j p(a_i,b_j)\log p(a_i,b_j)\\
&\quad-\sum_i\sum_j p(a_i,b_j)(\log p(a_i)+\log p(b_j))\\
&=-H(X,Y)-\sum_i\sum_j p(a_i,b_j)(\log p(a_i)+\log p(b_j))\\
&=-H(X,Y)-\sum_i\log p(a_i)\sum_j p(a_i,b_j)\\
&\quad-\sum_j\log p(b_j)\sum_i p(a_i,b_j)
\end{aligned}$$

$$= -H(X,Y) - \sum_i p(a_i)\log p(a_i) - \sum_j p(b_j)\log p(b_j)$$

$$= H(X) + H(Y) - H(X,Y).$$ ∎

由前面两个定理可知，互信息有许多表达式. 实际上，在许多课本中，互信息是直接由上述两个定理来定义的，也即用式(3.2.1)或式(3.2.2)来定义平均互信息.

3.2.2　熵之间的关系

作为参考，我们列举熵与互信息之间的几个基本性质，其中许多已作为定理给出了证明，没有给出证明的，读者可自行补上.

定理 3.2.3　设 X 与 Y 为两个离散型随机变量，则下面各式成立：

(1)　$H(X,Y) \leqslant H(X) + H(Y)$；

(2)　$H(X|Y) = H(X,Y) - H(Y)$；

(3)　$I(X;Y) = H(X) - H(X|Y)$；

(4)　$I(X;Y) = I(Y;X)$；

(5)　$I(X;Y) = H(X) + H(Y) - H(X,Y)$；

(6)　$I(X;Y) \geqslant 0$；

(7)　$I(X;X) = H(X)$.

本定理可从图 3.2 中得到理解和记忆.

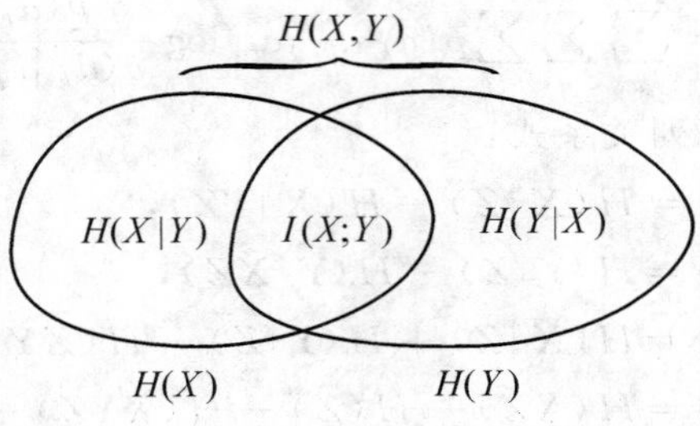

图 3.2　熵与互信息之间的关系

3.3　多个随机变量的互信息

前面主要讨论了两个随机变量之间的互信息. 现在考虑三个或三个以上随机变量之间的互信息.

3.3.1 两组随机变量之间的互信息

为简单起见，我们仅考虑随机变量 X 与二元随机向量(Y,Z)之间的互信息. 设三个随机变量 X,Y,Z 的分布分别为$(p(a_1),p(a_2),\cdots,p(a_K))$，$(p(b_1),p(b_2),\cdots,p(b_J))$，$(p(c_1),p(c_2),\cdots,p(c_L))$，其联合分布概率矩阵为

$$(p(a_k,b_j,c_l))_{K\times J\times L}.$$

仿照前面定义两个随机变量之间互信息的方法，可以定义 X 与(Y,Z)之间的**联合互信息**为

$$\begin{aligned} I(X;YZ) &= H(X)-H(X\,|\,YZ) \\ &= H(YZ)-H(YZ\,|\,X), \end{aligned} \tag{3.3.1}$$

以及

$$I(X;YZ)=H(X)+H(YZ)-H(XYZ). \tag{3.3.2}$$

它们是等价的. 同样还有性质：

$$I(X;YZ)=I(YZ;X).$$

$I(X;YZ)$反映了 X 与 YZ 之间的统计依赖程度.

3.3.2 条件互信息

类似于研究熵时引入条件熵，在研究互信息时可以引入条件互信息.

在已知随机变量 Z 的条件下定义随机变量 X 和 Y 之间的**互信息** $I(X;Y|Z)$为

$$I(X;Y|Z)=\sum_k\sum_j\sum_l p(a_k,b_j,c_l)\log\frac{p(a_k,b_j\,|\,c_l)}{p(a_k\,|\,c_l)p(b_j\,|\,c_l)}. \tag{3.3.3}$$

由此定义可推导出下列关系式：

$$I(X;Y|Z)=H(X|Z)-H(X|YZ), \tag{3.3.4}$$

$$I(X;Y|Z)=H(Y|Z)-H(Y|XZ), \tag{3.3.5}$$

$$I(X;Y|Z)=H(X|Z)+H(Y|Z)-H(XY|Z), \tag{3.3.6}$$

$$\begin{aligned} I(X;Y|Z) &= H(XZ)-H(Z)-H(XYZ)+H(Z) \\ &\quad +H(YZ)-H(Z) \\ &= H(XZ)+H(YZ)-H(XYZ)-H(Z). \end{aligned} \tag{3.3.7}$$

由(3.3.3)可知

$$I(X;Y|Z)\geqslant 0. \tag{3.3.8}$$

利用条件互信息，可将联合互信息 $I(X;YZ)$作如下展开：

$$\begin{aligned} I(X;YZ) &= H(X)-H(X\,|\,YZ) \\ &= H(X)-H(X\,|\,Y)+H(X\,|\,Y)-H(X\,|\,YZ) \end{aligned}$$

$$=I(X;Y)+I(X;Z|Y). \tag{3.3.9}$$

该式的含义为随机向量(Y,Z)提供的关于 X 的信息量等于 Y 所提供的关于 X 的信息量加上在条件 Y 已知的情况下 Z 所提供的关于 X 的信息量.

同理还有如下关系式成立:

$$I(X;YZ)=I(X;Z)+I(X;Y|Z). \tag{3.3.10}$$

而两组随机向量之间的互信息的更一般的表达式为

$$I(XY;UVW)=I(XY;W)+I(XY;V|W)+I(XY;U|VW). \tag{3.3.11}$$

3.3.3　随机向量中各随机变量之间的互信息

定义三个随机变量 X,Y 与 Z 之间的**互信息**为

$$I(X;Y;Z)=\sum_k\sum_j\sum_l p(a_k,b_j,c_l)\log\frac{p(a_k,b_j)p(b_j,c_l)p(a_k,c_l)}{p(a_k)p(b_j)p(c_l)p(a_k,b_j,c_l)}. \tag{3.3.12}$$

通过一系列推导,可得

$$I(X;Y;Z)=I(X;Y)-I(X;Y|Z). \tag{3.3.13}$$

同理还有

$$\begin{aligned}I(X;Y;Z)&=I(Y;Z)-I(Y;Z|X)\\&=I(Z;X)-I(Z;X|Y).\end{aligned} \tag{3.3.14}$$

按照这一方法可以得到更多随机变量之间的互信息.

值得注意的是,互信息 $I(X;Y;Z)$没有明确的物理意义,且 $I(X;Y;Z)$可正、可负,也可为 0. 但它在数学上是有意义的,可以帮助我们推导一些有用的关系式.

例 3.3.1　求证:当随机变量 X 和 Z 统计独立时,有

$$I(X;Y)\leqslant I(X;Y|Z).$$

证　由条件知 $I(X;Z)=0$. 利用(3.3.13),(3.3.14)可得

$$\begin{aligned}I(X;Y)-I(X;Y|Z)&=I(X;Z)-I(X;Z|Y)\\&=-I(X;Z|Y).\end{aligned}$$

又 $I(Z;X|Y)\geqslant 0$,从而 $I(X;Y)-I(X;Y|Z)\leqslant 0$.

3.4　互信息函数的性质

两个随机变量之间的互信息在信息传输和处理中有着重要的应用,有必要单独讨论该函数的性质.

由互信息的定义和相关性质可知，两个离散型随机变量 X 和 Y 之间的互信息函数 $I(X;Y)$ 为

$$I(X;Y)=\sum_i\sum_j p(a_i,b_j)\log\frac{p(a_i,b_j)}{p(a_i)p(b_j)}$$
$$=\sum_{k=1}^{K}\sum_{j=1}^{J}p(a_k)q(b_j|a_k)\log\frac{q(b_j|a_k)}{\sum_{i=1}^{K}p(a_i)q(b_j|a_i)}.$$

于是，$I(X;Y)$ 成为随机变量 X 的概率矢量 $\boldsymbol{P}=(p_1,p_2,\cdots,p_K)=(p(a_1),p(a_2),\cdots,p(a_K))$ 和条件概率矩阵 $\boldsymbol{Q}=(q(b_j|a_k))_{K\times J}$ 的函数，可以简记为 $I(\boldsymbol{P},\boldsymbol{Q})$. 互信息作为 $\boldsymbol{P},\boldsymbol{Q}$ 之函数，具有凸函数的性质：

性质 3.4.1 互信息 $I(\boldsymbol{P},\boldsymbol{Q})$ 是 $\boldsymbol{P}$ 的凹函数.

证 由凹函数之定义，只需证明，对于任意两个概率分布 $\boldsymbol{P}_1$ 与 $\boldsymbol{P}_2$，$\forall\lambda,0\leqslant\lambda\leqslant1$，有

$$\lambda I(\boldsymbol{P}_1,\boldsymbol{Q})+(1-\lambda)I(\boldsymbol{P}_2,\boldsymbol{Q})\leqslant I(\lambda\boldsymbol{P}_1+(1-\lambda)\boldsymbol{P}_2,\boldsymbol{Q}).\quad(3.4.1)$$

我们采用信息论的方法加以证明.

引入随机变量 Z，其分布为

$$\begin{pmatrix}Z\\P(Z)\end{pmatrix}=\begin{pmatrix}d_1 & d_2\\ \lambda & 1-\lambda\end{pmatrix},$$

其中，当 Z 取值为 d_1 时，输入分布为 $\boldsymbol{P}_1$，当 Z 取值为 d_2 时，输入分布为 $\boldsymbol{P}_2$，Z 与转移矩阵 $\boldsymbol{Q}$ 无关，记 $\boldsymbol{P}_0=\lambda\boldsymbol{P}_1+(1-\lambda)\boldsymbol{P}_2$ 为概率分布. 于是

$$I(\lambda\boldsymbol{P}_1+(1-\lambda)\boldsymbol{P}_2,\boldsymbol{Q})=I(\boldsymbol{P}_0,\boldsymbol{Q})=I(X;Y),$$
$$\begin{aligned}&\lambda I(\boldsymbol{P}_1,\boldsymbol{Q})+(1-\lambda)I(\boldsymbol{P}_2,\boldsymbol{Q})\\&=\boldsymbol{P}(d_1)I(\boldsymbol{P}_1,\boldsymbol{Q})+\boldsymbol{P}(d_2)I(\boldsymbol{P}_2,\boldsymbol{Q})\\&=\boldsymbol{P}(d_1)I(X;Y|Z=d_1)+\boldsymbol{P}(d_2)I(X;Y|Z=d_2)\\&=I(X;Y|Z).\end{aligned}$$

又 Z 与 $\boldsymbol{Q}$ 无关，X 取定时，Z 与 Y 相互独立，从而 $I(Z;Y|X)=0$.

$$I(X;Y)-I(X;Y|Z)=I(Z;Y)-I(Z;Y|X)=I(Z;Y)\geqslant0.$$

从而有

$$I(X;Y)\geqslant I(X;Y|Z),$$

即表明

$$\lambda I(\boldsymbol{P}_1,\boldsymbol{Q})+(1-\lambda)I(\boldsymbol{P}_2,\boldsymbol{Q})\leqslant I(\lambda\boldsymbol{P}_1+(1-\lambda)\boldsymbol{P}_2,\boldsymbol{Q}).$$ ▌

性质 3.4.2 互信息 $I(\boldsymbol{P},\boldsymbol{Q})$ 为 $\boldsymbol{Q}$ 的凸函数.

证　首先，易知所有条件概率矩阵组成的集合为一个凸集. 按照凸函数之定义，只需证明：$\forall \boldsymbol{Q}_1, \boldsymbol{Q}_2$ 为两个条件概率矩阵，$\forall \lambda, 0 \leqslant \lambda \leqslant 1$，有

$$\lambda I(\boldsymbol{P}, \boldsymbol{Q}_1) + (1-\lambda) I(\boldsymbol{P}, \boldsymbol{Q}_2) \geqslant I(\boldsymbol{P}, \lambda \boldsymbol{Q}_1 + (1-\lambda)\boldsymbol{Q}_2). \tag{3.4.2}$$

引入随机变量 Z，其分布为

$$\begin{pmatrix} c_1 & c_2 \\ \lambda & 1-\lambda \end{pmatrix}.$$

设 Z 的取值与随机变量 X 无关，但能决定条件概率矩阵，即 $Z=c_1$ 时，条件概率矩阵 $\boldsymbol{Q}=\boldsymbol{Q}_1$；$Z=c_2$ 时，条件概率矩阵 $\boldsymbol{Q}=\boldsymbol{Q}_2$.

设 $\boldsymbol{Q}_0=\lambda \boldsymbol{Q}_1+(1-\lambda)\boldsymbol{Q}_2$. 于是

$$\begin{aligned}
&\lambda I(\boldsymbol{P}, \boldsymbol{Q}_1) + (1-\lambda) I(\boldsymbol{P}, \boldsymbol{Q}_2) \\
&\quad = p(c_1) I(\boldsymbol{P}; \boldsymbol{Q}_1 \mid Z=c_1) + p(c_2) I(\boldsymbol{P}; \boldsymbol{Q}_2 \mid Z=c_2) \\
&\quad = I(X;Y \mid Z).
\end{aligned}$$

而

$$I(\boldsymbol{P}, \lambda \boldsymbol{Q}_1 + (1-\lambda)\boldsymbol{Q}_2) = I(\boldsymbol{P}, \boldsymbol{Q}_0) = I(X;Y),$$

又 Z 与 X 无关，从而 $I(X;Z)=I(Z;X)=0$，有

$$\begin{aligned}
I(X;Y;Z) &= I(X;Y) - I(X;Y \mid Z) \\
&= I(X;Z) - I(X;Z \mid Y) \\
&= -I(X;Z \mid Y) \leqslant 0.
\end{aligned}$$

所以

$$I(X;Y \mid Z) \geqslant I(X;Y),$$

即(3.4.2)式成立. ∎

注　$I(\boldsymbol{P}, \boldsymbol{Q})$之凸性给我们求极值带来极大的方便，这在以后会看到.

3.5　连续型随机变量的互信息

设 X 与 Y 为两个连续型随机变量，其密度函数为 $p_X(x), p_Y(y)$，联合分布的密度函数为 $p_{XY}(x,y)$，于是有

$$p_X(x) = \int_{-\infty}^{\infty} p_{XY}(x,y)\mathrm{d}y, \tag{3.5.1}$$

$$p_Y(y) = \int_{-\infty}^{\infty} p_{XY}(x,y)\mathrm{d}x, \tag{3.5.2}$$

$$p_{XY}(x,y) = p_X(x) p_{Y|X}(y \mid x). \tag{3.5.3}$$

下面定义 X 与 Y 的互信息.

定义 3.5.1　连续型随机变量 X 与 Y 之间的**互信息**为

$$I(X;Y)=E_{XY}(I(x;y))$$
$$=\iint p_{XY}(x,y)\log\frac{p_{X|Y}(x|y)}{p_X(x)}\,\mathrm{d}x\mathrm{d}y$$
$$=\iint p_{XY}(x,y)\log\frac{p_{XY}(x,y)}{p_X(x)p_Y(y)}\,\mathrm{d}x\mathrm{d}y. \tag{3.5.4}$$

同样可以定义**条件互信息与联合随机变量之间的互信息**为

$$I(X;Y|Z)=\iiint p_{XYZ}(x,y,z)\log\frac{p_{XY|Z}(x,y|z)}{p_{X|Z}(x|z)p_{Y|Z}(y|z)}\,\mathrm{d}x\mathrm{d}y\mathrm{d}z, \tag{3.5.5}$$

$$I(XY;Z)=\iiint p_{XYZ}(x,y,z)\log\frac{p_{XYZ}(x,y,z)}{p_{XY}(x,y)p_Z(z)}\,\mathrm{d}x\mathrm{d}y\mathrm{d}z. \tag{3.5.6}$$

也可推导出如下关系式：

(1) $I(X;Y)\geqslant 0$;

(2) $I(X;Y)=I(Y;X)$, $I(X;Y|Z)=I(Y;X|Z)$;

(3) $I(XY;Z)=I(X;Z)+I(Y;Z|X)=I(Y;Z)+I(X;Z|Y)$.

习　题

3.1 设随机变量 X,Y,Z 的值均取自于集合$\{0,1\}$. 试给出联合概率分布的实例，使其满足：

$$I(X;Y)=0\ \text{bit},\quad I(X;Y|Z)=1\ \text{bit}.$$

3.2 设随机变量 X,Y,Z 满足 $p(xyz)=p(x)p(y|x)p(z|y)$. 试证：

$$I(X;Y)\geqslant I(X;Y|Z).$$

3.3 求证：$H(XYZ)=H(XZ)+H(Y|X)-I(Y;Z|X)$.

3.4 求证：$I(X;Y;Z)=H(XYZ)-H(X)-H(Y)-H(Z)+I(X;Y)+I(Y;Z)+I(Z;X)$.

3.5 求证：$H(XYZ)\leqslant H(XY)+H(XZ)-H(X)$.

3.6 定义 $S(X,Y)=1-\rho(X,Y)=\dfrac{I(X;Y)}{H(XY)}$ 为随机变量 X 和 Y 之间的相似度. 试证明：

(1) $0\leqslant S(X,Y)\leqslant 1$;

(2) $S(X,X)=1$;

(3) $S(X,Y)=S(Y,X)$;

(4) 当 X,Y 之间统计独立时，$S(X,Y)=0$.

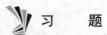

3.7　若三个随机变量 X,Y,Z 满足 $X+Y=Z$，其中 X 和 Y 相互独立，试证：

(1)　$H(X)\leqslant H(Z)$；

(2)　$H(Y)\leqslant H(Z)$；

(3)　$H(X,Y)\geqslant H(Z)$；

(4)　$I(X;Z)=H(Z)-H(Y)$；

(5)　$I(X,Y;Z)=H(Z)$；

(6)　$I(X;Y,Z)=H(X)$；

(7)　$I(Y;Z|X)=H(Y)$；

(8)　$I(X;Y|Z)=H(X|Z)=H(Y|Z)$.

3.8　令 X 是取值为 ± 1 的二元随机变量，概率分布为

$$P(X=1)=P(X=-1)=0.5.$$

令 Y 为连续型随机变量，其条件概率密度函数为

$$p(y|x)=\begin{cases}\dfrac{1}{4}, & \text{当} -2<y-x\leqslant 2,\\ 0, & \text{其他}.\end{cases}$$

试求：

(1) Y 的概率密度函数；

(2) $I(X;Y)$；

(3) 若随机变量 V 与 Y 之间的关系为

$$v=\begin{cases}1, & \text{当 } y>1,\\ 0, & \text{当} -1<y\leqslant 1,\\ -1, & \text{当 } y\leqslant -1.\end{cases}$$

求 $I(V;X)$，并对结果加以解释.

3.9　设连续随机变量 X 和 Y 的联合概率密度函数为

$$f_{XY}(x,y)=\frac{1}{2\pi\sqrt{SN}}\exp\left\{-\frac{1}{2N}\left[x^2\left(1+\frac{N}{S}\right)-2xy+y^2\right]\right\}.$$

(1)　求 X 的熵.

(2)　求 Y 的熵.

(3)　求 $H(Y|X)$.

(4)　求平均互信息量 $I(X;Y)$.

3.10　(数据处理定理) 设有信号 X 经处理器 A 后获得输出 Y，Y 再经过处理器 B 后获得输出 Z. 已知处理器 A 和 B 分别独立地处理 X 和 Y. 试证：$I(X;Z)\leqslant I(X;Y)$.

第 4 章　离散信源的无错编码

对于信源来说有两个重要的问题：一个是如何计算信源输出的信息量，另一个是如何有效地表示信源的输出. 后一个问题也就是信源编码问题，当要求精确地重现信源输出时，就要求信源的无错编码.

4.1　信源与信源编码简介

4.1.1　信源

信息论研究的对象是信息，在研究信息之前，首先要了解信息的来源. 在 Shannon 最早研究信息论的论文中，他把信息的来源称为信息源 (information source)，或简称为信源. 信源作为一般信息系统中信息的来源，其内容十分广泛. 下面仍以通信系统为例加以阐述.

图 4.1 是 Shannon 给出的通信系统组成图. 图中信源的输出被称为消息 (message)，以突出说明消息一般是不能被直接送给信道传输的，消息通常需要经过发送器（编码器）的变换才能转换成适于信道传输的信号 (signal). 消息和信号的这一区别对于通信系统来说是十分重要的.

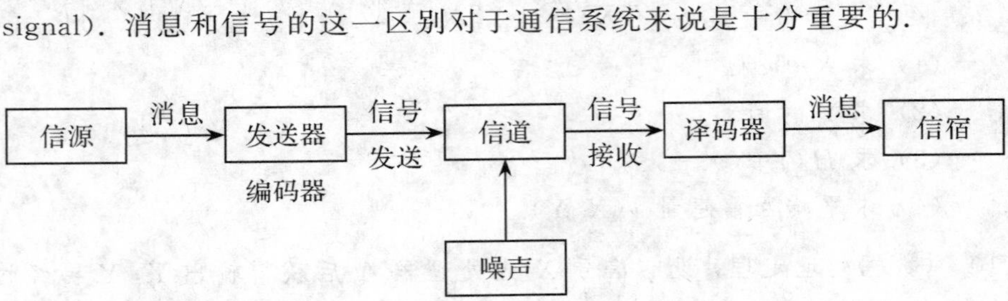

图 4.1　通信系统的组成图

在一般情况下，消息与信号既有区别，又有联系．一方面，消息和信号的定义与含义不一样．当信源的输出连同语义学上的意义一并加以理解时称为消息．如一本小说、一首歌曲、一段影视等均为消息．而当信源的输出只被看做是随时间、空间位置变化的某一物理量 $f(x, y, t)$时，则称为信号．另一方面，输出的信源在我们接收到之前，均是随机的和不确定的，属于随机现象．因此，从信息论的观点来看，信源的输出无论是被看做消息，还是被看做信号，均含有信息．

因此，消息、信号和信息都可以说是信源的输出，或者说它们为信源输出的三个方面．由于信息论关心的是信源输出的信息，可将信源称为信息源．

4.1.2　信源的分类

对于信源输出的消息、信号和信息三个方面，一般不考虑语义学上的含义(从统计的角度来看)，而只考虑信号和信息．应该说，信号是信息的载体和具体表达形式，信息必须借助于信号才能得以实现，信息不能离开信号而单独存在．从而研究信源的目的，就是要研究信号和信息的关系，特别是信号如何才能有效地携带信息．

为此，我们首先要对信源建立一个便于分析的数学模型．如果按信号取值的集合和信号取值时刻的集合是离散型集合或连续型集合进行分类，可分为离散信源（数字信源)、模拟信源（波形信源）和连续信源，如表4.1所示．

表4.1　**信源的分类**

信号取值的集合	信号取值时刻的集合	信源种类
离　散	离　散	离散信源
连　续	连　续	模拟信源
连　续	离　散	连续信源

另外，根据信源输出信号所对应的不同的随机过程可以导出不同的信源模型．例如，根据随机过程具有的随机变量前后独立与否可分为独立随机信源（或称无记忆信源）和不独立随机信源（或称有记忆信源)；根据随机过程是否平稳分为平稳（稳恒）信源和非平稳（非稳恒）信源．

此外，还有许多特殊的信源模型，如高斯信源、马尔可夫信源等，它们都是与特殊的随机过程相对应的信源模型．其中马尔可夫信源为有记忆信源中最简单而又最具代表性的一种信源.

一般情况下，我们总是以离散信源为主要研究对象，并且将信源的输出信号看成是一个抽象符号的序列，这些符号被称为信源所有的字母，全体字母的集合即称为字母表. 这些符号可以是真正的字母、符号或数字，我们统统称之为字母.

4.1.3 信源编码

所谓编码，随着时间的推移，其含义也不尽相同. 编码最早的含义是将携带信息的一种字母序列或符号序列映射成另一种字母序列或符号序列. 随后又扩大到离散型数列甚至是连续型序列之间的映射. 这种映射连同映射前后的序列（或数列）一起构成码，如 ASCII 码等. 实现上述映射的装置称为编码器，编码器的输入字母为源字母，输出字母为码字母，如图 4.2 所示.

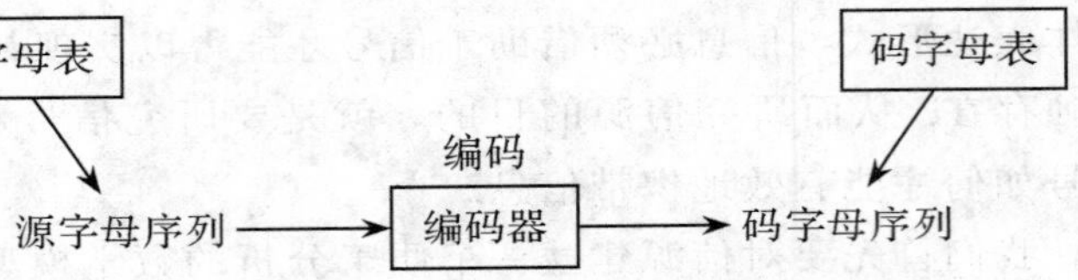

图 4.2 编码及相关概念示意图

从理论上说，编码实现的是序列到序列的映射. 但在具体实现时，由于考虑到时延的限制和计算复杂性的限制，编码实现时只能将序列分组后按一定的映射顺序依次逐步完成. 根据不同的分组方式及其随后的映射关系可以构成不同结构的码，如分组码、树码等.

分组码是指将编码器的源字母序列与码字母序列均分成组，而映射是在分组的基础上独立进行的，即一定的源字母组唯一确定了一定的码字母组. 源字母组亦称为源字，码字母组亦称为码字. 根据源字与码字的长度是否固定，分组码又可分成定长→变长、定长→定长、变长→变长、变长→定长 4 种分组码.

树码是指编码器输出的字母不仅仅由当前输入的源字母决定，还可能与以前的源字母或码字母有关. 其映射关系可以利用树图清楚地加以表示. 根据分组长度的情况，树码也可分成如上 4 种情形. 还可以按照其他特点构成特殊的树码，如在映射关系中不变的树码称为滑动分组码，具有线性特性的滑动分组码称为卷积码等.

信源编码是指从功能上针对信源的编码，以便信号能更加有效地传输信息. 它是信源研究的一个核心问题.

为使信号更有效地传输信息，经信源编码后，码字母表的大小与源字母表的大小相比或码字母序列的长度与源字母序列的长度相比，应该有所减少. 这样才可能去掉信源输出信号的冗余度.

信源编码分成熵压缩编码和冗余度压缩编码两种情况. 冗余度压缩编码可以保证码字母序列在译码后无失真地复原为源字母序列，而熵压缩编码，则保证解码时能按一定的失真容许度复原为源字母序列，同时还尽可能多地保留信息量. 本章只讨论冗余度压缩编码.

4.2 无记忆信源的渐近等同分割性与定长编码定理

在概率论中有一条大数定理，意指对于独立、同分布(i.i.d)随机变量序列$\{X_i\}$，$\frac{1}{n}\sum_{i=1}^{n}X_i$ 随着 n 增大而逼近于 X_i 的平均值. 而在信息理论中，有一个类似的定理，即渐近等同分割性，它把随机序列的样本空间分成两大部分，一部分为典型序列，另一部分为非典型序列. 随着 n 的增加，非典型序列出现的概率趋于 0，从而在信息理论中，只需对典型序列消息进行编码即可.

4.2.1 渐近等同分割性(AEP)

设长度为 N 的独立同分布随机序列 $X_1,X_2,\cdots,X_N$ 的一个实现为 $\boldsymbol{x}=(x_1,x_2,\cdots,x_N)$，可视为无记忆离散信源的一个长度为 N 的输出. 于是由无记忆性，有

$$p(\boldsymbol{x})=\prod_{i=1}^{N}p(x_i).$$

该序列的自信息为

$$I(\boldsymbol{x})=-\log p(\boldsymbol{x})=\sum_{i=1}^{N}(-\log p(x_i))=\sum_{i=1}^{N}I(x_i).$$

于是每个符号的平均信息量为

$$I_N(\boldsymbol{x})\triangleq\frac{I(\boldsymbol{x})}{N}=\frac{1}{N}\sum_{i=1}^{N}I(x_i).$$

假设离散无记忆信源的输出符号表示为$\{a_1,a_2,\cdots,a_K\}$，则该信源的熵为

$$H(X)=-\sum_{i=1}^{K}p(a_i)\log p(a_i)=\sum_{i=1}^{K}p(a_i)I(a_i).$$

每个源字母 a_i 的自信息与均值 $H(X)$ 的方差为

$$\sigma^2 = \sum_{i=1}^{K} p(a_i)(I(a_i) - H(X))^2$$
$$= \sum_{i=1}^{K} p(a_i)(\log p(a_i))^2 - (H(X))^2.$$

由大数定律 $\left(P(|X-EX|>\varepsilon) \leqslant \dfrac{E(X-EX)^2}{\varepsilon^2}\right)$ 知

$$P\left(\left|\frac{I(\boldsymbol{x})}{N} - H(X)\right| > \varepsilon\right) \leqslant \frac{\sigma^2}{N\varepsilon^2} \triangleq \delta,$$

或

$$P\left(\left|\frac{I(\boldsymbol{x})}{N} - H(X)\right| \leqslant \varepsilon\right) \geqslant 1 - \frac{\sigma^2}{N\varepsilon^2} = 1 - \delta.$$

对任何 $\varepsilon > 0$，当 N 充分大时，可取 $\delta < \varepsilon$，从而对充分大的 N，有

$$P\left(\left|\frac{I(\boldsymbol{x})}{N} - H(X)\right| > \varepsilon\right) < \varepsilon. \tag{4.2.1}$$

此式表明当 N 充分大时，$\dfrac{I(\boldsymbol{x})}{N} = I_N(\boldsymbol{x})$ 以概率 1 趋近于 $H(X)$. 这就是 AEP 性质. 利用 AEP 性质，可将所有可能的信源输出序列进行分类.

定义 4.2.1 设 X 为离散无记忆信源上的一个随机变量，$\varepsilon > 0$，N 为一自然数. 则称集合

$$T_X(N,\varepsilon) = \{\boldsymbol{x} = x_1 \cdots x_N \mid H(X) - \varepsilon \leqslant I_N(\boldsymbol{x}) \leqslant H(X) + \varepsilon\}$$

为输出长度为 N 的 ε- **典型序列集合**，其中 $I_N(\boldsymbol{x}) = \dfrac{1}{N} I(\boldsymbol{x})$，$\boldsymbol{x} \in X^N$.

由式(4.2.1) 以及上面典型序列的定义，可得如下信源划分定理.

定理 4.2.1 对于给定的信源 (X,P)，任取 $\varepsilon > 0$，有

$$\lim_{n \to \infty} P(T_X(n,\varepsilon)) = 1.$$

本定理指出，在 N 充分大时，几乎所有信源输出序列为典型序列，非典型序列出现的概率 δ 小于任意正数 ε. 或者说，对任意 $\varepsilon > 0$，存在正整数 N，当 $n > N$ 时，有 $P(\boldsymbol{x} \in T_X(n,\varepsilon)) \geqslant 1 - \varepsilon$.

推论 4.2.1 若 $\boldsymbol{x} = x_1 x_2 \cdots x_N \in T_X(N,\varepsilon)$，则

$$2^{-N(H(X)+\varepsilon)} \leqslant p(\boldsymbol{x}) \leqslant 2^{-N(H(X)-\varepsilon)}, \tag{4.2.2}$$

即

$$p(\boldsymbol{x}) \approx 2^{-NH(X)}. \tag{4.2.3}$$

推论 4.2.2 当 N 足够大时，典型序列数目 $|T_X(N,\varepsilon)|$ 满足

$$(1-\varepsilon)\cdot 2^{N(H(X)-\varepsilon)} \leqslant |T_X(N,\varepsilon)| \leqslant 2^{N(H(X)+\varepsilon)}, \tag{4.2.4}$$

即

$$|T_X(N,\varepsilon)| \approx 2^{NH(X)}. \tag{4.2.5}$$

证 由于

$$1=\sum_{\boldsymbol{x}\in X^N} p(\boldsymbol{x}) \geqslant \sum_{\boldsymbol{x}\in T_X(N,\varepsilon)} p(\boldsymbol{x}) \geqslant \sum_{\boldsymbol{x}\in T_X(N,\varepsilon)} 2^{-N(H(X)+\varepsilon)}$$
$$=|T_X(N,\varepsilon)|\cdot 2^{-N(H(X)+\varepsilon)},$$

从而有

$$|T_X(N,\varepsilon)| \leqslant 2^{N(H(X)+\varepsilon)}.$$

另一方面

$$1-\varepsilon \leqslant \sum_{\boldsymbol{x}\in T_X(N,\varepsilon)} p(\boldsymbol{x}) \leqslant \sum_{\boldsymbol{x}\in T_X(N,\varepsilon)} 2^{-N(H(X)-\varepsilon)}$$
$$=|T_X(N,\varepsilon)|\cdot 2^{-N(H(X)-\varepsilon)},$$

所以

$$|T_X(N,\varepsilon)| \geqslant (1-\varepsilon)\cdot 2^{N(H(X)-\varepsilon)}.$$

从而

$$|T_X(N,\varepsilon)| \approx 2^{NH(X)}. \quad \blacksquare$$

由 AEP 及其两个推论可知，离散无记忆信源的输出序列可分为两类，即 $T_X(N,\varepsilon)$ 和 $\overline{T_X(N,\varepsilon)}$，在 $T_X(N,\varepsilon)$ 中每个序列出现的概率近似一样，且总和趋近于 1. 这类典型序列集也称为高概率集，而非典型序列集合称为低概率集. 这种划分在许多地方都很有用.

值得注意的是，个别非典型序列出现的概率不一定比典型序列出现的概率小；同样，非典型序列总概率小，但其数目不一定少.

例 4.2.1 投硬币，正面出现的概率为 p，反面出现的概率为 $1-p$. 设 $\boldsymbol{x}=x_1\cdots x_N$ 表示 N 次试验结果序列，$N(0)$ 为正面出现的次数，则

$$p(\boldsymbol{x})=p^{N(0)}(1-p)^{N-N(0)},$$

$$I_N(\boldsymbol{x})=-\frac{1}{N}\log p(\boldsymbol{x})=-\frac{N(0)}{N}\log p-\left(1-\frac{N(0)}{N}\right)\log(1-p).$$

由大数定理，当 $N\to\infty$ 时，$\dfrac{N(0)}{N}\to p$. 故

$$I_N(\boldsymbol{x})\to H(p), \quad N(0)\approx Np,$$

即 N 充分大时，平均 Np 次出现正面，$N(1-p)$ 次出现反面. 从而每个典型序列出现的概率趋于 $p^{Np}(1-p)^{N(1-p)}$.

当 $p<0.5$ 时，全为反面的序列为非典型序列，它出现的概率为

$$(1-p)^N > p^{Np}(1-p)^{N(1-p)}.$$

这个特殊的非典型序列出现的概率大于典型序列出现的概率.

若 $p=0.4$，此时 $H(X)=0.81$ bit，当 N 充分大时，比如 $N=100$，则

$$|T_X(100,\varepsilon)| \approx 2^{NH(X)} = 2^{81}.$$

但 $|X^N|=2^{100}$，所以典型序列仅占 $\dfrac{2^{81}}{2^{100}}=2^{-19}$，故绝大多数为非典型序列.

4.2.2 定长编码定理

前面已提到过定长编码，在本节定长编码是指定长到定长分组编码. 设离散无记忆信源的源字母集为 $A=\{a_1,a_2,\cdots,a_K\}$，相应的概率分布为 $\{p(a_i)=p_i\}_{i=1}^K$；码字母集 $B=\{b_1,b_2,\cdots,b_J\}$，定长编码就是将长为 N 的源字母组映射为长为 M 的码字母组，或者说是把长为 N 的源字映射成为长为 M 的码字，如图 4.3 所示.

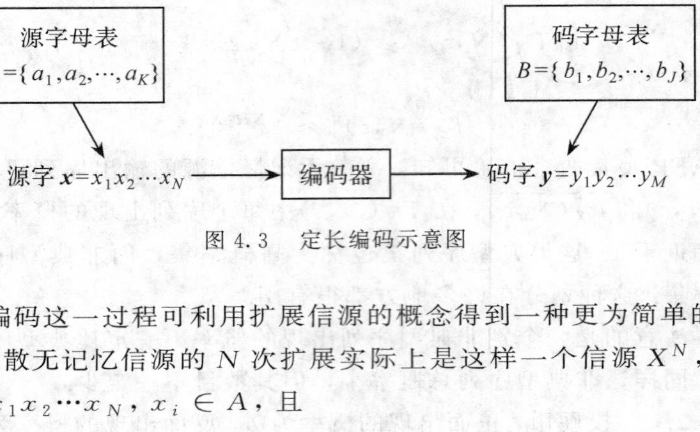

图 4.3 定长编码示意图

定长编码这一过程可利用扩展信源的概念得到一种更为简单的理解方法. 所谓离散无记忆信源的 N 次扩展实际上是这样一个信源 X^N，其中元素为 $\boldsymbol{x}=x_1x_2\cdots x_N$，$x_i\in A$，且

$$p(\boldsymbol{x})=\prod_{i=1}^N p(x_i).$$

容易证明 $H(X^N)=NH(X)$.

利用定长编码，可以对离散无记忆信源输出的冗余度进行压缩，或者说，可以利用定长编码使信源输出的几乎所有序列都可以用新的与各序列对应的码字母序列来表示. 这样，编码输出的码字母序列就带有与信源字母序列相同的信息量而其冗余度可大为减少，甚至得到零冗余度. 实际上，我们有如下的信源编码定理.

定理 4.2.2 设离散无记忆信源$(a_1,\cdots,a_K;p(a_1),\cdots,p(a_K))$，其熵为$H(X)$，被分成长为$N$的源字母组，并用长为$M$的码字母组进行表示，其中，码字母集$B=\{b_1,b_2,\cdots,b_J\}$. 则对任给的$\varepsilon>0$及$\delta>0$，只要$N$足够大，且满足不等式

$$\frac{M}{N}\log J > H(X)+\delta, \tag{4.2.6}$$

则源字母组没有自己特定码字的概率p_e可以小于ε.

证 由渐近等同分割定理4.2.1，离散无记忆信源输出中典型序列的概率满足

$$2^{-N(H(X)-\delta)} > p(\boldsymbol{x}) > 2^{-N(H(X)+\delta)}, \quad \boldsymbol{x}=x_1x_2\cdots x_N. \tag{4.2.7}$$

设典型序列集合$T_X(N,\delta)$中序列数目为T，则

$$1 > T\cdot 2^{-N(H(X)+\delta)}, \quad T\cdot 2^{-N(H(X)-\delta)} > 1-\varepsilon.$$

所以$T<2^{N(H(X)+\delta)}$. 由条件(4.2.6)，取δ，使其满足$M\log J\geqslant N(H(X)+\delta)$，则

$$J^M \geqslant 2^{N(H(X)+\delta)} > T. \tag{4.2.8}$$

而J^M刚好是长为M的码字的总数. 上式说明典型序列集合中的每个序列至少有一个对应的码字. 留下来的均为非典型序列，我们可以不给编码，干脆让其都对应于同一个编码序列$\boldsymbol{y}_0=y_1y_2\cdots y_M$（没有一个典型序列对应于此码字）. 于是每当收到$\boldsymbol{y}_0$，我们就认为出错. 而对于所有典型序列，均可准确无误地恢复成相应的源序列. 由渐近等同分割定理，当源字母序列长度N足够大时，非典型序列的概率之和可以任意小（小于任意给定的ε）. 于是，信源字母组没有特定码字的概率p_e可以小于ε. ∎

注 一般定义$R=\dfrac{M}{N}\log J$为编码速率或称码率. 如果对于给定的离散无记忆信源及编码速率R，以及$\forall\varepsilon>0$，存在正整数N_0，以及相应的编码与解码器，使得当$N>N_0$时，$p_e<\varepsilon$，则称R为**可达的**，否则称R为**不可达的**. 本定理表明当$R>H(X)$时可达. 通过同样的分析可知，当$R<H(X)$时，R不可达. 称$\eta=\dfrac{H(X)}{R}$为**编码效率**，通常$\eta<1$.

4.3 离散无记忆信源的变长编码

我们知道，离散无记忆信源的冗余度是由于信源字母的概率分布不平均引起的. 当用等概率的码字母组对源字母组进行定长编码时，为使编码

有效，源字母组的长度必须很大才行. 这在实际应用中很难实现. 为了解决这一难点，可以采用可变长度的码字母组去适应不同概率的源字母组和源字母.

变长编码将等长消息变换成不等长的符号序列. 通常在编码时，为使平均码长最短，我们可将最常出现的消息用短码表示，不常出现的消息用长码表示. 设第 k 个消息用长度为 n_k 的 D 进制符号表示，则平均每个消息的码长为

$$\bar{n}=\sum_k p(a_k)n_k.$$

显然，变长编码比等长编码要复杂得多. 比如在不等长码字组成的序列中，要正确识别每个长度不同的码字的起点就比等长码要复杂. 另外，接收到一个变长码字序列后，往往不能正确译出，要等到后面的符号收到后才能正确译出，这就是所谓同步译码和译码延时问题. 看下面的例子.

例

信源消息	出现概率	码 A	码 B	码 C	码 D
a_1	0.5	0	0	0	0
a_2	0.25	0	1	01	10
a_3	0.125	1	00	011	110
a_4	0.125	10	11	0111	1110

容易看出，码 A 与信源消息非一一对应，因而它不是唯一可译的，码 B 与信源消息虽然有一一对应关系，但仍非唯一可译的，因为若收到“11”，它可译成 a_4，也可译成 a_2a_2. 码 C 是唯一的，但译码有延时，因为只有收到一个 0 以后，才能判定前面的码字已经结束. 例如，收到了“01”，我们不知该译成 a_2 还是 a_3 还是 a_4，要等到下一个“0”收到以后才能确定.

4.3.1 前缀码与 Kraft 不等式

首先给出几个定义.

定义 4.3.1 设 $A=\{a_1,a_2,\cdots,a_n\}$ 为一个有限集，A 上的一个**字**或**字符串**是由 A 中元素组成的一个有限序列：

$$\boldsymbol{a}=a_{i_1}a_{i_2}\cdots a_{i_k},\quad a_{i_j}\in A,\, j=1,2,\cdots,k,\, k=1,2,\cdots.$$

特别地定义空串为 $\boldsymbol{\theta}$，它是不含任何字符的唯一字符串.

字符串 $\boldsymbol{a}=a_{i_1}a_{i_2}\cdots a_{i_k}$ 的长度用 $\mathrm{len}(\boldsymbol{a})$ 表示，指 $\boldsymbol{a}$ 中所含字母的个数. 对于 $\boldsymbol{a}=a_{i_1}a_{i_2}\cdots a_{i_k}$，$\mathrm{len}(\boldsymbol{a})=k$.

A 上所有字符串所组成的集合记为 A^*.

定义 4.3.2 设$A=\{a_1,a_2,\cdots,a_r\}$为一有限集，A 中每一个元素a_i 称为**码符**，A 有时称为**码符集**. 一个 r **元码**(r- **进码**) 是指 A^* 中的一个非空集 C. 码符集 A 的大小 r 称为码的**基数**. 码 C 中任一元素称为一个**码字**. 如果 $A=\{0,1\}$，称 C 为 **2 元码(或 2- 进码)**；若 $A=\{0,1,2\}$，则称 C 为 **3 元码**(或 **3- 进码**).

定义 4.3.3 设$\mathscr{I}=(S,P)$为一个信源，C 为任一码. 称有序对(C,f)为一个**编码规则**，如果 $f: S\to C$ 为一个单射. 我们称 f 为一个**编码函数**，有时在 C 自明的情况下，称 f 为一个**变长编码**.

定义 4.3.4 设 $\mathscr{I}=(S,P)$ 为一个信源，其中 $S=\{s_1,s_2,\cdots,s_n\}$，(C,f) 为一个编码规则. (C,f) 的**平均码长**为

$$\mathrm{Avelen}(C,f)=\sum_{i=1}^{n}p(s_i)\mathrm{len}(f(s_i)).$$

例 4.3.1 对于前面的例子，若 f 为相应的自然对应，则

$$\mathrm{Avelen}(A,f)=0.5\times 1+0.25\times 1+0.125\times 1+0.125\times 1=1,$$

$$\mathrm{Avelen}(B,f)=1.25,$$

$$\mathrm{Avelen}(C,f)=1.875,$$

$$\mathrm{Avelen}(D,f)=1.875.$$

我们的目的是在那些“好”的(其含义后面将逐渐意识到)编码规则中找到那些具有最小平均码长的(C,f). 我们将会看到，这两个目标是可以同时实现的.

定义 4.3.5 称码 C 为**唯一可译码**，如果当 $\boldsymbol{c}_1,\cdots,\boldsymbol{c}_k,\boldsymbol{d}_1,\cdots,\boldsymbol{d}_j$ 为 C 中码字，并且有

$$\boldsymbol{c}_1\cdots\boldsymbol{c}_k=\boldsymbol{d}_1\cdots\boldsymbol{d}_j,$$

则 $k=j$ 且 $\boldsymbol{c}_i=\boldsymbol{d}_i$，$\forall\, i=1,2,\cdots,k$.

定义 4.3.6 称码 C 为**前缀码**，如果 C 中没有一个码字为任何其他码字的前缀. 前缀码亦称为**异字头码**，或称为**即时码**.

易见前缀码是唯一可译码，且无延时. 但唯一可译码不见得为前缀码. 见前例中码 C 与码 D，可知 C 唯一可译，但并非前缀码，因为 a_2 为 a_3 的前缀. 而码 D 为前缀码.

称前缀码为即时码，是因为任一码字一旦收到则可立即译出，也即无延时特点.

例 4.3.2 设 n 为一个正整数. 若 C 由下列码字组成，则称 C 为**逗号码**：

$$1, 01, 001, 0001, \cdots, \underbrace{00\cdots0}_{n-1个}1, \underbrace{00\cdots0}_{n个}.$$

词"逗号"的来源是因为符号1像逗号一样起作用. 由于逗号码有前缀性质, 故 C 为即时码. 另一方面, 码

$$1, 10, 100, 1000, \cdots, 1\underbrace{00\cdots0}_{n-1个}, \underbrace{00\cdots0}_{n个}$$

无前缀性质(例如, 10 为 100 的前缀), 故它不是即时码. 但是, 它为唯一可译码, 而字符","可看做下一个码字的开头.

下面的定理由 L. G. Kraft 于 1949 年给出, 提出了是否存在给定长度的即时码的一个简单准则.

定理 4.3.1 (Kraft 定理) (1) 如果 C 为一个 r 元即时码, 其码字长度分别为 $l_1, l_2, \cdots, l_n$, 则下列 Kraft 不等式必成立:

$$\sum_{k=1}^{n} \frac{1}{r^{l_k}} \leqslant 1.$$

(2) 如果自然数 $l_1, l_2, \cdots, l_n$ 与 r 满足 Kraft 不等式, 则必存在一个码字长度为 $l_1, l_2, \cdots, l_n$ 的 r 元即时码.

证 (1) 设码 $C=\{\boldsymbol{c}_1, \boldsymbol{c}_2, \cdots, \boldsymbol{c}_n\}$ 为 r 元前缀码, 码字长度为 $l_1, l_2, \cdots, l_n$ ($l_i=\mathrm{len}(\boldsymbol{c}_i)$). 我们将证明 Kraft 不等式肯定成立. 设 $L=\max_i\{l_i\}$. 若 $\boldsymbol{c}_i=x_1x_2\cdots x_{l_i}\in C$, 则任一具有下列形式的字符串

$$\boldsymbol{x}=x_1\cdots x_{l_i}y_{l_i+1}\cdots y_L$$

肯定不在 C 中(其中 y_j 均为码符). 但具有上述形式的字符串总共有 r^{L-l_i} 个. 对 i 求和, 得

$$\sum_{i=1}^{n} r^{L-l_i}=r^L\sum_{i=1}^{n}\frac{1}{r^{l_i}}.$$

说明在长为 L 的码字中总共有 $\sum\limits_{i=1}^{n} r^{L-l_i}$ 个不在 C 中. 然而长为 L 的所有码字最多只能有 r^L 个, 故 $\sum\limits_{i=1}^{n} r^{L-l_i}\leqslant r^L$, 即

$$\sum_{i=1}^{n}\frac{1}{r^{l_i}}\leqslant 1.$$

此为 Kraft 不等式.

(2) 设 $l_1, l_2, \cdots, l_n, r$ 满足 Kraft 不等式. 我们将在码符集 $A=\{a_1, a_2, \cdots, a_r\}$ 上构造一个即时码 $C=\{\boldsymbol{c}_1, \boldsymbol{c}_2, \cdots, \boldsymbol{c}_n\}$, 其码字长度为 $\mathrm{len}(\boldsymbol{c}_i)=$

l_i. 令 α_j 为集合 $\{l_1, l_2, \cdots, l_n\}$ 中等于 j 的元素的个数，即 α_1 表示长度为 1 的所要求码字的个数，α_2 表示长度为 2 的所要求码字的个数……

为构造所要求的码，首先从码符集 A 中选取前 α_1 个码符作为长度为 1 的 α_1 个码字：

$$a_1, a_2, \cdots, a_{\alpha_1}.$$

如果 $\alpha_1 \leqslant r$，则这是可以办到的.下面，我们要选取 α_2 个长度为 2 的码字. 由于我们的码必为即时码，故上面所选的 α_1 个码字不可作为新码字的前缀. 换句话说，在总共 r^2 个长为 2 的码字中，有 $\alpha_1 r$ 个不可被选用，余下的 $r^2 - \alpha_1 r$ 个码字才是可供我们选择的. 我们要从余下的 $r^2 - \alpha_1 r$ 个长为 2 的码字中选取 α_2 个码字，如果 $\alpha_2 \leqslant r^2 - \alpha_1 r$ 或

$$\alpha_1 r + \alpha_2 \leqslant r^2,$$

则我们可以做到.

下一步，我们要选择 α_3 个长度为 3 的码字. 同样的原因，使得我们要从 $r^3 - \alpha_1 r^2 - \alpha_2 r$ 个长度为 3 的字符串中选择 α_3 个作为码字. 而这点，当下面的不等式成立时，是可以做到的：

$$\alpha_3 \leqslant r^3 - \alpha_1 r^2 - \alpha_2 r$$

或

$$\alpha_1 r^2 + \alpha_2 r + \alpha_3 \leqslant r^3.$$

这样一直下去，我们得到一串不等式：

$$\begin{aligned} \alpha_1 &\leqslant r, \\ \alpha_1 r + \alpha_2 &\leqslant r^2, \\ \alpha_1 r^2 + \alpha_2 r + \alpha_3 &\leqslant r^3, \\ &\cdots, \\ \alpha_1 r^{L-1} + \alpha_2 r^{L-2} + \cdots + \alpha_L &\leqslant r^L. \end{aligned} \tag{4.3.1}$$

当(4.3.1)中所有不等式成立时，我们便可构造出所需要的码. 然而我们注意到，(4.3.1)式中后面的不等式可推导出前一个不等式，故我们只需最后一个不等式成立，便可得到所需的码. 将最后一个不等式两边同时除以 r^L，得

$$\frac{\alpha_1}{r} + \frac{\alpha_2}{r^2} + \cdots + \frac{\alpha_L}{r^L} \leqslant 1, \tag{4.3.2}$$

此式即为 Kraft 不等式. ∎

值得注意的是，Kraft 定理只是说当 Kraft 不等式成立时，我们可以构造出满足长度条件的即时码，但它并不意味着码字长度满足 Kraft 不等

式的码，就必为即时码. 看下面的例子.

例 4.3.3 考虑 2 元码 $C=\{0,11,100,1100\}$，其码字长度分别为 1,2, 3,4. $r=2$，故 Kraft 不等式

$$\frac{1}{2^1}+\frac{1}{2^2}+\frac{1}{2^3}+\frac{1}{2^4}<1$$

成立. 但码字"11"为码字"1100"的前缀，故 C 非即时码.

从 Kraft 定理的证明，我们可以得出构造所需码的方法. 看下面的例子.

例 4.3.4 设 $A=\{0,1,2\}$，$l_1=l_2=1$，$l_3=2$，$l_4=l_5=4$，$l_6=5$. 由于

$$3^{-1}+3^{-1}+3^{-2}+3^{-4}+3^{-4}+3^{-5}=\frac{196}{243}<1,$$

Kraft 不等式成立. 下面构造所需长度的即时码. 由于 $l_1=l_2=1$，可选 $\boldsymbol{c}_1=0$，$\boldsymbol{c}_1=1$. 又 $l_3=2$，由前缀条件之限制，可取 $\boldsymbol{c}_2=20$. 长度为 3 之码字不需要，选取两个长度为 4 的码字. 而 0,1 不可作头，20 也不能作头，故取

$$\boldsymbol{c}_4=2100, \quad \boldsymbol{c}_5=2101.$$

最后，选取长为 5 的码字一个，以 211 作头，得

$$\boldsymbol{c}_6=21100.$$

从而 $C=\{0,1,20,2100,2101,21100\}$.

虽然前缀码肯定为唯一可译码，但唯一可译码不一定为前缀码. Kraft 不等式为唯一可译码的充分条件是容易理解的，但 McMillan 于 1956 年却告诉我们，对于唯一可译码来说，Kraft 不等式也是必要条件.

定理 4.3.2（McMillan 定理） 如果码 $C=\{\boldsymbol{c}_1,\boldsymbol{c}_2,\cdots,\boldsymbol{c}_n\}$ 为 r 元唯一可译码，则其码字长度 $l_1,l_2,\cdots,l_n$ 必满足 Kraft 不等式：

$$\sum_{i=1}^{n}\frac{1}{r^{l_i}}\leqslant 1.$$

证 设 α_k 为长度为 k 的码字的个数，而 $m=\max_i\{l_i\}$，则

$$\sum_{i=1}^{n}\frac{1}{r^{l_i}}=\sum_{k=1}^{m}\frac{\alpha_k}{r^k}.$$

设 u 为任一自然数，我们有

$$\left(\sum_{k=1}^{m}\frac{\alpha_k}{r^k}\right)^u=\left(\frac{\alpha_1}{r}+\frac{\alpha_2}{r^2}+\cdots+\frac{\alpha_m}{r^m}\right)^u$$

$$=\sum_{\substack{i_1,i_2,\cdots,i_u\\1\leqslant i_j\leqslant m}}\frac{\alpha_{i_1}}{r^{i_1}}\frac{\alpha_{i_2}}{r^{i_2}}\cdots\frac{\alpha_{i_u}}{r^{i_u}}=\sum_{\substack{i_1,i_2,\cdots,i_u\\1\leqslant i_j\leqslant m}}\frac{\alpha_{i_1}\alpha_{i_2}\cdots\alpha_{i_u}}{r^{i_1+i_2+\cdots+i_u}}$$

$$=\sum_{k=u}^{um}\left(\sum_{i_1+i_2+\cdots+i_u=k}\alpha_{i_1}\alpha_{i_2}\cdots\alpha_{i_u}\right)\frac{1}{r^k}$$

$$=\sum_{k=u}^{um}\frac{N_k}{r^k},$$

其中

$$N_k=\sum_{i_1+i_2+\cdots+i_u=k}\alpha_{i_1}\alpha_{i_2}\cdots\alpha_{i_u}.$$

由于 α_i 表示长度为 i 的码字的个数，则 $\alpha_{i_1}\alpha_{i_2}\cdots\alpha_{i_u}$ 表示由 u 个码字组成的(第一个码字长度为 i_1，第二个码字长度为 i_2……第 u 个码字长度为 i_u)总长为 $k=i_1+i_2+\cdots+i_u$ 的字符串的个数，从而 N_k 表示刚好由 u 个码字组成的总长为 k 的字符串个数. 记

$$G=\{\boldsymbol{c}_1\boldsymbol{c}_2\cdots\boldsymbol{c}_u\,|\,\boldsymbol{c}_i\in C,\ \mathrm{len}(\boldsymbol{c}_1\boldsymbol{c}_2\cdots\boldsymbol{c}_u)=k\},$$

则 $N_k=|G|$. 每个 $\boldsymbol{c}_1\boldsymbol{c}_2\cdots\boldsymbol{c}_u$ 可看做是长为 k 的取值于有限码符集 $A=\{a_1,a_2,\cdots,a_r\}$ 的一个字符串. 但在 A^* 中，这样的字符串个数为 r^k，又由于 C 为唯一可译码，G 中两个不同的元素肯定在 A^* 中也不一样，从而

$$N_k\leqslant r^k.$$

故

$$\left(\sum_{k=1}^{m}\frac{\alpha_k}{r^k}\right)^u\leqslant\sum_{k=u}^{um}\frac{N_k}{r^k}\leqslant\sum_{k=u}^{um}1\leqslant um,$$

$$\sum_{k=1}^{m}\frac{\alpha_k}{r^k}\leqslant\sqrt[u]{u}\cdot\sqrt[u]{m}.$$

对 u 取极限，有

$$\sum_{k=1}^{m}\frac{\alpha_k}{r^k}\leqslant 1.$$ ∎

同样地，如果码 C 中码字长度满足 Kraft 不等式，我们也不能推断出 C 一定为唯一可译码.

由 Kraft 定理和 McMillan 定理，我们有如下推论，其证明留给读者练习.

推论 4.3.1 如果存在某一唯一可译码，其码字长度分别为 $l_1,l_2,\cdots,l_n$，则一定存在一即时码，其码字长度也分别为 $l_1,l_2,\cdots,l_n$.

推论 4.3.2 对于某一信源 $\mathscr{I}=(S,P)$，所有唯一可译码中最小平均码长与所有即时码中最小平均码长是一样的.

4.3.2 Huffman 编码与最优编码定理

在一般情况下对系统地构造前缀码的问题 Shannon 曾经提出过一种方法，被称为 Shannon 码. 1959 年 Gilbert 和 Moore 也提出过一种方法. 但目前获得广泛应用的是 Huffman 于 1952 年提出的方法，后来被称为 Huffman 码.

由定义可看出，对任一编码规则，其平均码长并不受信源符号的影响，仅与概率分布有关. 因而为了确定平均码长，我们可以直接将码字与概率分布联系起来. 今后，我们可直接谈论在概率分布$(p_1,p_2,\cdots,p_n)$下的码$(\boldsymbol{c}_1,\boldsymbol{c}_2,\cdots,\boldsymbol{c}_n)$. 当概率分布意义已十分明显、不会产生误解的情况下，我们可只讨论编码规则$(\boldsymbol{c}_1,\boldsymbol{c}_2,\cdots,\boldsymbol{c}_n)$.

有了以上说明，我们说一个编码规则$(\boldsymbol{c}_1,\boldsymbol{c}_2,\cdots,\boldsymbol{c}_n)$的平均码长是指

$$\text{Avelen}(\boldsymbol{c}_1,\boldsymbol{c}_2,\cdots,\boldsymbol{c}_n)=\sum_{i=1}^{n}p_i\,\text{len}(\boldsymbol{c}_i).$$

我们用 $\text{MinAvelen}_r(p_1,p_2,\cdots,p_n)$表示在概率分布$(p_1,p_2,\cdots,p_n)$下所有 r 元即时码的最小平均码长. 由推论 4.3.2 可知，该最小值同所有唯一可译码中最小平均码长一样.

定义 4.3.7 对确定的概率分布$(p_1,p_2,\cdots,p_n)$，一个 r 元即时码$(\boldsymbol{c}_1,\boldsymbol{c}_2,\cdots,\boldsymbol{c}_n)$称为**最优编码**，如果

$$\text{Avelen}(\boldsymbol{c}_1,\boldsymbol{c}_2,\cdots,\boldsymbol{c}_n)=\text{MinAvelen}_r(p_1,p_2,\cdots,p_n).$$

在讨论 Huffman 编码之前，我们先给出一个具体的例子.

例 4.3.5 对于概率分布

$$P=(0.24,0.20,0.18,0.13,0.10,0.06,0.05,0.03,0.01),$$

我们构造一个 4 元 Huffman 码如下：

第一步是将概率以递减方式排序，列于表 4.2 的第一列中. 其次，用最后 3 个概率之和来代替这 3 个概率，并按概率大小重新排序，得到新的一列，注意和 0.09 带有星号 *. 新的概率有 7 个，然后，我们将最后 4 个加起来，得到 0.38，用它取代原先的 4 个概率，再依大小重新排序，得到 4 个概率. 而我们的码要求是 4 元码，此时我们再从右往左，依次将 * 号概率展开，并且依次使用码符 $0,1,2,\cdots,r-1$. 重复下去直到第一列，最后获得的编码即为 Huffman 编码.

表 4.2

概 率	码	概 率	码	概 率	码
0.24	1	0.24	1	0.38*	0
0.20	2	0.20	2	0.24	1
0.18	3	0.18	3	0.20	2
0.13	00	0.13	00	0.18	3
0.10	01	0.10	01		
0.06	03	0.09*	02		
0.05	020	0.06	03		
0.03	021				
0.01	022				

下面对一般情况进行讨论. 由于我们讨论 r 元码, 可以假设码符为 $\{0,1,\cdots,r-1\}$. 由例子可以看出, Huffman 编码的关键为"压缩"概率与"解压缩"码. 设 $P=(p_1,p_2,\cdots,p_n)$ 为一个概率分布. 通过压缩最后 s $(s\leqslant r)$ 个最小的概率, 得到一个新的概率分布

$$Q=(p_1,\cdots,p_{n-s},q),$$

其中 $q=p_{n-s+1}+\cdots+p_n$. 设 $D=(\boldsymbol{c}_1,\cdots,\boldsymbol{c}_{n-s},\boldsymbol{d})$ 为关于 Q 的一个最优编码, 则通过对最后一个码字 $\boldsymbol{d}$ 进行"扩充", 得到 s 个码字:

$$\boldsymbol{d}0,\boldsymbol{d}1,\cdots,\boldsymbol{d}(s-1).$$

可以得到码

$$C=(\boldsymbol{c}_1,\boldsymbol{c}_2,\cdots,\boldsymbol{c}_{n-s},\boldsymbol{d}0,\boldsymbol{d}1,\cdots,\boldsymbol{d}(s-1)).$$

易见 C 有前缀性质, 故 C 为一个即时码. 又

$$\mathrm{Avelen}(D)=\sum_{i=1}^{n-s}p_i\,\mathrm{len}(\boldsymbol{c}_i)+q\,\mathrm{len}(\boldsymbol{d}),$$

且

$$\begin{aligned}\mathrm{Avelen}(C)&=\sum_{i=1}^{n-s}p_i\,\mathrm{len}(\boldsymbol{c}_i)+\sum_{i=n-s+1}^{n}p_i(\mathrm{len}(\boldsymbol{d})+1)\\&=\sum_{i=1}^{n-s}p_i\,\mathrm{len}(\boldsymbol{c}_i)+q(\mathrm{len}(\boldsymbol{d})+1)\\&=\mathrm{Avelen}(D)+q,\end{aligned}$$

可知

$$\begin{aligned}\mathrm{MinAvelen}_r(p_1,p_2,\cdots,p_n)&\leqslant\mathrm{Avelen}(C)=\mathrm{Avelen}(D)+q\\&=\mathrm{MinAvelen}_r(p_1,\cdots,p_{n-s},q)+q.\end{aligned}\tag{4.3.3}$$

由此可知 C 为最优码的充要条件是

$$\mathrm{MinAvelen}_r(p_1,p_2,\cdots,p_n)=\mathrm{MinAvelen}_r(p_1,\cdots,p_{n-s},q)+q. \tag{4.3.4}$$

我们的目的是证明上式成立，为此，只需证明(4.3.3)的反向不等式：

$$\mathrm{MinAvelen}_r(p_1,p_2,\cdots,p_n)\geqslant \mathrm{MinAvelen}_r(p_1,\cdots,p_{n-s},q)+q. \tag{4.3.5}$$

一旦此式成立，则知通过“压缩”与“解压缩”可产生最优码.

下面先对一特殊情况进行讨论. 设 $C=(\boldsymbol{c}_1,\boldsymbol{c}_2,\cdots,\boldsymbol{c}_n)$ 为概率分布 $P=(p_1,p_2,\cdots,p_n)$ 的一个最优码，且 C 中码字长度最大为 L，以及 C 中恰好有 s 个码字长度为 L，该 s 个码字具有如下形式：

$$\boldsymbol{d}0,\boldsymbol{d}1,\cdots,\boldsymbol{d}(s-1), \tag{4.3.6}$$

则我们可将 C 改造成如下的相对于概率 $Q=(p_1,\cdots,p_{n-s},q)$ 的码 D：

$$D=(\boldsymbol{c}_1,\cdots,\boldsymbol{c}_{n-s},\boldsymbol{d}),$$

其中 $q=p_{n-s+1}+\cdots+p_n$，则

$$\begin{aligned}\mathrm{MinAvelen}_r(p_1,\cdots,p_{n-s},q)&\leqslant \mathrm{Avelen}(D)=\sum_{i=1}^{n-s}p_il_i+(L-1)q\\&=\sum_{i=1}^{n}p_il_i-q=\mathrm{Avelen}(C)-q\\&=\mathrm{MinAvelen}_r(p_1,p_2,\cdots,p_n)-q,\end{aligned}$$

即式(4.3.5)成立.

于是，剩下的任务是讨论是否存在一个最优编码 $C=(\boldsymbol{c}_1,\boldsymbol{c}_2,\cdots,\boldsymbol{c}_n)$，其最长码字具有(4.3.6) 的形式.

在讨论此存在性问题之前，我们看看 s 是如何确定的. 根据 Huffman 编码，除第一步压缩大小为 s $(\leqslant r)$外，其余每步压缩大小为 r，最终的概率为 r 个.每压缩 t 个，概率个数减少 $t-1$ 个.假设总压缩次数为 $u+1$，则后面 u 步压缩大小均为 r，故有

$$n-(s-1)-u(r-1)=r,$$

即

$$s=n-(u+1)(r-1).$$

由于 $2\leqslant s\leqslant r$，s 可由 n 与 r 唯一确定，即

$$s\equiv n \mod (r-1),\quad 2\leqslant s\leqslant r. \tag{4.3.7}$$

特别地，对于 2 元码来说，$r=2$，从而 s 永远只能为 2.

下面证明存在性.

定理 4.3.3 设 $P=(p_1,p_2,\cdots,p_n)$ 为一个概率分布，$p_1 \geqslant p_2 \geqslant \cdots \geqslant p_n$. 则对 P 存在一个 r 元最优编码 $C=(\boldsymbol{c}_1,\boldsymbol{c}_2,\cdots,\boldsymbol{c}_n)$，$C$ 中有 s 个具有最大长度 L 的码字，且具有如下形式：

$$\boldsymbol{d}0,\boldsymbol{d}1,\cdots,\boldsymbol{d}(s-1),$$

s 由(4.3.7) 式决定. 此时可知

$$\mathrm{MinAvelen}_r(p_1,p_2,\cdots,p_n)=\mathrm{MinAvelen}_r(p_1,\cdots,p_{n-s},q)+q,$$

其中 $q=p_{n-s+1}+\cdots+p_n$.

证 在概率分布 $P=(p_1,p_2,\cdots,p_n)$ 的所有最优编码中，选取一个具有最小码字总长

$$\sum_{i=1}^{n} l_i,\quad l_i=\mathrm{len}(\boldsymbol{c}_i)$$

的最优码 $C=(\boldsymbol{c}_1,\boldsymbol{c}_2,\cdots,\boldsymbol{c}_n)$. 由于 C 最优，从而

$$\mathrm{Avelen}(C)=\sum_{i=1}^{n} p_i\,\mathrm{len}(\boldsymbol{c}_i)=\mathrm{MinAvelen}_r(p_1,p_2,\cdots,p_n).$$

我们的任务是，如果 C 不满足要求，则对 C 进行改造，使其满足要求.

首先由 C 的选取可知，大概率对应于小码长，即

$$p_i > p_j \Rightarrow \mathrm{len}(\boldsymbol{c}_i) \leqslant \mathrm{len}(\boldsymbol{c}_j).$$

又因为 $p_1 \geqslant p_2 \geqslant \cdots \geqslant p_n$，故

$$l_1 \leqslant l_2 \leqslant \cdots \leqslant l_n. \tag{4.3.8}$$

现在，如果刚好有 k 个码字具有最大长度，则

$$l_1 \leqslant \cdots \leqslant l_{n-k} < l_{n-k+1}=\cdots=l_n=L.$$

我们将证明：$k \geqslant s$.

由 Kraft 不等式知

$$K=\sum_{i=1}^{n}\frac{1}{r^{l_i}} \leqslant 1.$$

又如果

$$K-r^{-L}+r^{-(L-1)} \leqslant 1,$$

从而将 $l_n'=L-1$ 取代 $l_n=L$ 时，Kraft 不等式仍成立，这表明存在一个即时码，其码字长度为

$$l_1,\cdots,l_{n-1},l_n-1.$$

这与 C 的选取相矛盾，故

$$1+r^{-L}-r^{1-L} < K \leqslant 1.$$

上式两边同时乘以 r^L，得

$$r^L+1-r<Kr^L\leqslant r^L.$$

于是，存在 $\alpha\in\{2,3,\cdots,r\}$，使得

$$r^LK=r^L-r+\alpha. \tag{4.3.9}$$

关于 r^LK，有如下事实：

(1) 由于 $r-1\mid r^L-r$，(4.3.9) 表示

$$r^LK\equiv\alpha \quad \bmod (r-1).$$

(2) 由于 $r^LK=\sum_{i=1}^{n}r^{L-l_i}$，又对于任意正整数 u，有 $r^u\equiv 1 \bmod (r-1)$，所以

$$r^LK\equiv n \quad \bmod(r-1).$$

(3) 由(1),(2) 知 $\alpha\equiv n \bmod (r-1)$，从而由 s 之定义也得 $\alpha=s$. 因此

$$r^LK=r^L-r+s.$$

(4) 因为 $r\mid r^L-r$，由(3) 知

$$r^LK\equiv s \quad \bmod r.$$

(5) 若 $i>n-k$，$l_i=L$，反之亦然，故

$$r^LK=\sum_{i=1}^{n}r^{L-l_i}=\sum_{i=1}^{n-k}r^{L-l_i}+k.$$

从而 $r^LK\equiv k \bmod r$.

(6) 由(4),(5) 得 $s\equiv k \bmod r$.

但由于 $2\leqslant s\leqslant r$，可知或者 $k\leqslant 0$，或者 $k=s$，或者 $k>r$. 而 $k\leqslant 0$ 不可能，同时由于 $r\geqslant s$，故必有 $k\geqslant s$. 我们的第一目标已实现.

最后，我们假定 C 中最后 s 个码字均有最大长度 L，其中一个码字 $\boldsymbol{c}=\boldsymbol{dx}$. 考虑下面 s 个长为 L 的码字：

$$\boldsymbol{d}0,\boldsymbol{d}1,\cdots,\boldsymbol{d}(s-1). \tag{4.3.10}$$

若上述码字中有一个不在 C 中，由于 $k\geqslant s$，我们可用它来替换 C 中任一不具有上述形式的长为 L 的码字. 这样，通过替换，形如(4.3.10) 的码字均可在 C 中出现，它仍将保证 C 的所有其他性质.通过替换，将 C 中码字重排，可使(4.3.10) 中的码字在 C 中的最后 s 个位置上. ∎

Huffman 编码很容易通过计算机来实现.其算法通过例子，读者很容易给出.此处不再继续讨论.

下面讨论无噪声编码定理.

回忆一下对于概率分布 $P=(p_1,p_2,\cdots,p_n)$，其 r- 进熵为

$$H_r(p_1,p_2,\cdots,p_n)=\sum_{i=1}^{n}p_i\log_r\frac{1}{p_i}.$$

而对 P 的一个 r 元编码 $C=(\boldsymbol{c}_1,\boldsymbol{c}_2,\cdots,\boldsymbol{c}_n)$，其平均码长为

$$\text{Avelen}(\boldsymbol{c}_1,\boldsymbol{c}_2,\cdots,\boldsymbol{c}_n)=\sum_{i=1}^{n}p_i\,\text{len}(\boldsymbol{c}_i).$$

两者形式极为相似. 实际上，我们有

定理 4.3.4 设 $C=(\boldsymbol{c}_1,\boldsymbol{c}_2,\cdots,\boldsymbol{c}_n)$ 为概率分布 $P=(p_1,p_2,\cdots,p_n)$ 下的一个即时码，则

$$H_r(p_1,p_2,\cdots,p_n)\leqslant \text{Avelen}(\boldsymbol{c}_1,\boldsymbol{c}_2,\cdots,\boldsymbol{c}_n),$$

等式成立的充要条件是：$\forall i$，$\text{len}(\boldsymbol{c}_i)=\log_r\frac{1}{p_i}$.

证 因为 C 为即时码，由 Kraft 不等式知

$$\sum_{i=1}^{n}\frac{1}{r^{l_i}}\leqslant 1.$$

令 $q_i=\frac{1}{r^{l_i}}$，可得

$$\begin{aligned}H_r(p_1,p_2,\cdots,p_n)&=\sum_{i=1}^{n}p_i\log_r\frac{1}{p_i}\leqslant\sum_{i=1}^{n}p_i\log_r\frac{1}{q_i}\\&=\sum_{i=1}^{n}p_i\log_r r^{l_i}=\sum_{i=1}^{n}p_il_i\\&=\text{Avelen}(\boldsymbol{c}_1,\boldsymbol{c}_2,\cdots,\boldsymbol{c}_n),\end{aligned}$$

且等式成立的充要条件是 $p_i=q_i=\frac{1}{r^{l_i}}$，即 $l_i=\log_r\frac{1}{p_i}$. ∎

注意到上述定理中等式成立的条件是 $l_i=-\log_r p_i$，即要求 $\log_r p_i$ 为整数. 一般情况下，这是不可能的，故我们不能期待等式成立. 但是若对任意的 i，选取 l_i 满足

$$-\log_r p_i\leqslant l_i<-\log_r p_i+1$$

是可以的. 此时，$p_i\geqslant\frac{1}{r^{l_i}}$，

$$1=\sum_{i=1}^{n}p_i\geqslant\sum_{i=1}^{n}\frac{1}{r^{l_i}}.$$

由 Kraft 定理，我们可选取一即时码，其码字长度分别为 $l_1,l_2,\cdots,l_n$. 对于该码 $C=(\boldsymbol{c}_1,\boldsymbol{c}_2,\cdots,\boldsymbol{c}_n)$，我们有

$$\begin{aligned}\text{Avelen}(C)&=\sum_{i=1}^{n}p_i l_i<\sum_{i=1}^{n}p_i\left(\log_r\frac{1}{p_i}+1\right)\\&=\sum_{i=1}^{n}p_i\log_r\frac{1}{p_i}+\sum_{i=1}^{n}p_i\\&=H_r(p_1,p_2,\cdots,p_n)+1,\end{aligned}$$

即对于概率分布$(p_1,p_2,\cdots,p_n)$，我们可以找到一即时码，其平均码长比$H_r(p_1,p_2,\cdots,p_n)+1$要小. 这样，我们可得如下的无噪声编码定理.

定理 4.3.5（无噪声编码定理） 对于概率分布 $P=(p_1,p_2,\cdots,p_n)$，有

$$\begin{aligned}H_r(p_1,p_2,\cdots,p_n)&\leqslant \text{MinAvelen}_r(p_1,p_2,\cdots,p_n)\\&<H_r(p_1,p_2,\cdots,p_n)+1.\end{aligned}$$

4.3.3 常用变长编码

前面已经证明 Huffman 编码具有最小平均长度. 对此，不再多讲. 本节只介绍其他几种常见的变长编码方法（二进制码）.

1. Shannon 编码法

设信源为

$$\mathscr{I}=(S,P)=\begin{pmatrix}a_1 & a_2 & \cdots & a_n\\ p_1\geqslant p_2\geqslant\cdots\geqslant p_n\end{pmatrix}. \tag{4.3.11}$$

令 $q_k=\sum_{i=1}^{k}p_i$. 若 $\forall x\in\mathbf{R}$, $\lceil x\rceil$ 表示大于或等于 x 的最小整数，则记 $l_k=\lceil -\log q_k\rceil$，用 l_k 个 bit 来表示 q_k，即将 q_k 按二进制小数展开到 l_k 位截断. 于是平均码长 $\bar{n}$ 为

$$H(P)\leqslant\bar{n}=\sum_{k=1}^{n}l_k p_k<H(P)+1. \tag{4.3.12}$$

易证 Shannon 编码为即时码，但 Shannon 编码不是最有效的. 例如取 $n=2$，$p_1=0.9999$，$p_2=0.0001$，按 Shannon 方法，一个码字长 1 bit，另一个码字长 14 bit，显然是一种浪费. 然而，在某些情况下，Shannon 编码还是比较好的.

2. Fano 编码

设信源为

$$\mathscr{I}=(S,P)=\begin{pmatrix}a_1 & a_2 & \cdots & a_n\\ p_1\geqslant p_2\geqslant\cdots\geqslant p_n\end{pmatrix}. \tag{4.3.13}$$

首先将消息分成两大组，使每组的概率和尽量接近，即选择一个 k，使得

$$\left|\sum_{i=1}^{k} p_i - \sum_{i=k+1}^{n} p_i\right|$$

最小. 这个 k 使消息分成两大组，给一组指定“0”，另一组指定“1”. 然后再重复地把每组中消息继续尽可能地分成概率之和十分接近的两部分，分别给每个部分指定“0”,“1”,…，用这种方法编码，虽然不是最佳，但可使平均码长达到

$$\bar{n} \leqslant H(P) + 2. \tag{4.3.14}$$

3. Shannon-Fano-Elias (S-F-E)编码

设信源

$$\mathscr{I} = (S, P) = \begin{pmatrix} a_1 & a_2 & \cdots & a_n \\ p_1 & p_2 & \cdots & p_n \end{pmatrix}.$$

注意，我们并没有对信源按概率大小进行排序.记

$$\overline{F}(k) = \sum_{i<k} p(i) + \frac{1}{2} p(k), \quad 1 \leqslant k \leqslant n, \tag{4.3.15}$$

$$F(k) = \sum_{i \leqslant k} p(i), \quad 1 \leqslant k \leqslant n \tag{4.3.16}$$

为累积概率分布，$\overline{F}(k) < F(k)$，二者均单调增加，易见

$$\overline{F}(k) \leqslant F(k) \leqslant \overline{F}(k+1). \tag{4.3.17}$$

有了累积概率，即可知道相应的源字母，所以可以将源字母 a_k 的累积概率 $\overline{F}(k)$作为其码字. 一般情况下，$\overline{F}(a_k)$为实数，若用二进制数精确表示，则有可能需要无穷多位. 但作为码字只需要有足够的位数，使其能与 a_k 一一对应即可. 设用 l_k 位表示 $\overline{F}(k)$，即记

$$b_k = [\overline{F}(k)]_{l_k} = 0.\underbrace{\cdots}_{l_k \text{位}},$$

则真实值 $\overline{F}(k)$与 b_k 之间的误差为

$$0 \leqslant \Delta_k = \overline{F}(k) - b_k < 2^{-l_k}. \tag{4.3.18}$$

下面，$\forall k$，取 $l_k = \lceil -\log_2 p(a_k) \rceil + 1$（此处$\lceil x \rceil$表示大于或等于 x 的最小整数)，有(见图 4.4)

$$F(k) - \overline{F}(k) = \frac{p(a_k)}{2} > 2^{-l_k}.$$

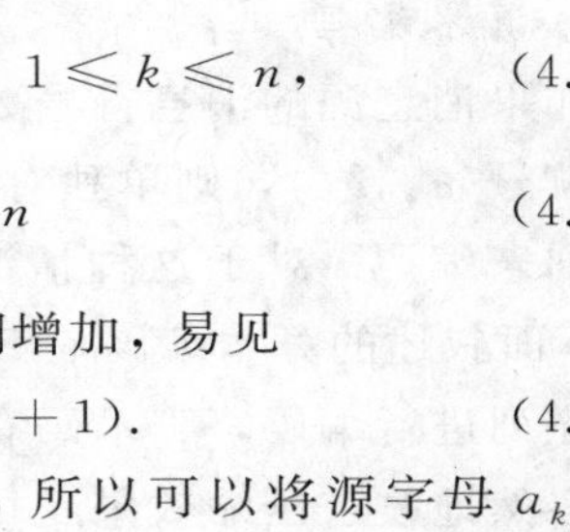

图 4.4 各数据的排序

所以

$$0 \leqslant \overline{F}(k) - b_k < F(k) - \overline{F}(k) = \frac{p(a_k)}{2}. \tag{4.3.19}$$

这说明近似值 b_k 处于 $\overline{F}(k-1)$ 与 $\overline{F}(k)$ 之间，故用 $l_k = [-\log_2 p(a_k)] + 1$ 位足以唯一确定 a_k. 此时，平均码长为

$$\overline{n} = \sum_{i=1}^{n} p_i l_i = \sum_{i=1}^{n} p_i \left(\left[\log \frac{1}{p_i} \right] + 1 \right) < H(P) + 2. \tag{4.3.20}$$

例 4.3.6

i	a_i	p_i	$F(i)$	$\overline{F}(i)$	$\overline{F}(i)$的二进制表示	l_i	码字
1	a_1	0.25	0.25	0.125	0.001	3	001
2	a_2	0.5	0.75	0.5	0.10	2	10
3	a_3	0.125	0.875	0.8125	0.1101	4	1101
4	a_4	0.125	1.0	0.9375	0.1111	4	1111

平均码长 $\overline{n} = 2.75$ bit，$H(P) = 1.75$ bit.

4. 算术编码

如果消息源的消息符号数目较少，比如说只有两个出现概率很悬殊的消息符号 $\{a_1, a_2\}$，则单独对它编码效率是不高的，应该把它组成长的消息序列来编码. 对于这种情况，Huffman 编码不太合适，因为计算量太大. 下面叙述的算术编码是 S-F-E 方法的直接推广. 我们可以看到，对源字母序列进行编码，算术码有独特的优点，它可以随着序列长度 N 的增加而自然地改进压缩效果.

若对于信源字母有一个排序，则对长度为 N 的字母序列，同样可以按照字典顺序加以排序，如同英文 26 个字母的排序使我们能对英文单词排序一样. 排好序后，同前面方法一样，对序列定义其概率（注意对于离散无记忆信源而言，序列之概率等于其每个出现于其中的字母的概率之乘积），同样，定义累积概率，随后一切如同 S-F-E 方法.

由于在这种情况下码存在的充分必要条件仍为 Kraft 不等式，故在极限情况下，算术码可实现对信源的理想压缩.

5. 游程编码

在二元序列中只有两种符号，即“0”和“1”. 这些符号可连续出现，连续出现“0”的一段称为“0”游程，连续出现“1”的一段称为“1”游程. 它们的长度分别称为游程长度 $L(0)$ 和 $L(1)$. “0”游程和“1”游程总是交替地出现. 如果规定二元序列是以“0”开始，则第一个游程是“0”游程，第二个必为“1”游程，第三个又是“0”游程，等等. 对于随机的

二元序列，各游程长度将是随机变量，其取值可为1,2,3,…. 将任何二元序列变换成游标长度序列的变换是一一对应的，也就是可逆的. 例如有一个二元序列 00101110010001…，可变换成下列游程序列：

$$3113213\cdots.$$

若已知二元序列是以"0"起始的，从上面的游程序列很容易恢复成原来的二元序列，包括最后一个"1"，因为长度为3的"0"游程之后必定是"1". 游程序列是多元序列，各长度可按哈夫曼编码或其他方法处理，以达到压缩码率的目的. 这种从二元序列转换成多元序列的方法，在实现时比前面的并元法简单. 因为游程长度的计数比较容易，得到游程长度后就可以从码表中找出码字输出，同时计算下一个游程长度. 此外，在减弱原有序列的符号间的相关性方面，采用游程变换一般也比并元法更有效. 当然，要对二元序列进行哈夫曼编码，应先测定"0"游程长度和"1"游程长度的概率分布，或由二元序列的概率特性去计算各种游程长度的概率.

对于多元序列也存在相应的游程序列. 例如 m 元序列中，可有 m 种游程，连着出现符号 a_r 的游程，其长度 $L(r)$ 就是 r 游程长度. 这也是一个随机变量. 用 $L(r)$ 也可构成游程序列. 但是这种变换必须再加一些符号，才能成为一一对应或可逆的. 与二元序列变换得到的游程序列不同，这里每个"r"游程的前面和后面出现什么符号是不确定的，除 r 外的任何符号都是可能的. 因为这一游程之后是何种符号的游程轨无法确定，除非插入一个标志说明后一游程的类别. 所以把多元序列变换成游程序列再进行压缩编码是没有多大意义的，因为上述的附加标志可能抵消压缩编码所得的好处. 对原来的多元序列直接编码或许会更有效一些.

游程编码仍是变长码，有其固定的特点，即需有大量的缓冲和优质的信道. 此外，由于游程长度可从1直到无限，这在码字的选择和码表的建立方面都有困难，实际应用时尚需采用某些措施来改进.

一般情况下，游程长度越大，其概率越小；这在以前的计算机中也可看到，而且将随长度的增大逐渐趋向零. 对于小概率的码字，其长度未达到概率匹配或较长，损失不会太大，也就是对平均码字长度影响较小，这样就可对长游程不严格按哈夫曼码步骤进行；在实际应用时，常采用截断处理的方法.

游程编码只适用于二元序列，对于多元信源，一般不能直接利用游程编码；但在下面介绍的冗余位编码，也可以认为是游程编码在多元信源的一种应用.

在许多信源序列中，常有不少符号不携带信息，除了它的数目为所占时长外，完全可以不传送. 例如在电话通信中，讲话时常有间隙，如字句间的停顿，听对方讲话而静默；又如图像信源中，背景基本上不变，并在图像中占相当大一部分，而其值为常量，相当于平均亮度，一般也可以不传送；在数据信源序列中，信息包之间的间隙或某种固定模式，也属于冗余性质，这些符号可称为冗余位，若能删除它们，可得较大的压缩比.

设有多元信源序列

$$x_1, x_2, \cdots, x_{m_1}, y, y, \cdots, y, x_{m_1+1}, x_{m_1+2}, \cdots, x_{m_2}, y, \cdots, \tag{4.3.21}$$

式中 x 是含有信息的代码，取值于 m 元符号集 A，可称为信息位；y 是冗余位，它们可全为零，即使未曾传送，在接收端也可以恢复. 这样的序列可用以下两个序列来代替：

$$\left.\begin{array}{l} 11, \cdots, 100, \cdots, 011, \cdots, 100, \cdots; \\ x_1, x_2, \cdots, x_{m_1}, x_{m_1+1}, x_{m_1+2}, \cdots, x_{m_2}, \cdots. \end{array}\right\} \tag{4.3.22}$$

前一个序列中，用“1”表示信息位，用“0”表示冗余位；后一个序列是取消冗余位后留下的所有信息位. 显然，从式(4.3.21)变换成式(4.3.22)中的两个序列是一一对应的，也就是可逆的. 如果把式(4.3.22)中的两个序列传送出去，只要没有差错，在接收端就可恢复式(4.3.21)中的多元信源序列. 这样就把一个多元序列分解为一个二元序列和一个缩短了的多元序列. 它们可用不同的方法来编码，以利于更有效地压缩码率.

三类传真机的实用压缩编码

文件传真是指一般文件、图纸、手写稿、表格、报纸等文件的传真，这类图像的像素只有黑、白两个灰度等级，因此文件传真编码属于二值图像的压缩编码.

数字式文件传真首先需要根据清晰度的要求，选定适当的空间扫描分辨率，将文件图纸在空间上离散化. 如把一页文件分成 $n \times m$ 个像素，由于文件传真是二值电平的，所以每个像素可用一位二进制码（0 或 1）代表，这种方式称为**直接编码**. 显然，直接编码时，一页文件的码元素就等于该页二值图像的像素点数. 一般地，分辨率越高，质量越好，但编码后码元素较大. 根据国际规定，一张 A4 幅面文章（210 mm × 297 mm）有 1 188 或 2 376 条扫描线. 按每条扫描线有 1 728 个像素的扫描分辨率（相当于垂直 4 线/mm 或 8 线/mm，水平 8 点/mm）计算. 一张 A4 文件约有

2.05 M像素/公文纸或4.1 M像素/公文纸，从节省传送时间或存储空间看，必须进行数据压缩. 在此，我们仅讨论目前在文件传真中最常采用的一种方法——修正Huffman编码（MH编码），它实际上是游程编码与Huffman编程的结合.

对于二值灰度的文件传真，每一行往往由若干个连“0”（白色像素）、连“1”（黑色像素）组成. 我们将同一符号重复出现而形成字符串的长度称为“游程长度”，MH编码分别对“黑”、“白”的不同游程长度进行Huffman编码，形成黑、白两张码表，编译码通过查表进行.

在对不同游程长度进行Huffman编码时，需根据文件的黑、白游程出现的概率进行编码，概率大的分配短码字，概率小的分配长码字，以达到编码平均码长最短，获得最佳压缩比.

前面我们已经介绍了Huffman编码的基本原理和方法，但在实际应用中，该方法还存在诸如误差扩散、概率匹配及速率匹配等问题. 误差扩散主要是由于变长码本身不带同步码，在传输中若噪声干扰破坏变长码元结构，就无法自动清除误码所产生的影响，这时受干扰的码元不仅影响当前码元的译码，还可能使错误延续影响其后一系列码元的译码. 在文件传真的工程实践中往往采取按行清洗的方法，减少误差扩散带来的影响. 另外由于变长编码会导致信源输出速率经常变化，而信道传输是恒速的，这就产生了信源与信道间的速率匹配问题，这一问题可采用缓冲法解决. 最后Huffman编码是根据信源的统计特性分配码长与码型的，这就要求确切掌握文件信源的所有可能的样本概率. 例如一幅A4文件，以1728的行扫描分辨率计，将有2×1728种可能的黑、白游程，相应地编、译码器就需要存储这么多个字，这将增加实现的复杂度.

在工程实践中，针对上述问题进行了修正，这就是修正的Huffman编码. 首先在码表的制定上，不是根据实际待传送文件的游程分布，而是以CCITT推荐的8种文件样式或我国原邮电部推荐的7种典型样张所测定的游程概率分布为依据来制定的. 其次，为了进一步减少码表数，采用截断Huffman编码方法. 根据对传真文件的统计结果可知黑、白游程长度在0～63的情况居多，我们不需对全部的$2\times1\,728$种黑、白游程长度进行编码，而是将码字分为结尾码和构造码（或称形成码）两种. 结尾码R，是针对游程长度为0～63的情况，直接按游程统计特性制定对应的Huffman码表；而构造码是对长度为64的倍数的游程长度进行编码的. 这样当游程长度$l<64$时，可直接引用结尾码表示；当游程长度l在64～1 728之间时，用一个构造码加上相应的结尾码即成为相应的码字. 例如：

自游程长度为65（即64＋1），长度为64的自游程的构造码为11011，自游程长度为1的结尾码为000111，则长度为65的自游程编码结构为11011000111. 采用MH编码后的总编码的码字个数可从2×1 728个减少到182个.

4.4 离散平稳信源及其编码定理

离散信源的输出可用符号序列表示：

$$\cdots, X_{-2}, X_{-1}, X_0, X_1, X_2, \cdots, \tag{4.4.1}$$

其中X_l表示l时刻输出的符号，X_l为随机变量，它可在有限字符集中取值. 设源字母集为

$$A = \{a_1, a_2, \cdots, a_K\}. \tag{4.4.2}$$

若X_l彼此独立，则相应的信源称为**无记忆信源**，否则，称为**有记忆信源**. 前面讨论的均为无记忆信源. 若X_l为独立同分布的，即

$$P(X_l = a_k) = p_k, \quad k = 1, 2, \cdots, K, l = \cdots, -2, -1, 0, 1, 2, \cdots, \tag{4.4.3}$$

则称信源为**简单的**. 在一般情况下，要用多维联合概率分布来描述随机序列. 这时对任意给定的N，信源输出随机序列

$$\boldsymbol{X} = (X_1, X_2, \cdots, X_N) \tag{4.4.4}$$

在A^N上取值，其概率分布为

$$P(\boldsymbol{X} = \boldsymbol{x}) = P(\boldsymbol{X} = x_{i_1} \cdots x_{i_N}) = P(X_1 = x_{i_1}, \cdots, X_N = x_{i_N}). \tag{4.4.5}$$

如果对任意的N，上述的概率分布与起点无关，即

$$P(X_1 = x_{i_1}, \cdots, X_N = x_{i_N}) = P(X_{L+1} = x_{i_1}, \cdots, X_{L+N} = x_{i_N}), \tag{4.4.6}$$

则称信源为**平稳的**. 如果

$$P(\boldsymbol{X} = \boldsymbol{x}) = \prod_{j=1}^{N} P(X_j = x_{i_j}), \tag{4.4.7}$$

则称信源为**简单无记忆信源**. 若X_l取值只与前面有限个随机变量的取值有关，则称信源是**有记忆信源**，这时可用条件概率来描述：

$$P(X_l \mid X_{l-1}, \cdots, X_{l-m}).$$

而当$m=1$时，就是后面将要介绍的马尔可夫信源. 对于平稳信源来说，条件概率与时间起点无关，只与关联长度有关，即

$$P(X_{l+m} \mid X_{l+m-1}, \cdots, X_l) = P(X_m \mid X_{m-1}, \cdots, X_0). \tag{4.4.8}$$

这给我们的研究带来了极大的方便.

4.4.1 平稳信源的熵率及冗余度

一个平稳信源发出的长度为 N 的序列 $X_1, X_2, \cdots, X_N$，可视为一个 N 维随机向量，即

$$\boldsymbol{X}=(X_1, X_2, \cdots, X_N),$$

其 N 维联合概率为式(4.4.6)，于是随机向量 $\boldsymbol{X}$ 的熵为

$$\begin{aligned} H(\boldsymbol{X}) &= H(X_1, X_2, \cdots, X_N) \\ &= -\sum_{i_1, \cdots, i_N} p(x_{i_1}, \cdots, x_{i_N}) \log p(x_{i_1}, \cdots, x_{i_N}). \end{aligned} \tag{4.4.9}$$

平均每个信源符号的熵为

$$H_N(\boldsymbol{X})=\frac{1}{N} H(X_1, X_2, \cdots, X_N). \tag{4.4.10}$$

当 $N \to \infty$ 时，若 $H_N(\boldsymbol{X})$ 趋于某一极限，则定义该极限为信源的**熵率**，记为 $H_\infty(\boldsymbol{X})$，即

$$H_\infty(\boldsymbol{X})=\lim_{N \to \infty} H_N(\boldsymbol{X}). \tag{4.4.11}$$

对于一般的平稳信源，可以证明，熵率一定存在.

定理 4.4.1 对于离散平稳信源来说，

(1) $H(X_N | X_1, \cdots, X_{N-1})$ 单调减少；

(2) $\forall N$, $H_N(\boldsymbol{X}) \geqslant H(X_N | X_1, \cdots, X_{N-1})$；

(3) $H_N(\boldsymbol{X})$ 单调下降；

(4) $\lim\limits_{N \to \infty} H_N(\boldsymbol{X})=\lim\limits_{N \to \infty} H(X_N | X_1, \cdots, X_{N-1})$.

证 (1) 由信源之平稳性及无条件熵不小于条件熵的性质，可知

$$\begin{aligned} H(X_{N-1} | X_1, \cdots, X_{N-2}) &= H(X_N | X_2, \cdots, X_{N-1}) \\ &\geqslant H(X_N | X_1, X_2, \cdots, X_{N-1}). \end{aligned} \tag{4.4.12}$$

(2)
$$\begin{aligned} H_N(\boldsymbol{X}) &= \frac{1}{N} H(X_1, \cdots, X_N) \\ &= \frac{1}{N}(H(X_1)+H(X_2 | X_1)+\cdots+H(X_N | X_1, \cdots, X_{N-1})) \\ &\geqslant \frac{1}{N}(N H(X_N | X_1, \cdots, X_{N-1})) \\ &= H(X_N | X_1, \cdots, X_{N-1}), \end{aligned} \tag{4.4.13}$$

其中的不等号来自式(4.4.12).

(3) $$H_N(\boldsymbol{X})=\frac{1}{N}H(X_1,\cdots,X_N)$$
$$=\frac{1}{N}(H(X_1,\cdots,X_{N-1})+H(X_N|X_1,\cdots,X_{N-1}))$$
$$=\frac{1}{N}((N-1)H_{N-1}(\boldsymbol{X})+H(X_N|X_1,\cdots,X_{N-1}))$$
$$\leqslant\frac{N-1}{N}H_{N-1}(\boldsymbol{X})+\frac{1}{N}H_N(\boldsymbol{X}). \tag{4.4.14}$$

故有

$$H_N(\boldsymbol{X})\leqslant H_{N-1}(\boldsymbol{X}). \tag{4.4.15}$$

(4) 由熵的非负性，得

$$0\leqslant H_N(\boldsymbol{X})\leqslant H_{N-1}(\boldsymbol{X})\leqslant\cdots\leqslant H_1(\boldsymbol{X})=H(\boldsymbol{X}),$$

故 $\lim\limits_{N\to\infty}H_N(\boldsymbol{X})$ 存在，且介于 0 与 $H(\boldsymbol{X})$ 之间.

对于任意正整数 M，反复利用(1)，可得

$$H_{N+M}(\boldsymbol{X})=\frac{1}{N+M}H(X_1,\cdots,X_N,X_{N+1},\cdots,X_{N+M})$$
$$=\frac{1}{N+M}(H(X_1,\cdots,X_{N-1})+H(X_N|X_1,\cdots,X_{N-1})$$
$$+H(X_{N+1}|X_1,\cdots,X_{N-1},X_N)+\cdots$$
$$+H(X_{N+M}|X_1,\cdots,X_{N+M-1}))$$
$$\leqslant\frac{1}{N+M}H(X_1,\cdots,X_{N-1})$$
$$+\frac{M+1}{N+M}H(X_N|X_1,\cdots,X_{N-1}).$$

令 $M\to\infty$，得

$$H_\infty(\boldsymbol{X})=\lim_{M\to\infty}H_{N+M}(\boldsymbol{X})\leqslant H(X_N|X_1,\cdots,X_{N-1})\leqslant H_N(\boldsymbol{X}).$$

所以

$$\lim_{N\to\infty}H_N(\boldsymbol{X})=\lim_{N\to\infty}H(X_N|X_1,\cdots,X_{N-1}).$$ ▌

对于离散无记忆信源来说，输出的随机变量是独立的，故

$$H_N(\boldsymbol{X})=\frac{1}{N}H(X_1,\cdots,X_N)=\frac{1}{N}\sum_{i=1}^{N}H(X_i)$$
$$=\frac{N}{N}H(\boldsymbol{X})=H(\boldsymbol{X}).$$

同时还有 $H(X_N|X_{N-1},\cdots,X_1)=H(X_N)=H(\boldsymbol{X})$.

上述定理告诉我们，离散有记忆平稳信源的输出信号所携带的信息量

小于信号可能携带的信息量，这是因为统计约束条件所带来的. 因而信源输出中前后字母之间的统计依存关系是使信号有效携带信息量减少的一个重要原因.

我们已经知道，$H_N(\boldsymbol{X})$随 N 的减少而不断增大，最大值为$H_1(\boldsymbol{X})$，由熵的极值性可知

$$H_1(\boldsymbol{X}) \leqslant \log K,$$

其中 K 表示源字母表中字母的个数. 可以看出，当信源的一维概率分布不均匀时，即使信源输出信号的前后字母之间无统计依赖关系，也不能最大限度地携带信息.

在信息论中，常用冗余度及相对冗余度来衡量信源输出信号携带信息的有效程度. 冗余度越低，则信源输出信号携带信息的有效性越高，反之则越低. 冗余度及相对冗余度的定义如下：

$$\text{冗余度} = \log K - H_\infty(\boldsymbol{X}),$$

$$\text{相对冗余度} = 1 - \frac{H_\infty(\boldsymbol{X})}{\log K},$$

称$\dfrac{H_\infty(\boldsymbol{X})}{\log K}$为熵率.

例 4.4.1 以英文字母为例，来说明信源的冗余度. 当英文 26 个字母加上空格共 27 个字符等概率时，最大熵为 $H_0=\log 27=4.766$ bit/字母.

考虑到各字母出现的概率，而不考虑字符间依赖关系时，得到 $H_1=4.036$ bit/字母. 同时还可以算出

$$H_2 = 3.326 \text{ bit/ 字母}, \quad H_3 = 3.31 \text{ bit/ 字母}.$$

一般认为 $H_\infty=1.4$ bit/字母. 所以熵的相对率$\dfrac{H_\infty}{H_0}$和冗余度 R 为

$$\frac{H_\infty}{H_0} = 0.29, \quad R = 71\%,$$

表明用英文写文章时 71%是由语言结构预先确定的信息，仅有 29%才是由作者自由选择的(注：$H_0=\log K$).

4.4.2 平稳信源的编码定理

一般而言，信源是有记忆的，在这种情况下，我们可以利用消息序列前后的记忆性来减少编码的比特率.

对于固定的长度 L，记 $x = x_1x_2\cdots x_L \in X_1X_2\cdots X_L$，我们对信源$(X_1X_2\cdots X_L;p(\boldsymbol{x}))$来进行最佳变长编码.对每个$\boldsymbol{x} \in X_1X_2\cdots X_L$，其对应的码字长度记为 $n(\boldsymbol{x})$. 则码的平均长度为

$$\bar{n}_L = \sum_{x} p(\boldsymbol{x}) n(\boldsymbol{x}). \tag{4.4.16}$$

平均每个信源符号的码长为

$$\bar{n} = \frac{\bar{n}_L}{L} = \frac{1}{L} \sum_{x} p(\boldsymbol{x}) n(\boldsymbol{x}). \tag{4.4.17}$$

对于离散平稳信源，有如下编码定理：

定理 4.4.2 对于离散平稳信源$(\boldsymbol{X}_1 \boldsymbol{X}_2 \cdots \boldsymbol{X}_L; \boldsymbol{p}(\boldsymbol{x}))$进行 D 元变长编码. $\forall \varepsilon > 0$，则 $\exists L(\varepsilon)$，使得当 $L > L(\varepsilon)$ 时，存在唯一可译码，使得平均每个信源符号所需码字的平均长度满足

$$\frac{H_\infty(\boldsymbol{X})}{\log D} \leqslant \bar{n} \leqslant \frac{H_\infty(\boldsymbol{X})}{\log D} + \varepsilon. \tag{4.4.18}$$

证 对于离散平稳信源而言，

$$H_\infty(\boldsymbol{X}) = \lim_{N \to \infty} \frac{1}{N} H(X_1 X_2 \cdots X_N).$$

所以 $\forall \varepsilon_1 > 0$，$\exists L(\varepsilon_1)$，使当 $L > L(\varepsilon_1)$ 时，

$$\frac{1}{L} H(X_1 X_2 \cdots X_L) < H_\infty(\boldsymbol{X}) + \varepsilon_1.$$

由于对于$(X_1 X_2 \cdots X_L; p(\boldsymbol{x}))$，存在唯一可译码，使平均码长满足

$$\bar{n}_L < \frac{H(X_1 X_2 \cdots X_L)}{\log D} + 1,$$

从而

$$\bar{n} < \frac{H(X_1 X_2 \cdots X_L)}{L \log D} + \frac{1}{L} < \frac{H_\infty(\boldsymbol{X})}{\log D} + \frac{\varepsilon_1}{\log D} + \frac{1}{L}.$$

这样，$\forall \varepsilon > 0$，可取 ε_1，使得 $\frac{\varepsilon_1}{\log D} < \frac{\varepsilon}{2}$，且有充分大的 L，满足 $\frac{1}{L} < \frac{\varepsilon}{2}$，从而

$$\bar{n} < \frac{H_\infty(\boldsymbol{X})}{\log D} + \varepsilon.$$

反之，任一唯一可译码均满足 $\bar{n}_L \geqslant \frac{H(X_1 X_2 \cdots X_L)}{\log D}$，即

$$\bar{n} \geqslant \frac{H(X_1 X_2 \cdots X_L)}{L \log D} \geqslant \frac{H(X_L | X_1 \cdots X_{L-1})}{\log D} \geqslant \frac{H_\infty(\boldsymbol{X})}{\log D}. \quad \blacksquare$$

定理 4.4.2 说明离散平稳信源的渐近平均信息速率为 $H_\infty(\boldsymbol{X})$. 采用足够大的 L 进行编码，就可以使编码平均速率从上方任意逼近此值.

注 上述定理对即时码也成立.

4.5 马尔可夫信源及其编码

本节我们考虑一类特殊的平稳信源——平稳齐次马尔可夫信源.

前面已经提到过马尔可夫信源. 下面再作一些更为详细的介绍.

4.5.1 马尔可夫信源

离散型随机序列 $X_1, X_2, \cdots$ 称为是**马尔可夫序列**，如果对于一切 $x_1, \cdots, x_n, x_{n+1} \in A$（样本空间，在此处，指信源字母集），有

$$\begin{aligned} &P(X_{n+1}=x_{n+1} \mid X_n=x_n, \cdots, X_1=x_1) \\ &=P(X_{n+1}=x_{n+1} \mid X_n=x_n) \end{aligned} \tag{4.5.1}$$

也就是说当前符号的发生仅与前一时刻发生什么符号有关，与再前面发生的符号无关. 对于马尔可夫序列来说，联合事件的概率为

$$p(x_1, x_2, \cdots, x_n)=p(x_1)p(x_2 \mid x_1)p(x_3 \mid x_2)\cdots p(x_n \mid x_{n-1}). \tag{4.5.2}$$

当马尔可夫序列被称为是齐次的时，是指它是时不变的（时齐的），也就是说条件转移概率与时间起点无关：

$$P(X_{n+1}=a \mid X_n=b)=P(X_2=a \mid X_1=b). \tag{4.5.3}$$

可以把 $P(X_{n+1}=a \mid X_n=b)$ 解释为符号转移概率，即从符号 b 到符号 a 的转移概率. 所有的符号转移概率可组成一个称之为符号转移概率矩阵的矩阵. 一个齐次马尔可夫过程完全由初始符号概率和转移概率矩阵 $\boldsymbol{P}=(p_{ij})$ 来描述，其中 $p_{ij}=P(X_{n+1}=j \mid X_n=i)$，$i, j=1,2,\cdots,K$. 而马尔可夫序列，有时称为是**马尔可夫链**.

为了描述这类信源，除了使用符号集外，还要引入状态集，这时，信源输出消息符号还与信源所处状态有关. 设信源所处的状态序列为 $u_1u_2\cdots u_l\cdots$，$u_l \in \{s_1, s_2, \cdots, s_J\}$，$l=1,2,\cdots$. 在每一个状态下可能输出的符号序列为 $x_1x_2\cdots x_l\cdots$，$x_l \in \{a_1, a_2, \cdots, a_q\}$，$l=1,2,\cdots$，且认为每一时刻，当信源发出一个符号后，信源所处的状态将发生转移. 若信源输出的符号序列和状态序列满足下列条件：

(1) 某一时刻信源符号的输出只与当前的信源状态有关，而与以前的状态无关，即

$$P(x_l=a_k \mid u_l=s_j, x_{l-1}=a_k, u_{l-1}=s_i, \cdots)=P(x_l=a_k \mid u_l=s_j).$$

(2) 信源状态只由当前输出符号和前一时刻信源状态唯一确定，即

$$P(u_l=s_i \mid x_l=a_k, u_{l-1}=s_j)=\begin{Bmatrix}1\\0\end{Bmatrix},$$

则称此信源为一个**马尔可夫信源**.

设信源处在某一状态 s_i，当它发出一个符号后，所处的状态就变了，即从状态 s_i 变到了另一个状态.显然，状态的转移依赖于发出的信源符号，因此任何时刻信源处在什么状态完全由前一时刻的状态和此时发出的符号决定.如此就把信源输出的符号序列变换成状态序列，这个状态序列可以作为马尔可夫链来处理.

如果一个马尔可夫信源，从任何一个状态出发，经过有限步到达其他任何一个状态的概率均为正，则称该马尔可夫信源为**既约的**（或称为**不可约的**）. 如果在 n 时刻，状态的概率分布为 $\{p_n(a_j)\}$ $(j=1,2,\cdots,K;\ n=0,1,2,\cdots)$，则在 $n+1$ 时刻的分布为

$$p_{n+1}(a_j)=\sum_{a_i\in A}p_n(a_i)p_{a_ia_j},\quad a_j\in A. \tag{4.5.4}$$

如果在某一时刻$(n+1)$，状态分布与前一时刻(n)的状态分布一样，则称该状态分布达到**稳态**. 稳态的齐次马尔可夫源为一个平稳源. 这时稳态状态概率为

$$p(a_j)=\sum_{a_i\in A}p(a_i)p_{a_ia_j}. \tag{4.5.5}$$

实际上对于既约马尔可夫信源来说，稳态分布为

$$p(j)=\lim_{n\to\infty}p_{ij}^{(n)}, \tag{4.5.6}$$

与初始状态无关，其中 $p_{ij}^{(n)}$ 表示从 i 状态出发经过 n 步到达 j 状态的转移概率.

下面我们讨论马尔可夫信源的熵，主要是讨论在稳态下的马尔可夫信源，也即达到稳态分布时的马尔可夫信源.

在给定信源状态 $S=j$ 之下的条件熵为

$$H(\boldsymbol{X}\,|\,S=j)=-\sum_{k=1}^{K}p_j(a_k)\log p_j(a_k), \tag{4.5.7}$$

其中 $p_j(a_k)$表示在状态 j 之下，字母 a_k 出现的概率. 则该信源的无条件熵为

$$H=H(\boldsymbol{X}\,|\,S)=\sum_{j=1}^{J}P(S=j)H(\boldsymbol{X}\,|\,S=j), \tag{4.5.8}$$

其中 J 为状态数，H 称为**马尔可夫信源的熵**.

例 4.5.1 考虑一个三状态马尔可夫信源，其转移概率矩阵为

$$\boldsymbol{P}=(p_{ij})_{3\times3}=\begin{pmatrix}1-\alpha & \dfrac{\alpha}{2} & \dfrac{\alpha}{2}\\[2mm] \dfrac{\beta}{2} & 1-\beta & \dfrac{\beta}{2}\\[2mm] \dfrac{\gamma}{2} & \dfrac{\gamma}{2} & 1-\gamma\end{pmatrix}. \tag{4.5.9}$$

状态转移图如图 4.5 所示.

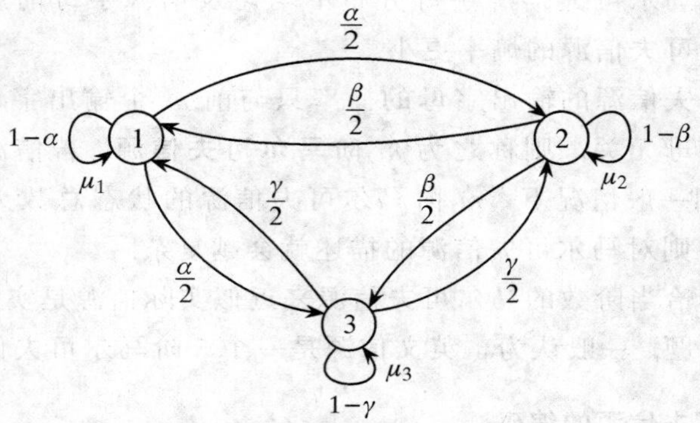

图 4.5 三状态马尔可夫信源的状态转移图

解 设稳态状态概率为 μ_1,μ_2,μ_3，则

$$\begin{cases}\begin{pmatrix}\mu_1\\ \mu_2\\ \mu_3\end{pmatrix}=\boldsymbol{P}^{\mathrm{T}}\begin{pmatrix}\mu_1\\ \mu_2\\ \mu_3\end{pmatrix},\\ \mu_1+\mu_2+\mu_3=1.\end{cases}$$

解之得

$$\mu_1=\frac{\beta\gamma}{\alpha\beta+\beta\gamma+\alpha\gamma},\quad \mu_2=\frac{\alpha\gamma}{\alpha\beta+\beta\gamma+\alpha\gamma},\quad \mu_3=\frac{\alpha\beta}{\alpha\beta+\beta\gamma+\alpha\gamma}.$$

所以信源熵为

$$H=\mu_1 H(\boldsymbol{X}\,|\,\mu_1)+\mu_2 H(\boldsymbol{X}\,|\,\mu_2)+\mu_3 H(\boldsymbol{X}\,|\,\mu_3).$$

其状态熵为

$$H(\mu_1,\mu_2,\mu_3)=-\sum_{i=1}^{3}\mu_i\log\mu_i.$$

由于平稳马尔可夫信源为一个平稳信源，它的熵率为

$$\begin{aligned}H_\infty(\boldsymbol{X})&=\lim_{N\to\infty}\frac{1}{N}H(X_1,X_2,\cdots,X_N)\\&=\lim_{N\to\infty}H(X_N\,|\,X_1\cdots X_{N-1})\\&=\lim_{N\to\infty}H(X_N\,|\,X_{N-1})=H(X_2\,|\,X_1)\\&=\sum_{j=1}^{J}P(X_1=j)H(X_2\,|\,X_1=j)\\&=H(\boldsymbol{X}\,|\,S).\end{aligned}\tag{4.5.10}$$

一般来讲，马尔可夫信源的熵率是由条件熵组成的. 与离散无记忆信源相比，由于马尔可夫信源字母分布不均匀及信源字母前后间的约束关系，使得马尔可夫信源的熵率更小.

若马尔可夫信源的输出字母的概率只与前 m 个输出字母有关，而与更早输出的字母无关，则称之为 m **阶马尔可夫信源**. 若信源输出的字母总数为 K，则一般情况下，m 阶马尔可夫信源的状态总数为 $K^m=S$. 易见，m 越高，则对马尔可夫信源的描述就会越复杂.

如何选择恰当阶数的马尔可夫信源来近似实际信源是实际工作中常常碰到的重要问题. 一般认为，英文信源是一个 5 阶马尔可夫信源.

4.5.2 马尔可夫信源的编码

设马尔可夫信源是离散、平稳、遍历的，其初始状态为 $S_1=i$，信源输出序列为 $\boldsymbol{x}=x_1\cdots x_N$. 对于给定的初始状态 S_1 下信源输出的每一个序列可用变长编码方法得到一个对应的码字，设相应的码字长度为 $l_i(\boldsymbol{x})$，则 $l_i(\boldsymbol{x})$满足

$$J^{-l_i(\boldsymbol{x})}\leqslant P(x_1\cdots x_N|S_1=i)<J^{-l_i(\boldsymbol{x})+1},$$

其中 J 为码字母的总数. 此时有

$$\sum_{\boldsymbol{x}}J^{-l_i(\boldsymbol{x})}\leqslant\sum_{\boldsymbol{x}}P(\boldsymbol{x}|S_1=i)=1.$$

由 Kraft 定理，在该初始状态下所得的平均码长 $\overline{l_i}=N\overline{l_i}$ 应满足：

$$\frac{H(X_1\cdots X_N|S_1=i)}{\log J}\leqslant N\overline{l_i}\leqslant\frac{H(X_1\cdots X_N|S_1=i)}{\log J}+1.$$

令 $N\overline{l_i}$ 在全部可能状态下取平均，有

$$\frac{H(X_1\cdots X_N|S_1)}{N\log J}\leqslant\bar{l}\leqslant\frac{H(X_1\cdots X_N|S_1)}{N\log J}+\frac{1}{N}.$$

对于平稳遍历的马尔可夫信源，有

$$\lim_{N\to\infty}\frac{1}{N}H(X_1\cdots X_N|S_1)=\sum_{j=1}^{K}p(j)H(\boldsymbol{X}|S=j),$$

即

$$H_\infty(\boldsymbol{X})=\sum_j p(j)H(\boldsymbol{X}|S=j).$$

于是有

$$\frac{H_\infty(\boldsymbol{X})}{\log J}\leqslant\bar{l}\leqslant\frac{H_\infty(\boldsymbol{X})}{\log J}+\frac{1}{N}.$$

此结果可以归纳成如下的定理：

定理 4.5.1（马尔可夫信源的变长编码定理） 当用 J 个字母的码字母表对熵率为 $H_\infty(\boldsymbol{X})$ 的离散马尔可夫信源进行变长编码时，其平均码长 $\bar{l}$ 满足：

$$\frac{H_\infty(\boldsymbol{X})}{\log J} \leqslant \bar{l} \leqslant \frac{H_\infty(\boldsymbol{X})}{\log J} + \frac{1}{N},$$

其中 N 为信源字母分组的长度.

由本定理可看出，当 N 足够大时，$\bar{l}$ 可以无限接近 $\frac{H_\infty(\boldsymbol{X})}{\log J}$，从而达到理想压缩.

例 4.5.2 图 4.6 为一离散平稳遍历马尔可夫信源的状态转移图. 此信源有三个字母 a,b,c，同时有三种状态 1,2,3. 此信源的一步转移概率为

$$q_{11}=q_{12}=q_{13}=\frac{1}{3}; \quad q_{21}=q_{23}=q_{31}=q_{32}=\frac{1}{4}; \quad q_{22}=q_{33}=\frac{1}{2}.$$

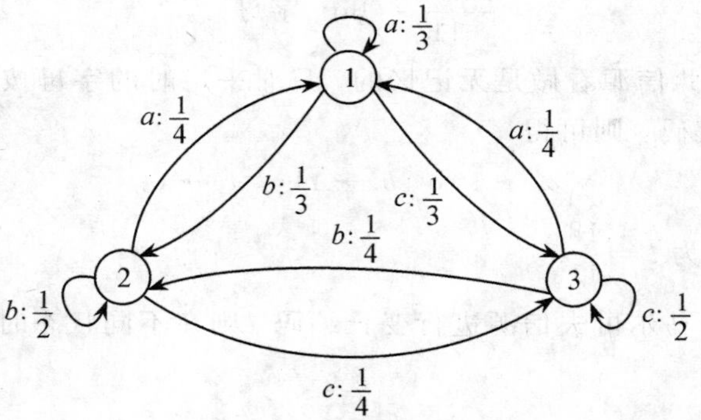

图 4.6 离散平稳遍历马尔可夫信源的状态转移图

在各种状态下字母 a,b,c 出现的概率分别为

$$P(a \mid S=1)=p_1(a)=\frac{1}{3}, \quad p_1(b)=p_1(c)=\frac{1}{3},$$

$$P(a \mid S=2)=p_2(a)=\frac{1}{4}, \quad p_2(b)=\frac{1}{2}, p_2(c)=\frac{1}{4},$$

$$P(a \mid S=3)=p_3(a)=\frac{1}{4}, \quad p_3(b)=\frac{1}{4}, p_3(c)=\frac{1}{2}.$$

由该信源的平稳分布方程组

$$\begin{cases} \sum_{i=1}^{3} p(i) q_{ij} = p(j), \\ \sum_{j=1}^{3} p(j) = 1, \end{cases}$$

求得

$$p(1)=\frac{3}{11},\quad p(2)=p(3)=\frac{4}{11}.$$

稳态后字母 a,b,c 发生的概率分别为

$$p(a)=\sum_{i=1}^{3}p(i)p_i(a)=\frac{3}{11},$$

$$p(b)=p(c)=\frac{4}{11}.$$

此马尔可夫信源的熵率为

$$\begin{aligned}H_{\infty}(\boldsymbol{X})&=\sum_{j=1}^{3}p(j)H(\boldsymbol{X}\mid S=j)\\&=\frac{3}{11}\log 3+\frac{4}{11}\log 2^{\frac{3}{2}}+\frac{4}{11}\log 2^{\frac{3}{2}}\\&=\frac{16.755}{11}\ (\text{bit/ 字母}).\end{aligned}$$

(1) 若将此信源看做是无记忆的，只对平稳时的字母按其概率进行变长 Huffman 编码，则可得

$$a\to 10,\quad b\to 11,\quad c\to 0.$$

平均码字长度为 $\bar{l}=\frac{18}{11}$.

(2) 若按马尔可夫信源进行变长编码，则在不同状态时可得其码字与平均长度如下：

状态 1：$a\to 1,\ b\to 00,\ c\to 01,\ \overline{l_1}=\frac{5}{3}$；

状态 2：$a\to 10,\ b\to 0,\ c\to 11,\ \overline{l_2}=\frac{3}{2}$；

状态 3：$a\to 10,\ b\to 11,\ c\to 0,\ \overline{l_3}=\frac{3}{2}$.

于是总的平均码长为

$$\bar{l}=\frac{17}{11}.$$

这表明在考虑了马尔可夫信源的状态条件后，变长码的压缩效果得到改善，且已相当接近于理想的极限.

对于离散马尔可夫信源进行算术编码的第一个成功的例子是由 G. G. Langdom 和 J. Rissanan 于 1981 年给出的，主要用于压缩传真图像. 通过对传真的标准测试图像进行压缩测试，表明其效果比当时最好的算法提高

了 20%～30%.

习　题

4.1　设 $X_1, X_2, \cdots$ 为取自分布为 $\begin{pmatrix} a_1 & a_2 & \cdots & a_K \\ p_1 & p_2 & \cdots & p_K \end{pmatrix}$ 的独立同分布离散随机序列. 试求：$\lim\limits_{N\to\infty}(p(x_1x_2\cdots x_N))^{1/N}$.

4.2　设 $X_1, X_2, \cdots$ 为取自分布为 $\begin{pmatrix} 0 & 1 \\ 0.25 & 0.75 \end{pmatrix}$ 的独立同分布离散随机序列. 试求下列两种情况下序列取典型序列的概率：

(1)　定理 4.2.1 中 $\varepsilon = 0.05$, $N = 10$;

(2)　定理 4.2.1 中 $\varepsilon = 0.10$, $N = 100$.

4.3　设随机变量以等概率取 M 种可能的值.

(1)　试给出此信源的最优二元即时码.

(2)　M 取何值时，平均码字长 $L = \log M$?

4.4　设离散无记忆信源为

$$X = \begin{pmatrix} a_1 & a_2 & a_3 & a_4 & a_5 & a_6 & a_7 & a_8 & a_9 & a_{10} \\ 0.16 & 0.14 & 0.13 & 0.12 & 0.10 & 0.09 & 0.08 & 0.07 & 0.06 & 0.05 \end{pmatrix}.$$

(a) 求二元 Huffman 码，计算 $\overline{n}$.

(b) 求三元 Huffman 码，计算 $\overline{n}$.

4.5　一个码满足**后缀条件**是指没有一个码字是任何其他码字的后缀. 试证明：满足后缀条件的码是唯一可译的；并证明所有满足后缀条件的码中最短平均码长与 Huffman 的平均码长相同.

4.6　一信源有 $K = x \cdot 2^j$ (j 为整数，$1 \leqslant x < 2$) 个等概率可取的字母. 用二元码字母对此信源进行 Huffman 编码，试求此码的平均码字长度(用 x, j 来表示).

4.7　一离散无记忆信源

$$X = \begin{pmatrix} a_1 & a_2 & a_3 & a_4 & a_5 & a_6 & a_7 & a_8 \\ \frac{1}{4} & \frac{1}{4} & \frac{1}{8} & \frac{1}{8} & \frac{1}{16} & \frac{1}{16} & \frac{1}{16} & \frac{1}{16} \end{pmatrix}.$$

试用 S-F-E 方法进行编码，并求出其平均码长 $\overline{n}$，并证明：

$$H(X) \leqslant \overline{n} \leqslant H(X) + 1.$$

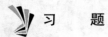

4.8 离散无记忆信源 X 的 N 次扩展信源为 X^N，用 Huffman 对 X^N 进行编码，且编码符号集为 $\{x_1, x_2, \cdots, x_r\}$，编码后所得的码符号可作为一个新的信源

$$Y=\begin{pmatrix} x_1 & x_2 & \cdots & x_r \\ p_1 & p_2 & \cdots & p_r \end{pmatrix}.$$

试证明：当 $N \to \infty$ 时，有 $p_i \to \dfrac{1}{r}$（等概率分布）.

4.9 有一个二元马尔可夫信源，其状态转移概率如图所示. 括号内的数表示转移时发出的符号. 求各状态的平稳概率和信源的符号熵，并求出信源的有效编码和平均码长.

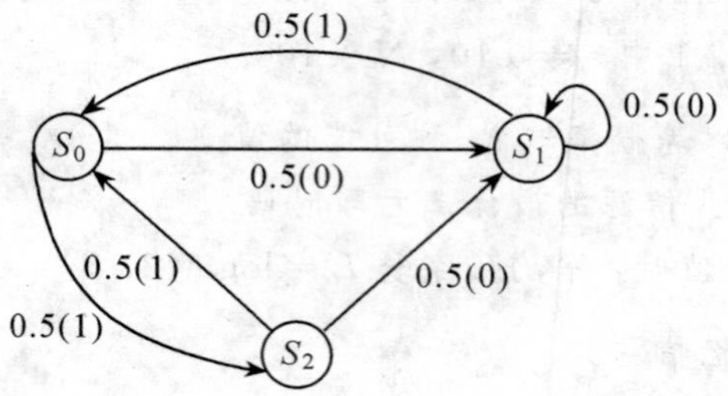

习题 4.9 图 状态转移图

4.10 设有一个二阶马尔可夫信源 X，其信源符号集为 $\{0,1\}$，条件概率分别为

$$\begin{aligned} p(0|00) &= p(1|11) = 0.8, \\ p(1|00) &= p(0|11) = 0.2, \\ p(0|01) &= p(0|10) = p(1|01) \\ &= p(1|10) = 0.5. \end{aligned}$$

试计算此信源的熵率.

4.11 设有一阶马尔可夫信源，其输出序列 $(\cdots, u_{-2}, u_{-1}, u_0, u_1, u_2, \cdots)$ 经过冗余度压缩后为 $(\cdots, v_{-2}, v_{-1}, v_0, v_1, v_2, \cdots)$. 试给出最佳压缩方法，并给出压缩前后序列的统计特征.

4.12 设有一马尔可夫信源，其状态图如图所示.

(1) 求平稳状态下各状态概率 $q(i)$，以及各字母 a_i 出现的概率，$i=1,2,3$.

(2) 求 $H(X|s_i)$，$i=1,2,3$.

(3)　求 $H_\infty(X)$.

(4)　对各状态 s_i 求最佳二元码.

(5)　计算平均码长.

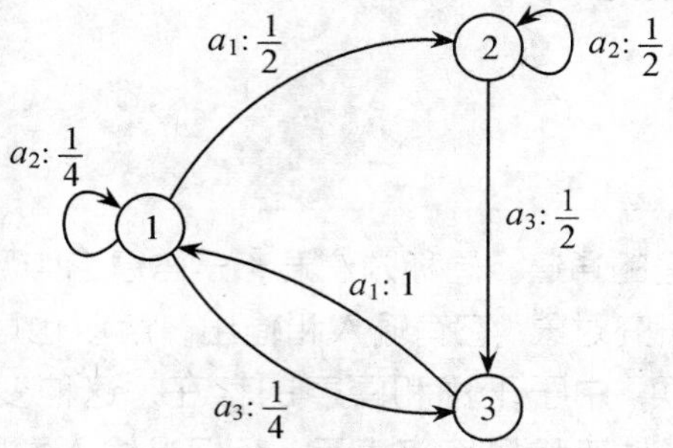

习题 4.12 图　状态图

4.13　黑白气象传真图的消息只有黑色和白色两种，即信源 $X=\{黑,白\}$. 设出现黑色的概率为 $P(黑)=0.3$，出现白色的概率为 $P(白)=0.7$.

(1)　假设图上黑白消息出现前后没有关联，求 $H(X)$.

(2)　假设消息前后有关联，其依赖关系为 $P(白\mid白)=0.9$，$P(黑\mid白)=0.1$，$P(白\mid黑)=0.2$，$P(黑\mid黑)=0.8$，求此一阶马尔可夫信源的熵 H_2.

(3)　分别求上述两种信源的冗余度，并比较 $H(X)$ 与 H_2 的大小，说明其物理意义.

第 5 章　离散无记忆信道的编码理论

信息传输的通道，简称为信道，是信息论中与信源并列的另一个重要研究对象. 它有输入和输出，所以也可以把信道看成是一种变换. 由于干扰和噪声的存在，这种变换具有随机性，可以用条件转移概率来表示. 我们设输入为随机变量 X，其取值范围为 A；输出为随机变量 Y，其取值范围为 B；转移概率用$\{q(y|x)\}$表示. 这样，一般情况下，信道可以由图 5.1 表示.

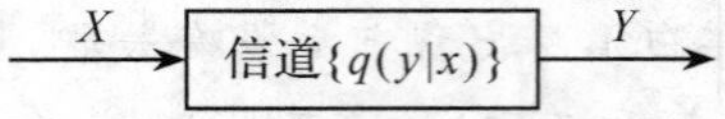

图 5.1　信道模型

5.1　信 道 容 量

本章只限于讨论离散信道. 离散信道的输入和输出在时间上是离散的，在取值上也仅取有限个值，即

$$A=\{0,1,2,\cdots,K-1\},\quad B=\{0,1,2,\cdots,J-1\}.$$

当信道输入字母序列为

$$\boldsymbol{x}_n=(x_1,x_2,\cdots,x_n),$$

输出字母序列为

$$\boldsymbol{y}_n=(y_1,y_2,\cdots,y_n)$$

时，有如下定义：

定义 5.1.1　若离散信道对任何 N，有

$$q_N(\boldsymbol{y}_N|\boldsymbol{x}_N)=\prod_{i=1}^{N}q(y_i|x_i),\tag{5.1.1}$$

则称该信道为**离散无记忆信道**(DMC)，并用$\{A;q(y_n|x_n);B\}$表示. 如果

对任意的 m 和 n，有

$$q(y_n=j|x_n=k)=q(y_m=j|x_m=k), \tag{5.1.2}$$

则称该信道为**平稳的**，此时信道可用$\{A;q(y|x);B\}$来表示.

通信的信道模型可用图 5.2 表示.

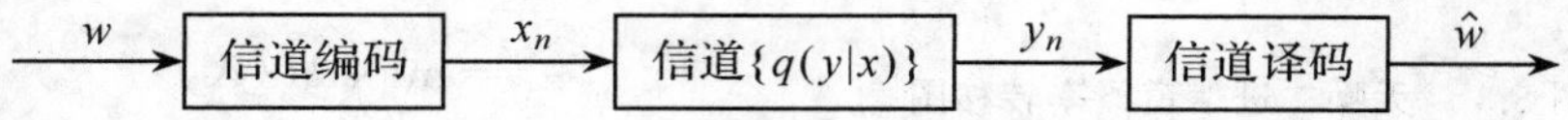

图 5.2 信道编、译码与信道模型

5.1.1 信道容量的定义和例子

一个离散无记忆信道，当输入概率分布为$\{p_k=P(x=k)\}$时，第 j 个输出字母出现的概率为

$$w_j=\sum_{k=0}^{K-1}p_k q(j|k). \tag{5.1.3}$$

输入和输出之间的平均互信息为

$$\begin{aligned}I(X;Y)&=\sum_{k=0}^{K-1}\sum_{j=0}^{J-1}p_k q(j|k)\log\frac{p(j|k)}{w_j}\\&=H(X)-H(X|Y)\\&=H(Y)-H(Y|X).\end{aligned}$$

显然，对于不同的输入分布$\{p_k\}$，$I(X;Y)$是不一样的，因此定义信道容量如下：

定义 5.1.2 **离散无记忆信道容量**定义为

$$C=\max_{\{p_k\}}I(X;Y). \tag{5.1.4}$$

此定义也可推广到有记忆的情形. 即若当信道输入端输入的序列为 $x_1\cdots x_N$ 时，其信道输出端的输出段为 $y_1\cdots y_N$，则信道输入与信道输出之间的互信息为 $I(X_1\cdots X_N;Y_1\cdots Y_N)$. 这一互信息量是从信道输出端得到的关于输入端输入序列的信息量，因此也就是我们通过信道可以传输的信息量. 此时定义信道容量为

$$C=\lim_{N\to\infty}\frac{1}{N}\max_{p(x)}I(X_1\cdots X_N;Y_1\cdots Y_N). \tag{5.1.5}$$

易见，(5.1.4)为(5.1.5)的特殊情况.

从定义可以看出，信道容量表示通过信道可以传输的最大信息量，这一最大值是在输入序列的全部可能的概率分布下取得的.

例 5.1.1 图 5.3 为无噪二进信道.

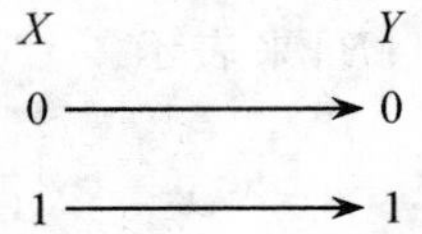

图 5.3 无噪二进信道概率转移图

由于是无噪的，从而接收列 Y 可以完全确定 X，故 $H(X|Y)=0$，从而 $I(X;Y)=I(X)$，所以

$$\begin{aligned}C&=\max_{\{p_k\}} I(X;Y)\\&=\max_{\{p_k\}} H(X)\\&=1 \text{ bit}.\end{aligned}$$

例 5.1.2 英文 26 个字母中每一个以 0.5 概率复制自己，以 0.5 概率变成下一个字母，如图 5.4 所示. 因为

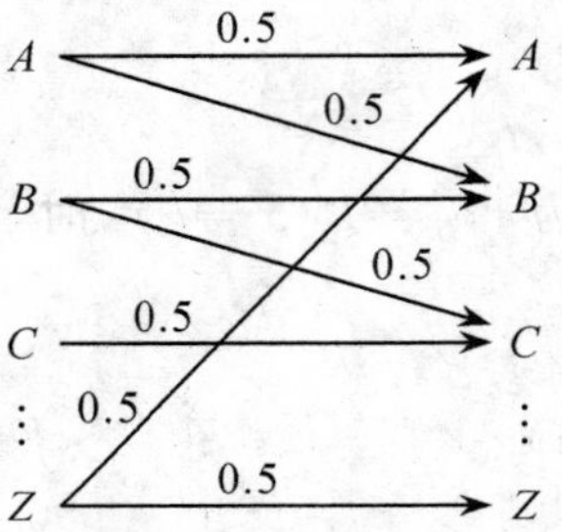

图 5.4 复制信道的概率转移图

$$\begin{aligned}I(X;Y)&=H(Y)-H(Y|X)\\&=H(Y)-1,\end{aligned}$$

故

$$\begin{aligned}C&=\max_{\{p_k\}} I(X;Y)=\max_{\{p_k\}} H(Y)-1\\&\leqslant \log 26-1=\log 13.\end{aligned}$$

由于当 $p_k=\dfrac{1}{26}$时,可使输出 Y 为等概率分布,从而上面不等式中等号成立，所以复制信道容量 $C=\log 13$.

例 5.1.3 二元对称信道如图 5.5 所示.

$$\begin{aligned}I(X;Y)&=H(Y)-H(Y|X)\\&=H(Y)-\sum_x p(x)H(Y|X=x)\\&=H(Y)-\sum_x p(x)H(p)\\&=H(Y)-H(p)\\&\leqslant 1-H(p),\end{aligned}$$

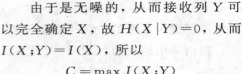

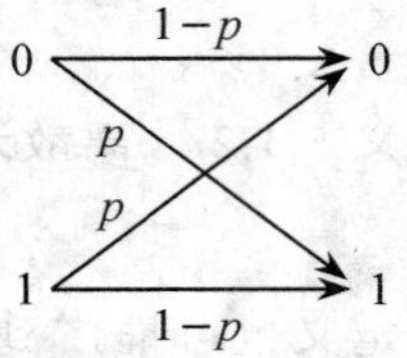

图 5.5 二元对称信道转移概率图

其中

$$H(p)=-p\log p-(1-p)\log(1-p)$$

为熵函数. 由于当输入取等概率分布时，输出 Y 也为等概率分布，所以上式等号成立是可能的，因而二元对称信道的容量为 $C=1-H(p)$.

例 5.1.4 二元删除信道如图 5.6 所示.

$$\begin{aligned}C&=\max_{\{p_k\}} I(X;Y)=\max_{\{p_k\}}\{H(Y)-H(Y|X)\}\\&=\max_{\{p_k\}} H(Y)-H(p).\end{aligned}$$

由于 $p_0+p_1=1$（p_0 表示 $X=0$ 的概率，p_1 表示 $X=1$ 的概率），故

$$P(Y=0)=p_0(1-p),$$
$$P(Y=\varepsilon)=p_0p+(1-p_0)p=p,$$
$$P(Y=1)=(1-p_0)(1-p).$$

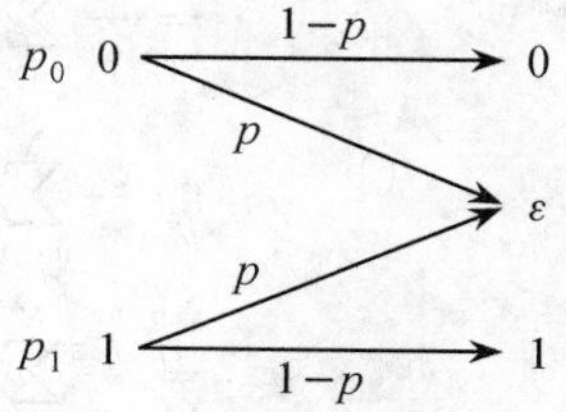

图 5.6 二元删除信道的概率转移图

故

$$H(Y)=H(p_0(1-p),p,(1-p_0)(1-p))$$
$$=H(p)+(1-p)H(p_0).$$

于是

$$C=\max_{\{p_k\}}H(Y)-H(p)=(1-p)\max_{\{p_k\}}H(p_0)$$
$$=1-p,$$

当是等概率输入分布时，达到容量值.

5.1.2 离散无记忆信道容量的有关性质

对于离散信道来讲，其信道容量的定义由式(5.1.5)给出，对于离散无记忆信道，无论信源是否平稳，我们都有如下定理：

定理 5.1.1 设信道的输入、输出分别为 $\boldsymbol{x}=x_1\cdots x_N$ 和 $\boldsymbol{y}=y_1\cdots y_N$，$p(\boldsymbol{x})$ 为输入字母的 N 维概率分布，则对离散无记忆信道，有

$$I(X_1\cdots X_N;Y_1\cdots Y_N)\leqslant\sum_{n=1}^{N}I(X_n;Y_n). \tag{5.1.6}$$

证 对于离散无记忆信道，有

$$q(\boldsymbol{y}|\boldsymbol{x})=q(y_1\cdots y_N|x_1\cdots x_N)=\prod_{n=1}^{N}q(y_n|x_n). \tag{5.1.7}$$

而 $I(X_1\cdots X_N;Y_1\cdots Y_N)=I(\boldsymbol{X};\boldsymbol{Y})=H(\boldsymbol{Y})-H(\boldsymbol{Y}|\boldsymbol{X})$，又

$$H(\boldsymbol{Y})=H(Y_1\cdots Y_N)$$
$$=H(Y_1)+H(Y_2|Y_1)+H(Y_3|Y_1Y_2)$$
$$+\cdots+H(Y_N|Y_1\cdots Y_{N-1})$$
$$\leqslant\sum_{n=1}^{N}H(Y_n),$$
$$H(\boldsymbol{Y}|\boldsymbol{X})=\sum_{\boldsymbol{x}}p(\boldsymbol{x})H(\boldsymbol{Y}|\boldsymbol{x})$$
$$=\sum_{\boldsymbol{x}}p(\boldsymbol{x})\sum_{\boldsymbol{y}}q(\boldsymbol{y}|\boldsymbol{x})\log\frac{1}{q(\boldsymbol{y}|\boldsymbol{x})}$$

$$= -\sum_{\boldsymbol{x},\boldsymbol{y}} p(\boldsymbol{x},\boldsymbol{y})\log\Big(\prod_{n=1}^{N} q(y_n \mid x_n)\Big)$$

$$= -\sum_{n=1}^{N}\sum_{\boldsymbol{x},\boldsymbol{y}} p(\boldsymbol{x},\boldsymbol{y})\log q(y_n \mid x_n)$$

$$= -\sum_{n=1}^{N}\sum_{x_n,y_n} p(x_n,y_n)\log q(y_n \mid x_n)$$

$$= \sum_{n=1}^{N} H(Y_n \mid X_n),$$

因此，对于离散无记忆信道，有

$$I(\boldsymbol{X};\boldsymbol{Y}) \leqslant \sum_{n=1}^{N} I(X_n;Y_n).$$

又当且仅当信源是离散无记忆时，有

$$p(\boldsymbol{x}) = \prod_{i=1}^{N} p(x_i),$$

从而此时

$$p(\boldsymbol{y}) = \sum_{\boldsymbol{x}} p(\boldsymbol{x})q(\boldsymbol{y} \mid \boldsymbol{x})$$

$$= \sum_{\boldsymbol{x}}\prod_{n=1}^{N} p(x_n)\prod_{n=1}^{N} q(y_n \mid x_n)$$

$$= \sum_{\boldsymbol{x}}\prod_{n=1}^{N} p(x_n)q(y_n \mid x_n)$$

$$= \prod_{n=1}^{N} p(y_n),$$

且 $H(\boldsymbol{Y}) = \sum_{n=1}^{N} H(Y_n)$，从而有

$$I(\boldsymbol{X};\boldsymbol{Y}) = \sum_{n=1}^{N} I(X_n;Y_n). \qquad \blacksquare$$

注意，当信源平稳时，有 $I(X_n;Y_n) = I(\boldsymbol{X};\boldsymbol{Y})$，故此时由(5.1.5)可推出(5.1.4)式. 而(5.1.4)式说明对于离散无记忆信道，其互信息 $I(\boldsymbol{X};\boldsymbol{Y})$ 是信源概率分布 $\boldsymbol{P}$ 及概率转移矩阵 $\boldsymbol{Q}$（其中 $\boldsymbol{P} = (p_0, p_1, \cdots, p_{K-1})$ 和 $\boldsymbol{Q} = (q(y_j \mid x_i))_{K\times J}$）的函数，即互信息 $I(\boldsymbol{X};\boldsymbol{Y})$ 可写成 $I(\boldsymbol{P},\boldsymbol{Q})$. 由第3章的知识，可知 $I(\boldsymbol{P},\boldsymbol{Q})$ 为 $\boldsymbol{P}$ 的上凸函数，为 $\boldsymbol{Q}$ 的凸函数，故 $I(\boldsymbol{P},\boldsymbol{Q})$ 相对于 $\boldsymbol{P}$ 必有唯一一个极大值存在，而该极大值就是最大值. 这个最大值也就是信道容量 C.

凸函数 $f(\boldsymbol{\alpha})$（$\boldsymbol{\alpha}$ 为一个 K 维向量）存在最大值的充要条件是由 Kuhn-Tucker 在 1951 年给出的，称为 K-T 条件. 为证明有关定理，我们先给出下面的 Kuhn-Tucker 定理（注意：此处极大值的取值范围是概率矢量空间）.

定理（Kuhn-Tucker） 令 $f(\boldsymbol{\alpha})$ 是定义在 $\mathbf{R}^K$ 上的凹函数，其中 $\boldsymbol{\alpha}=(\alpha_1,\alpha_2,\cdots,\alpha_K)$ 是概率矢量. 假定对每个 $k=1,2,\cdots,K$，$\dfrac{\partial f(\boldsymbol{\alpha})}{\partial\alpha_k}$ 均存在，且在 $\mathbf{R}^K$ 上连续，则 $f(\boldsymbol{\alpha})$ 在 $\mathbf{R}^K$ 上取极大值的充要条件是

$$\begin{cases}\dfrac{\partial f(\boldsymbol{\alpha})}{\partial\alpha_k}=\lambda, & \forall\alpha_k>0,\\[2ex] \dfrac{\partial f(\boldsymbol{\alpha})}{\partial\alpha_k}\leqslant\lambda, & \forall\alpha_k=0.\end{cases}$$

证 充分性. 设 f 在点 $\boldsymbol{\alpha}$ 处满足上式，下面证明 $f(\boldsymbol{\alpha})$ 为极大值，即对任意的概率矢量 $\boldsymbol{\beta}\in\mathbf{R}^K$，恒有 $f(\boldsymbol{\beta})-f(\boldsymbol{\alpha})\leqslant 0$. 由于 f 是凹函数，所以对任意的 θ：$0<\theta<1$，有

$$\theta f(\boldsymbol{\beta})+(1-\theta)f(\boldsymbol{\alpha})\leqslant f(\theta\boldsymbol{\beta}+(1-\theta)\boldsymbol{\alpha}),$$

即

$$f(\boldsymbol{\beta})-f(\boldsymbol{\alpha})\leqslant\frac{f(\theta\boldsymbol{\beta}+(1-\theta)\boldsymbol{\alpha})-f(\boldsymbol{\alpha})}{\theta}.$$

令 $\theta\to 0$，得到

$$f(\boldsymbol{\beta})-f(\boldsymbol{\alpha})\leqslant\left.\frac{\mathrm{d}f(\theta\boldsymbol{\beta}+(1-\theta)\boldsymbol{\alpha})}{\mathrm{d}\theta}\right|_{\theta=0},$$

即

$$f(\boldsymbol{\beta})-f(\boldsymbol{\alpha})\leqslant\sum_k\frac{\partial f(\boldsymbol{\alpha})}{\partial\alpha_k}(\beta_k-\alpha_k).$$

由条件知，当 $\alpha_k>0$ 时，$\dfrac{\partial f(\boldsymbol{\alpha})}{\partial\alpha_k}=\lambda$，而 $\alpha_k=0$ 时，$\beta_k\geqslant 0$，所以 $\beta_k-\alpha_k\geqslant 0$，从而有

$$\frac{\partial f(\boldsymbol{\alpha})}{\partial\alpha_k}(\beta_k-\alpha_k)\leqslant\lambda(\beta_k-\alpha_k),\quad\forall k=1,2,\cdots,K.$$

所以 $f(\boldsymbol{\beta})-f(\boldsymbol{\alpha})\leqslant\lambda\sum\limits_{k=1}^{K}(\beta_k-\alpha_k)=0.$

必要性. 令 $\boldsymbol{\alpha}\in\mathbf{R}^K$ 使 f 达到极大，且偏导数在 $\boldsymbol{\alpha}$ 处连续，则对任何 $\boldsymbol{\beta}\in\mathbf{R}^K$，有

$$f(\theta\boldsymbol{\beta}+(1-\theta)\boldsymbol{\alpha})-f(\boldsymbol{\alpha})\leqslant 0.$$

上式两边除以 θ，再令 $\theta\to 0$，得到

$$\left.\frac{\mathrm{d}f(\theta\boldsymbol{\beta}+(1-\theta)\boldsymbol{\alpha})}{\mathrm{d}\theta}\right|_{\theta=0}\leqslant 0,$$

即

$$\sum_{k=1}^{K}\frac{\partial f(\boldsymbol{\alpha})}{\partial\alpha_k}(\beta_k-\alpha_k)\leqslant 0. \qquad (*)$$

由于 $\boldsymbol{\alpha}$ 是概率矢量，所以至少有一个分量，不妨设为 α_1，是严格正的. 令

$$\boldsymbol{I}_k=(0,0,\cdots,0,\underset{\uparrow\atop \text{第}k\text{位}}{1},0,\cdots,0),\quad k=1,2,\cdots,K.$$

取 $\boldsymbol{\beta}=\boldsymbol{\alpha}+\varepsilon\boldsymbol{I}_k-\varepsilon\boldsymbol{I}_1$，$0\leqslant\varepsilon\leqslant\alpha_1$，即

$$\beta_i=\begin{cases}\alpha_1-\varepsilon, & \text{当 } i=1,\\ \alpha_k+\varepsilon, & \text{当 } i=k \text{ 且 } i\neq 1,\\ \alpha_i, & \text{其他},\end{cases}$$

代入$(*)$式，可得

$$\varepsilon\frac{\partial f(\boldsymbol{\alpha})}{\partial\alpha_k}\leqslant\varepsilon\frac{\partial f(\boldsymbol{\alpha})}{\partial\alpha_1}.$$

如果 $\alpha_k>0$，我们还可取 $\varepsilon<0$，同样可得

$$\frac{\partial f(\boldsymbol{\alpha})}{\partial\alpha_k}\geqslant\frac{\partial f(\boldsymbol{\alpha})}{\partial\alpha_1}.$$

所以对于 $\alpha_k>0$，有

$$\frac{\partial f(\boldsymbol{\alpha})}{\partial\alpha_k}=\frac{\partial f(\boldsymbol{\alpha})}{\partial\alpha_1}=\lambda.$$

对于 $\alpha_k=0$，只取 $\varepsilon>0$，所以

$$\frac{\partial f(\boldsymbol{\alpha})}{\partial\alpha_k}\leqslant\frac{\partial f(\boldsymbol{\alpha})}{\partial\alpha_1}=\lambda.$$ ∎

下面的定理给出达到信道容量的充要条件.

定理 5.1.2 对前向转移概率矩阵为 $\boldsymbol{Q}$ 的离散无记忆信道，其输入概率分布为 $\boldsymbol{P}^*=(p_0^*,p_1^*,\cdots,p_K^*)$，能使互信息 $I(\boldsymbol{P},\boldsymbol{Q})$ 取到最大值 C 的充要条件是

$$I(X=k;Y)=C,\quad\forall k,\ p_k^*>0, \tag{5.1.8}$$

$$I(X=k;Y)\leqslant C,\quad\forall k,\ p_k^*=0, \tag{5.1.9}$$

其中 $I(X=k;Y)$ 为当输入是 $X=k$ 时，信道输出一个字母的平均互信息，即

$$I(X=k;Y)=\sum_{j=0}^{J-1}q(j\,|\,k)\log\frac{q(j\,|\,k)}{P(Y=j)}$$

$$= \sum_{j=0}^{J-1} q(j|k) \log \frac{q(j|k)}{\sum_{i=0}^{K-1} p_i^* q(j|i)}. \tag{5.1.10}$$

证 由于 $I(X;Y)$为输入分布的上凸函数，C 为 $I(X;Y)$的极大值，则由 K-T 条件可知 $\boldsymbol{P}^* = (p_i^*)$为达到信道容量 C 的最佳分布的充要条件是存在常数λ，使得

$$\frac{\partial I(X;Y)}{\partial p_k} = \lambda, \quad 当\ p_k^* > 0, \tag{5.1.11}$$

$$\frac{\partial I(X;Y)}{\partial p_k} \leqslant \lambda, \quad 当\ p_k^* = 0, \tag{5.1.12}$$

其中 λ 为 Lagrange 乘子，由条件 $\sum_{k=0}^{K-1} p_k^* = 1$ 确定.

由于

$$I(X;Y) = \sum_{k=0}^{K-1} \sum_{j=0}^{J-1} p(a_k) q(b_j|a_k) \log \frac{q(b_j|a_k)}{\sum_k p(a_k) q(b_j|a_k)},$$

$$\frac{\partial I(X;Y)}{\partial p_k} = \sum_{j=0}^{J-1} \left(q(j|k) \log \frac{q(j|k)}{\sum_{i=0}^{K-1} p_i q(j|i)} - \sum_{k'=0}^{K-1} p_{k'} q(j|k') \frac{q(j|k)}{\sum_{i=0}^{K-1} p_i q(j|i)} \right)$$

$$= I(X=k;Y) - 1, \tag{5.1.13}$$

从而(5.1.11)和(5.1.12)可变成

$$I(X=k;Y) = \lambda + 1, \quad 当\ p_k^* > 0, \tag{5.1.14}$$

$$I(X=k;Y) \leqslant \lambda + 1, \quad 当\ p_k^* = 0. \tag{5.1.15}$$

令 $C = \lambda + 1$，就得到(5.1.8)和(5.1.9). 此时通过信道传输的平均互信息为

$$I(X;Y) = \sum_{k=0}^{K} p_k^* I(X=k;Y) = C. \tag{5.1.16}$$

∎

对定理 5.1.2 有一个很简单的直观理解. 通过信道传输的互信息 $I(X;Y)$是 $I(X=k;Y)$的平均值，所以，若某一个 k 可传送的互信息 $I(X=k;Y)$比其他符号可传送的互信息大，我们就可以用提高 p_k 的办法来使总的互信息增加. 但当我们增加 p_k 时，$I(X=k;Y)$必然减小，这是因为

$$I(X=k;Y)=\sum_{j=0}^{J-1}q(j|k)\log\frac{q(j|k)}{\sum\limits_{i=1}^{K-1}p_i q(j|i)}$$

$$=\sum_{j=0}^{J-1}q(j|k)\log\frac{q(j|k)}{w_j},$$

当 p_k 增加时，$q(j|k)$就更加接近 $P(Y=j)$. 因此用这样的方法反复调整输入符号的概率分布，最终必使所有字母的 $I(X=k;Y)$相等，这时调整也随之结束，互信息 $I(X;Y)$达到最大. 对前向转移概率所取的某种特殊分布，某些输入字母条件下输出字母的条件熵可能非常接近于输出字母的无条件熵，致使 $I(X=k;Y)$小于 C，说明这些可用的输入字母是不值得使用的，故这些字母的$p_k=0$.

5.1.3 某些简单情况下信道容量的计算

定理 5.1.2 没有给出互信息达到信道容量时输入字母的概率分布，也没有给出信道容量的解，但是它可以帮助我们求解简单情况下部分信道的信道容量.

一般的离散无记忆信道，其信道转移概率是用 $K\times J$ 矩阵表示的，即

$$\boldsymbol{Q}=(q(j|k))=\begin{pmatrix} q(0|0) & q(1|0) & \cdots & q(J-1|0)\\ q(0|1) & q(1|1) & \cdots & q(J-1|1)\\ \vdots & \vdots & & \vdots\\ q(0|K-1) & q(1|K-1) & \cdots & q(J-1|K-1)\end{pmatrix}. \tag{5.1.17}$$

矩阵 $\boldsymbol{Q}$ 的每一行是一个概率向量. 若 $\boldsymbol{Q}$ 中的每一行都是第一行的一个置换，则称该信道关于输入是对称的. 这时，对任意的 k，有

$$H(Y|X)=H(Y|X=k)=-\sum_{j=0}^{J-1}q(j|k)\log q(j|k). \tag{5.1.18}$$

若 $\boldsymbol{Q}$ 中每一列均为第一列的一个置换，则称该信道关于输出是对称的. 这时，对任意的 j，有

$$\sum_{k=0}^{K-1}q(j|k)=\frac{K}{J}. \tag{5.1.19}$$

如果某一个信道既为输入对称的，又为输出对称的，则称该信道为**对称信道**.

如果可把信道输出字符集合 B 分割成几个子集 $B_1,B_2,\cdots,B_s$；每个子集 B_t 所对应的信道转移概率矩阵中列组成的子阵为对称的(此处意指每一行为第一行的置换，每一列为第一列的置换，则称该信道为**准对称的**.

例 5.1.5 如图 5.7 所示信道，

$$Q=\begin{pmatrix}0.8 & 0.1 & 0.1\\ 0.1 & 0.1 & 0.8\end{pmatrix}.$$

它是一个关于输入对称的信道，但非一个关于输出对称的信道. 可将 $B=\{0,1,2\}$ 分成 $B_1=\{0,2\}$ 和 $B_2=\{1\}$，相应的概率矩阵就是满足准对称条件的矩阵，从而该信道为准对称信道.

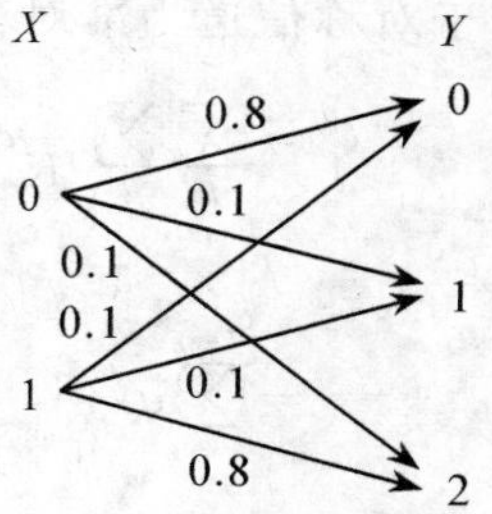

图 5.7 信道转移概率

对于准对称离散无记忆信道，有如下容量定理.

定理 5.1.3 对于准对称离散无记忆信道，当输入字母等概率时，互信息达到信道容量.

证 由于考虑的是准对称信道，我们假设此时输出字符集 B 被分划成 $B_1,B_2,\cdots,B_T$ 个子集. 当输入为等概率分布，即

$$p_0=p_1=\cdots=p_{K-1}=\frac{1}{K}$$

时，有

$$\begin{aligned}I(X=k;Y)&=\sum_{j=0}^{J-1}q(j|k)\log\frac{q(j|k)}{\dfrac{1}{K}\sum\limits_{i=0}^{K-1}q(j|i)}\\&=\sum_{j=0}^{J-1}q(j|k)\log\frac{q(j|k)}{w_j}\\&=\sum_t\sum_{j\in B_t}q(j|k)\log\frac{q(j|k)}{\dfrac{1}{K}\sum\limits_i q(j|i)}\\&=\sum_t\sum_{j\in B_t}q(j|k)\log\frac{q(j|k)}{w_j}.\end{aligned}$$

由于 B_t 对应的子阵每列为第一列的置换，每行为第一行的置换，故对每个 $j\in B_t$，$\frac{1}{K}\sum_i q(j|i)$ 相等；而同一子阵中各行又为第一行的置换，从而对任意的 k，有

$$\sum_{j\in B_t}q(j|k)\log\frac{q(j|k)}{\dfrac{1}{K}\sum\limits_i q(j|i)}$$

为同一个常数. 故对于任意的 k，$I(X=k;Y)$ 相同，由定理 5.1.2，此时达到 C. ∎

由于对称信道为准对称信道的特殊情况，这时，有

$$C=\sum_k\sum_j\frac{1}{K}q(j|k)\log\frac{q(j|k)}{\frac{1}{K}\sum_{i=0}^{K-1}p(j|i)}$$

$$=\sum_{j=0}^{J-1}q(j|k)\log q(j|k)-\frac{1}{K}\sum_{k=0}^{K-1}\sum_{j=0}^{J-1}q(j|k)\log\frac{1}{J}$$

$$=\log J+\sum_{j=0}^{J-1}q(j|k)\log q(j|k). \tag{5.1.20}$$

而在一般情况下，当信道仅仅关于输入是对称的时候，不一定存在一个分布能使输出分布为均匀分布，故

$$I(X;Y)=H(Y)-H(Y|X)$$

$$\leqslant\log J+\sum_{j=0}^{J-1}q(j|k)\log q(j|k).$$

仅当信道也是输出对称的时，上式等号才能成立.

例 5.1.6 K 元对称信道如图 5.8 所示，

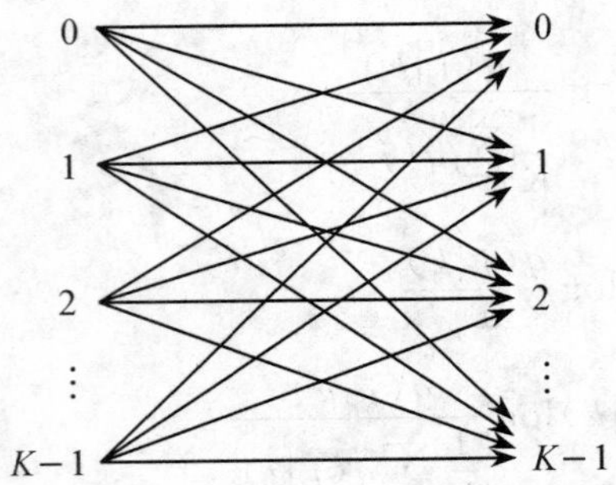

图 5.8 K 元对称信道转移概率

$$q(j|k)=\begin{cases}1-p, & 当\ k=j,\\ \dfrac{p}{K-1}, & 当\ k\neq j,\end{cases}$$

显然，信道为对称的，故

$$C=\log K+\sum_{j=0}^{J-1}q(j|k)\log q(j|k)$$

$$=\log K+(1-p)\log(1-p)$$

$$+p\log\frac{p}{K-1}$$

$$=\log K-H(p)-p\log(K-1).$$

例 5.1.7 删除信道如图 5.9 所示.

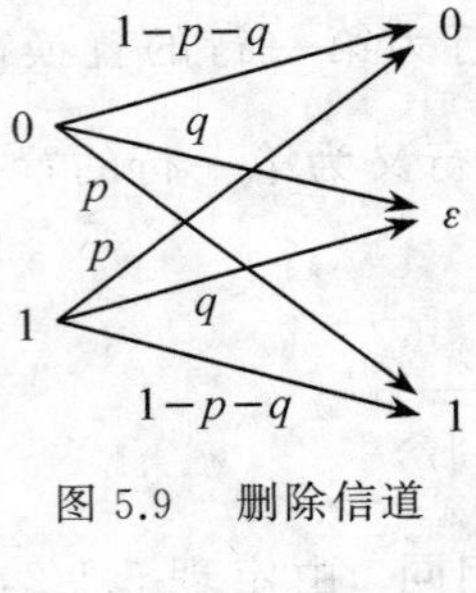

图 5.9 删除信道

$$\boldsymbol{Q}=\begin{pmatrix}1-p-q & q & p\\ p & q & 1-p-q\end{pmatrix}.$$

这是一个准对称信道，其中

$$B_1=\{0,1\},\quad B_2=\{\varepsilon\},$$

故当输入为等概率分布，即 $p_0=p_1=0.5$ 时，有

$$C=I(X=0;Y)=I(X=1;Y)$$

$$=(1-p-q)\log\frac{1-p-q}{(1-q)/2}+q\log\frac{q}{q}+p\log\frac{p}{(1-q)/2}$$

$$=(1-p-q)\log(1-p-q)+p\log p-(1-q)\log\frac{(1-q)}{2}.$$

例 5.1.8 如图 5.10 所示信道，

$$Y=(X+Z)\bmod K,$$

X,Z 相互独立，其中 X,Y,Z 均取值于 $A=\{0,1,2,\cdots,K-1\}$，$p(z)$ 为任意分布. 由对称性可知此信道为对称信道.

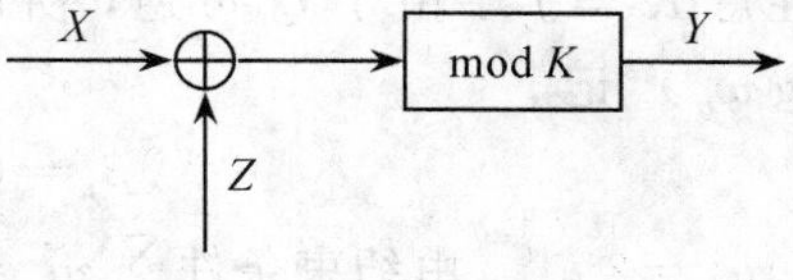

图 5.10 mod K 加法信道

$$H(Y|X)=-\sum_x\sum_y p(x)q(y|x)\log q(y|x)$$

$$=-\sum_x\sum_y p(x)p(z)\log p(z)$$

$$=\sum_x p(x)H(Z)=H(Z).$$

故 $C=\log K-H(Z)$. 在输入分布为均匀分布时，输出 Y 也是均匀分布，这时输入输出之间的互信息达到信道容量.

5.1.4 转移概率可逆时信道容量的计算

在一般的信道中，我们考虑输入和输出字母总数相等且前向转移概率矩阵 $\boldsymbol{Q}$ 为非奇异矩阵的情况. 对于这样的信道，如果达到信道容量则输入分布满足

$$p_k=P(X=k)\neq 0,\quad k=0,1,2,\cdots,K-1.$$

由定理 5.1.2 可知，当 $p_k>0$ 时，有

$$I(X=k;Y)=C.$$

若记

$$w_j=\sum_{k=0}^{K-1}p_k q(j|k)=P(Y=j),\quad j=0,1,\cdots,J-1,\tag{5.1.21}$$

则

$$I(X=k;Y)=\sum_j q(j|k)\log\frac{q(j|k)}{w_j}=C.\tag{5.1.22}$$

故

$$\sum_j q(j|k)\log q(j|k)-\sum_j q(j|k)\log w_j=C,$$

$$k=0,1,\cdots,K-1,\tag{5.1.23}$$

即

$$\sum_{j=0}^{K-1} q(j|k)(C+\log w_j)=\sum_{j=0}^{K-1} q(j|k)\log q(j|k),$$

$$k=0,1,\cdots,K-1 \qquad (5.1.24)$$

(注意 $K=J$). 由于 $\boldsymbol{Q}$ 可逆，所以可求出上面方程中 K 个未知量($C+\log w_j$). 记

$$\beta_j=C+\log w_j,$$

则 $w_j=2^{\beta_j-C}$. 由约束条件 $\sum_j w_j=1$，可求出

$$C=\log\sum_j 2^{\beta_j}.$$

根据 w_j 及(5.1.21)式求出 p_k，验证 p_k 是否满足大于 0 的条件. 如不满足，说明 $I(X;Y)$在边界上取得最大值，则仍需要在所有可能的边界上进行计算，找出最大值所对应的输入概率分布，而所有可能边界共有 2^K-2 个，所以共需求解 2^K-2 个等式约束的极值. 计算量非常大.

5.1.5 离散无记忆信道容量的迭代计算

1972 年，S. Arimoto 和 R. E. Blahut 分别对信道容量的求解问题给出了一种迭代算法，该算法避免了我们在所有边界上计算带来的麻烦.

仍假定输入、输出字符集分别为

$$A=\{0,1,2,\cdots,K-1\},$$

$$B=\{0,1,2,\cdots,J-1\}.$$

输入概率分布为 $P=(p_0,p_2,\cdots,p_{K-1})=(P(x=k))_{k=0}^{K-1}$，信道转移概率矩阵为

$$\boldsymbol{Q}=(q(j|k))_{K\times J}.$$

再记 $q_j=\sum_k p_k q(j|k)$ 为输出概率分布. 因为

$$p(x=k,y=j)=p(x=k)q(y=j|x=k)$$

$$=p(y=j)q(x=k|y=j),$$

故

$$q(x=k|y=j)=\frac{p(x=k)q(y=j|x=k)}{p(y=j)}=\frac{p_k q(j|k)}{q_j}.$$

为方便起见，记 $p_{jk}=q(j|k)$，再记

$$\varphi_{kj}^{*}=\frac{p_k p_{jk}}{q_j}=\frac{p_k p_{jk}}{\sum_i p_i p_{ji}}. \qquad (5.1.25)$$

显然

$$\varphi_{kj}^* \geqslant 0, \quad \sum_k \varphi_{kj}^* = 1. \tag{5.1.26}$$

从而我们称 $\boldsymbol{\Phi}^* = (\varphi_{kj}^*)$ 为反向概率转移矩阵，它表示已知输出时对输入的一个概率分布. 由于

$$C = \max_{\{p_i\}} I(X;Y), \tag{5.1.27}$$

而

$$I(X;Y) = \sum_i \sum_j p_i p_{ji} \log \frac{p_{ji}}{q_j} = \sum_i \sum_j p_i p_{ji} \log \frac{\varphi_{ij}^*}{p_i}, \tag{5.1.28}$$

于是可将 $I(X;Y)$ 看成是 $\boldsymbol{P} = (p_0, p_1, \cdots, p_{k-1})$ 和 $\boldsymbol{\Phi}^*$ 的函数，即 $I(X;Y) = I(\boldsymbol{P}, \boldsymbol{\Phi}^*)$. 我们证明下面的定理.

定理 5.1.4 当 $\boldsymbol{P}$ 和 $\boldsymbol{Q}$ 给定时，对于任何满足(5.1.26)式的 $\boldsymbol{\Phi}$，均有

$$I(X;Y) \geqslant I(\boldsymbol{P}, \boldsymbol{\Phi}), \tag{5.1.29}$$

等式成立的充要条件是 $\boldsymbol{\Phi} = \boldsymbol{\Phi}^*$，即 $\varphi_{ij} = \dfrac{p_i p_{ji}}{q_j}$.

证

$$\begin{aligned} I(\boldsymbol{P}, \boldsymbol{\Phi}) - I(\boldsymbol{P}, \boldsymbol{\Phi}^*) &= \sum_i \sum_j p_i p_{ji} \log \frac{\varphi_{ij}}{\varphi_{ij}^*} \\ &\leqslant \sum_i \sum_j p_i p_{ji} \left(\frac{\varphi_{ij}}{\varphi_{ij}^*} - 1 \right) \\ &= \sum_i \sum_j (q_j \varphi_{ij} - p_i p_{ji}) \\ &= \sum_j q_j - \sum_i p_i = 0. \end{aligned}$$

等式仅当 $\varphi_{ij} = \varphi_{ij}^*$ 时成立，故在给定分布 $\boldsymbol{P}$ 之下，

$$I(X;Y) = \max_{\boldsymbol{\Phi}} I(\boldsymbol{P}, \boldsymbol{\Phi}) = I(\boldsymbol{P}, \boldsymbol{\Phi}^*). \tag{5.1.30}$$

∎

进一步可知 $C = \max\limits_{\boldsymbol{P}} \max\limits_{\boldsymbol{\Phi}} I(\boldsymbol{P}, \boldsymbol{\Phi})$，也就是说，通过求二重极大值可以求出 C. 类似地，当 $\boldsymbol{\Phi}$ 固定时，下面定理告诉我们如何求关于 $\boldsymbol{P}$ 的极大值.

定理 5.1.5 当 $\boldsymbol{\Phi}$ 固定时，有

$$\max_{\boldsymbol{P}} I(\boldsymbol{P}, \boldsymbol{\Phi}) = I(\boldsymbol{P}^*, \boldsymbol{\Phi}) = \log\left(\sum_{i=0}^{K-1} \exp\left(\sum_{j=0}^{J-1} p_{ji} \log \varphi_{ij} \right) \right), \tag{5.1.31}$$

其中，达到最大时的分布(输入分布)为 $\boldsymbol{P}^* = (p_i^*)_{i=0}^{K-1}$，

$$p_i^* = \frac{\exp\left(\sum_{j=0}^{J-1} p_{ji} \log \varphi_{ij}\right)}{\sum_{i=0}^{K-1} \exp\left(\sum_{j=0}^{J-1} p_{ji} \log \varphi_{ij}\right)}. \tag{5.1.32}$$

证 由 K-T 条件可知，分布 $\boldsymbol{P}$ 使得 $I(\boldsymbol{P},\boldsymbol{\Phi})$ 取得极大值的充要条件为

$$\left.\frac{\partial I(\boldsymbol{P},\boldsymbol{Q})}{\partial p_i}\right|_{p_i=p_i^*} \leqslant \lambda, \tag{5.1.33}$$

其中对于 $p_i^*>0$ 的 i，上式等号成立. 通过计算

$$\left.\frac{\partial I(\boldsymbol{P},\boldsymbol{\Phi})}{\partial p_i}\right|_{p_i=p_i^*} = -1-\log p_i^* + \sum_{j=0}^{J-1} p_{ji} \log \varphi_{ij} = \lambda, \tag{5.1.34}$$

可求出

$$p_i^* = \mathrm{e}^{-(1+\lambda)} \exp\left(\sum_j p_{ji} \log \varphi_{ij}\right). \tag{5.1.35}$$

由 $\sum p_i^* = 1$ 得

$$\mathrm{e}^{1+\lambda} = \sum_i \exp\left(\sum_j p_{ji} \log \varphi_{ij}\right), \tag{5.1.36}$$

所以

$$p_i^* = \frac{\exp\left(\sum_j p_{ji} \log \varphi_{ij}\right)}{\sum_i \exp\left(\sum_j p_{ji} \log \varphi_{ij}\right)}. \tag{5.1.37}$$

由式(5.1.34)得

$$\sum_j p_{ji} \log \frac{\varphi_{ij}}{p_i^*} = 1+\lambda. \tag{5.1.38}$$

两边同时乘以 p_i^*，再对 i 求和，得

$$\sum_i \sum_j p_i^* p_{ji} \log \frac{\varphi_{ij}}{p_i^*} = 1+\lambda, \tag{5.1.39}$$

即 $I(\boldsymbol{P}^*,\boldsymbol{\Phi}) = 1+\lambda = \log\left(\sum_i \exp\left(\sum_j p_{ji} \log \varphi_{ij}\right)\right)$. ∎

于是我们得到一个求 C 的迭代方法. 所以交替地固定 $\boldsymbol{P}$ 和 $\boldsymbol{\Phi}$ 中的一个，改变另一个分布，使得 $I(\boldsymbol{P},\boldsymbol{\Phi})$ 极大.

令初始输入分布为 $\boldsymbol{P}^{(0)}$，一般地，取 $p_i^{(0)}=\frac{1}{K}$，$i=0,1,\cdots,K-1$. 令 n 为迭代步序号，则

$$\varphi_{ij}^{(n)} = \frac{p_{ji} p_i^{(n)}}{\sum_i p_{ji} p_i^{(n)}}, \tag{5.1.40}$$

$$p_i^{(n+1)}=\frac{\exp\left(\sum_j p_{ji}\log\varphi_{ij}^{(n)}\right)}{\sum_i\exp\left(\sum_j p_{ji}\log\varphi_{ij}^{(n)}\right)},\tag{5.1.41}$$

$$\begin{aligned}C^{(n+1)}&=I(\boldsymbol{P}^{(n+1)},\boldsymbol{\Phi}^{(n)})\\&=\log\left(\sum_i\exp\left(\sum_j p_{ji}\log\varphi_{ij}^{(n)}\right)\right).\end{aligned}\tag{5.1.42}$$

算法的收敛性由下面定理给出：

定理 5.1.6 设初始输入分布 $\boldsymbol{P}^{(0)}$ 中每个分量均不为 0，则

$$\lim_{n\to\infty}|C^{(n)}-C|=0.\tag{5.1.43}$$

证 为方便起见，令

$$S_i^{(n+1)}=\exp\left(\sum_j p_{ji}\log\varphi_{ij}^{(n)}\right),\quad n=0,1,2,\cdots,\tag{5.1.44}$$

则

$$p_i^{(n+1)}=\frac{S_i^{(n+1)}}{\sum_i S_i^{(n+1)}}.\tag{5.1.45}$$

因为 $C=\max_{\boldsymbol{P}}\max_{\boldsymbol{\Phi}}I(\boldsymbol{P},\boldsymbol{\Phi})$，故 $C\geqslant C^{(n+1)}$. 而

$$C^{(n+1)}=I(\boldsymbol{P}^{(n+1)},\boldsymbol{\Phi}^{(n)})=\log\left(\sum_i S_i^{(n+1)}\right),$$

令 $\boldsymbol{P}^*$ 为达到信道容量的最佳分布，由于

$$\begin{aligned}\sum_i p_i^*\log\frac{p_i^{(n+1)}}{p_i^{(n)}}&=\sum_i p_i^*\log\left(\frac{S_i^{(n+1)}}{\sum_i S_i^{(n+1)}}\frac{1}{p_i^{(n)}}\right)\\&=-C^{(n+1)}+\sum_i p_i^*\log\frac{1}{p_i^{(n)}}+\sum_i p_i^*\log S_i^{(n+1)}\\&=-C^{(n+1)}+\sum_i\sum_j p_i^*p_{ji}\log\frac{1}{p_i^{(n)}}\\&\qquad+\sum_i\sum_j p_i^*p_{ji}\log\varphi_{ij}^{(n)}\\&=-C^{(n+1)}+\sum_i\sum_j p_i^*p_{ji}\log\frac{\varphi_{ij}^{(n)}}{p_i^{(n)}}\\&=-C^{(n+1)}+\sum_i\sum_j p_i^*p_{ji}\log\frac{p_{ji}}{\sum_i p_i^{(n)}p_{ji}},\end{aligned}\tag{5.1.46}$$

记

$$q_j^{(n)} = \sum_i p_i^{(n)} p_{ji}, \tag{5.1.47}$$

$$q_j^* = \sum_i p_i^* p_{ji}, \tag{5.1.48}$$

则

$$\begin{aligned}\sum_i p_i^* \log \frac{p_i^{(n+1)}}{p_i^{(n)}} &= -C^{(n+1)} + \sum_i \sum_j p_i^* p_{ji} \log \frac{p_{ji}}{q_j^{(n)}} \\ &= -C^{(n+1)} + \sum_i \sum_j p_i^* p_{ji} \log \frac{p_{ji} q_j^*}{q_j^{(n)} q_j^*} \\ &= -C^{(n+1)} + C + \sum_j q_j^* \log \frac{q_j^*}{q_j^{(n)}}.\end{aligned} \tag{5.1.49}$$

而

$$\sum_j q_j^* \log \frac{q_j^*}{q_j^{(n)}} \geqslant 0, \tag{5.1.50}$$

有

$$C - C^{(n+1)} \leqslant \sum_i p_i^* \log \frac{p_i^{(n+1)}}{p_i^{(n)}}. \tag{5.1.51}$$

又由于 $C \geqslant C^{(n+1)}$，将上式两边对 $n=0$ 到 $N-1$ 求和，得

$$\sum_{n=0}^{N-1} |C - C^{(n+1)}| \leqslant \sum_i p_i^* \log \frac{p_i^{(N-1)}}{p_i^{(0)}} \leqslant \sum_i p_i^* \log \frac{p_i^*}{p_i^{(0)}}. \tag{5.1.52}$$

上式右边为一个有界量，故 $N \to \infty$ 时，左边收敛，所以

$$\lim_{n \to \infty} |C - C^{(n+1)}| = 0. \quad \blacksquare$$

注意，迭代收敛的速度与初始分布的选择有很大关系. 而在迭代过程中，输入字母概率分布的更新方法具有明显的意义，即不断将具有较大互信息 $I(X=k;Y)$的输入字母的概率加以提高，而将具有较小互信息 $I(X=k;Y)$的输入字母的概率加以降低.

可以选用相邻的迭代结果的差值小于某一个给定值作为迭代算法的迭代终止条件，也可采用其他条件.

5.1.6 达到信道容量时输入输出字母概率分布的唯一性

前面我们讨论了信道容量以及达到信道容量时所对应的输入分布的计算方法. 应该指出，达到信道容量时所对应的输入分布并不一定唯一. 例如，对于二元对称信道，若 $p=\frac{1}{2}$，则无论输入字母的概率分布如何，

$I(X;Y)=C=1$. 当然，这样的信道是没有意义的，但它在理论上说明达到信道容量时输入字母的概率分布不一定唯一.

对于一般的信道，如果我们已经知道有两种输入概率分布 $\boldsymbol{P}_1$ 和 $\boldsymbol{P}_2$，使互信息达到信道容量，即有 $I(\boldsymbol{P}_1)=I(\boldsymbol{P}_2)=C$，则 $\forall\lambda\in[0,1]$，输入概率分布 $\boldsymbol{P}=\lambda\boldsymbol{P}_1+(1-\lambda)\boldsymbol{P}_2$，由互信息的凸性知

$$I(\boldsymbol{P})=I(\lambda\boldsymbol{P}_1+(1-\lambda)\boldsymbol{P}_2)\geqslant\lambda I(\boldsymbol{P}_1)+(1-\lambda)I(\boldsymbol{P}_2)=C.$$

但左端不可能超过 C，从而

$$I(\boldsymbol{P})=C,$$

即 $\boldsymbol{P}_1$ 与 $\boldsymbol{P}_2$ 的任一凸组合的概率分布也会使互信息达到最大.

上面的讨论告诉我们，信道得到充分利用时，其输入概率分布可以不唯一. 而下面的定理却告诉我们，此时信道的输出概率分布却是唯一的.

定理 5.1.7 使互信息达到信道容量时的输出概率分布是唯一的. 任何导致这一输出概率分布的输入概率分布都能使互信息达到信道容量.

证 设 $\boldsymbol{P}_1$ 与 $\boldsymbol{P}_2$ 为两个输入概率分布，它们均使互信息达到信道容量. 由前面的讨论知，$\forall\lambda\in[0,1]$，输入概率分布

$$\boldsymbol{P}=\lambda\boldsymbol{P}_1+(1-\lambda)\boldsymbol{P}_2$$

也使互信息达到信道容量，即

$$I(\boldsymbol{P}_1)=I(\boldsymbol{P}_2)=I(\boldsymbol{P})=I(\lambda\boldsymbol{P}_1+(1-\lambda)\boldsymbol{P}_2)=C.$$

引入一个随机变量 Z，其取值为 c_1 的概率为 λ，取值为 c_2 的概率为 $1-\lambda$. Z 的取值直接影响到输入概率分布的选择，即当 $Z=c_1$ 时输入 X 的概率分布取 $\boldsymbol{P}_1$；当 $Z=c_2$ 时，输入 X 的概率分布为 $\boldsymbol{P}_2$.因而 ZXY 构成一个马氏链.

由于 Z 与 X 之间的这种关系，可知，概率分布 $\boldsymbol{P}_1$ 与 $\boldsymbol{P}_2$ 可表示为

$$\begin{aligned}\boldsymbol{P}_1=&(P(X=0|Z=c_1),P(X=1|Z=c_1),\cdots,\\&P(X=K-1|Z=c_1)),\\\boldsymbol{P}_2=&(P(x=0|Z=c_2),P(X=1|Z=c_2),\cdots,\\&P(X=K-1|Z=c_2)).\end{aligned}$$

于是

$$I(\boldsymbol{P}_1)=I(X;Y|Z=c_1),\quad I(\boldsymbol{P}_2)=I(X;Y|Z=c_2).$$

故

$$\lambda I(\boldsymbol{P}_1)+(1-\lambda)I(\boldsymbol{P}_2)=I(X;Y|Z).$$

而

$$\lambda I(\boldsymbol{P}_1)+(1-\lambda)I(\boldsymbol{P}_2)=C=I(\lambda\boldsymbol{P}_1+(1-\lambda)\boldsymbol{P}_2)$$
$$=I(\boldsymbol{P})=I(X;Y),$$

有

$$I(X;Y)=I(X;Y|Z).$$

又因为 ZXY 为马氏链，故

$$I(Z;Y|X)=0.$$

而

$$I(XZ;Y)=I(X;Y)+I(Z;Y|X)$$
$$=I(Z;Y)+I(X;Y|Z),$$

从而

$$I(Y;Z)=0.$$

此表明 Y 与 Z 之间统计独立，即

$$P(Y=j|Z=c_1)=P(Y=j|Z=c_2)=P(Y=j),$$
$$j=0,1,\cdots,J-1.$$

这恰好说明 $\boldsymbol{P}_1$ 与 $\boldsymbol{P}_2$ 给出相同的输出概率分布. 所以输出概率分布唯一.

由离散无记忆信道的信道容量定理 5.1.2 知，只要满足

$$I(X=k;Y)=C,\quad P(X=k)>0,$$

互信息即可达到信道容量. 而

$$I(X=k;Y)=\sum_{j=1}^{J-1}q(j|k)\log\frac{q(j|k)}{P(Y=j)},$$

只与信道的前向转移概率矩阵 $\boldsymbol{Q}$ 及输出概率分布 $P(Y=j)$ $(j=0,1,2,\cdots,J-1)$有关，所以任何使输出概率分布满足定理 5.1.2 要求的输入概率分布都能使互信息达到最大. ∎

下面的定理告诉我们，在什么情况下互信息达到信道容量时输入概率分布会唯一.

定理 5.1.8 在达到信道容量时，如果输入概率分布中具有零概率的字母总数达到最大，则此时非零概率可被唯一确定，且这些非零概率的输入字母总数不会超过输出字母的总数.

证 设 M 为使互信息达到信道容量的输入概率分布中具有非零概率字母的最少数目，并设这些具有非零概率的输入字母组成集合 D，达到信道容量时的输出概率分布为

$$q_j=P(Y=j),\quad j=0,1,\cdots,J-1,$$

则有

$$\sum_{k\in D} p_k q(j|k) = q_j, \quad j=0,1,\cdots,J-1. \tag{5.1.53}$$

这 J 个方程至少可求出 p_k ($k=0,1,\cdots,K-1$) 的一个解，设为 p_k^0 ($k=0,1,\cdots,K-1$). 若此解不唯一，则(5.1.53) 对应的齐次方程组必有非零解，设该解为 $\boldsymbol{h}=(h_k)$，即有

$$\sum_{k\in D} h_k q(j|k) = 0. \tag{5.1.54}$$

这说明 h_k 中必有小于 0 的项 ($k=0,1,\cdots,K-1$). 因此，改变 λ 的值，总可找到 λ_0，使得 $p_k^0+\lambda_0 h_k$ ($k=0,1,\cdots,K-1$) 中某一项为 0. 这样就得到一个新的概率分布(输入)，它只有 $M-1$ 个字母具有非零概率. 与 M 的假设相矛盾. 故方程(5.1.53) 的解是唯一的. 同时由唯一性可知 $M \leqslant J$. ▌

5.2 信道编码

上节我们利用互信息的概念讨论了信道容量，它表示经过信道可以传输的最大信息量. 但仅用互信息还不能对信息传输的情况给出全面的描述. 因为在实际工作中，人们不但要求传输的信息量大，还要求得到的信息是可靠的，即可以可靠地知道信道的输入是什么. 互信息的值可以说明所得信息量的大小，却不能说明所得的信息能否可靠地确定信道的输入. 这一点可以从互信息的定义中看出. 互信息的值仅与信道输入的不确定程度在得知信道输入前和得知信道输入后所取值之差有关，即使其值很大，信宿仍可能无法可靠地确定信道的输入. 这也就是通信工程中所谓的通信可靠性.

我们知道，在有噪声（干扰）的离散信道中，信道输入字母与相应输出字母之间仅有统计上的关系，而非一一对应. 仅凭信道的输出字母是不可能唯一地确定信道的输入字母的. 在一定要作出唯一选择的情况下将无法避免差错，这时根据信道输出确定信道输入的可靠程度就是差错概率. 在有噪声的信道中，这一差错概率完全取决于信道的特性，且不可能为 0. 但是 Shannon 的研究表明，如果我们把要传送的消息在传送前先进行编码，并在接收端采用适当的译码，则消息有可能得到无误的传输. 也就是说，在不可靠的信道中也可以实现可靠的信息传输.

5.2.1 信道编码概述

信道编码与前面所述信源编码一样，都是一种编码，但信源编码的作用是压缩冗余度以得到信息的有效表示，或在传输时提高信息的传输效

率，而信道编码的作用是提高信息传输时的抗干扰能力以增加信息传输的可靠性．为区分这两种码，我们把信源编码所得到的码称为**信源码**，信道编码所得的码称为**信道码**．而在通信工程中，信道码也被称为**数据传输码**或**差错控制码**．图 5.11 显示出两种码在通信中的地位及相互关系．

图 5.11 通信系统组成模型

通信系统中有了信源码和信道码就可以使信息在信道中得到高效而又可靠的传输．当然，这两种码也可以联合起来形成信源信道联合编码．但两者分开进行在一般情况下便于设计和实现，并有利于构成标准模块，增加系统的适应性．

信道码的编码方法，也可分成两类，即分组码和树码．在分组码中，输入信道编码器的输入序列$\cdots x_{-1}x_0x_1\cdots$先被分组，如每 L 个输入字母为一组，然后对每一组输入字母给出相应的码字．码字中字母取自信道输入容许的字母表，如果编码器输入字母组共有 M 种可能的组合，分别用 $1,2,\cdots,M$ 表示，则所有码字组成的集合 C 称为一个**码**，码 C 共有 M 个码字，信道编码器所完成的工作就是由$\{1,2,\cdots,M\}$到 C 的一个一一对应，这一映射称为一个**编码函数**．

码字通过信道传输后在接收端得到与发送码字长度相同的信道输出字母序列，该输出序列被称为**接收信号矢量**或简称为**接收矢量**．信道码的译码器就是根据此接收矢量对发送的消息进行估计并输出．

为方便起见，引入如下记号．对于离散无记忆信道，假设输入字母集为 $I=\{x_1,x_2,\cdots,x_s\}$，输出字母集为 $O=\{y_1,y_2,\cdots,y_t\}$．信道传输转移概率为 $p(y_j|x_i)$．码 C 中每个码字 $\boldsymbol{c}$ 长度为 n，即 $\boldsymbol{c}=c_1c_2\cdots c_n$，其中 $c_i\in I$，接收矢量 $\boldsymbol{d}=d_1d_2\cdots d_n$ 为 O^n 中的一个元素，即每个 $d_i\in O$．码 C 的大小即指 C 中码字的个数．

由于信道是无记忆的，从而有

$$p(\boldsymbol{d}|\boldsymbol{c})=\prod_{i=1}^{n}p(d_i|c_i),\quad \forall \boldsymbol{c}\in C. \tag{5.2.1}$$

这表示发送码字 $\boldsymbol{c}$ 时接收到 $\boldsymbol{d}$ 的概率．

此时我们感兴趣的是码字的输入、输出，而不仅仅是符号的输入和输出．我们记 $\boldsymbol{X}$ 和 $\boldsymbol{Y}$ 分别表示取值于 C 和输出矢量的随机变量．这样，每个

输出矢量 $\boldsymbol{Y}$ 的分布为

$$P(\boldsymbol{Y}=\boldsymbol{d})=\sum_{\boldsymbol{c}}p(\boldsymbol{d}\mid\boldsymbol{c})P(\boldsymbol{X}=\boldsymbol{c}),$$

X 与 Y 之联合分布为

$$P(\boldsymbol{X}=\boldsymbol{c},\boldsymbol{Y}=\boldsymbol{d})=P(\boldsymbol{X}=\boldsymbol{c})p(\boldsymbol{d}\mid\boldsymbol{c}),$$

反向转移概率为

$$P(\boldsymbol{X}=\boldsymbol{c}\mid\boldsymbol{Y}=\boldsymbol{d})=\frac{P(\boldsymbol{X}=\boldsymbol{c},\boldsymbol{Y}=\boldsymbol{d})}{P(\boldsymbol{Y}=\boldsymbol{d})}.$$

在不致引起混淆的情况下，记

$$\begin{aligned}p(\boldsymbol{c})&=P(\boldsymbol{X}=\boldsymbol{c}),\\ p(\boldsymbol{d})&=P(\boldsymbol{Y}=\boldsymbol{d}),\\ p(\boldsymbol{c},\boldsymbol{d})&=P(\boldsymbol{X}=\boldsymbol{c},\boldsymbol{Y}=\boldsymbol{d}),\\ p(\boldsymbol{c}\mid\boldsymbol{d})&=P(\boldsymbol{X}=\boldsymbol{c}\mid\boldsymbol{Y}=\boldsymbol{d}),\\ p(\boldsymbol{d}\mid\boldsymbol{c})&=P(\boldsymbol{Y}=\boldsymbol{d}\mid\boldsymbol{X}=\boldsymbol{c}).\end{aligned}$$

信道码和信源码在编码时都能完成一一对应的映射关系，但在译码时两者的情况完全不同. 对于信源码来说，译码为编码的简单逆运算，信源码的唯一可译性保证了译码输出的正确性. 但对信道码，码字经传输后很可能发生差错，如(5.2.1)所示，发送码字为 $\boldsymbol{c}=c_1c_2\cdots c_n$，其接收矢量为 $\boldsymbol{d}=d_1d_2\cdots d_n$ 的概率为

$$P(\boldsymbol{Y}=\boldsymbol{d}\mid\boldsymbol{X}=\boldsymbol{c})=\prod_{i=1}^{n}p(d_i\mid c_i).$$

也就是说，同一个发送码字在接收端可能得到不同的接收矢量，因此，译码函数不能是编码函数简单的逆映射，而是将整个接收矢量空间$\{\boldsymbol{y}\}$划分成 M 个互不相交的子集 Y_m，$m=1,2,\cdots,M$，然后将 Y_m 中的 $\boldsymbol{d}$ 译成某一个码字 $\boldsymbol{c}_m$. 这一运算可用译码函数$g(\cdot)$表示成

$$g(\boldsymbol{d})=\boldsymbol{c}_m,\quad 当\ \boldsymbol{d}\in Y_m,$$

如图 5.12 所示.

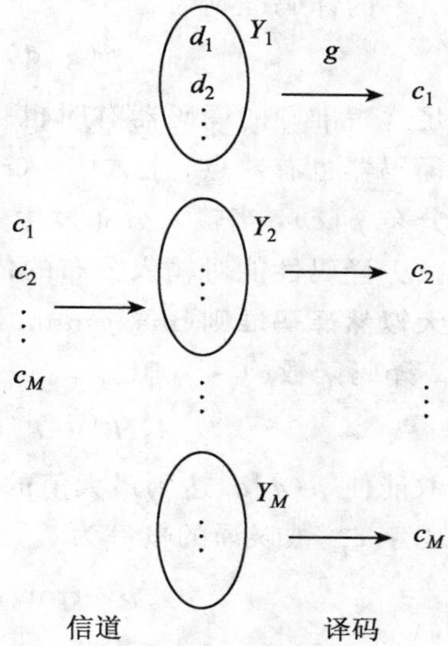

图 5.12 信道译码

若码字 $\boldsymbol{c}_m$ 经过传输后在接收端所得的接收矢量没有落在 Y_m 中，则译码发生差错. 在码和信道特性给定的情况下，译码的差错概率将取决于接收矢量空间按什么样的划分原则进行划分. 此

划分原则称为**译码准则**，按不同的要求可以有不同的译码准则.

对于任一译码准则 g，码字 $\boldsymbol{c}$ 通过信道后发生译码错误的概率为

$$p(\text{error}\mid\boldsymbol{c})=\sum_{\boldsymbol{d}\in g^{-1}(\boldsymbol{c})}p(\boldsymbol{d}\mid\boldsymbol{c}). \tag{5.2.2}$$

故一个译码准则的平均译码差错的概率为

$$p_e=\sum_{\boldsymbol{c}}p(\text{error}\mid\boldsymbol{c})p(\boldsymbol{c})=\sum_{\boldsymbol{c}}\sum_{\boldsymbol{d}\in g^{-1}(\boldsymbol{c})}p(\boldsymbol{d}\mid\boldsymbol{c})p(\boldsymbol{c}). \tag{5.2.3}$$

它依赖于译码准则和码字概率分布 $p(\boldsymbol{c})$.

从理论上讲，理想的译码器应使平均的译码差错概率最小，这就是最小差错概率准则. 为了能方便地确定一个好的译码准则，我们需重新确定 p_e 的表达式.

如果信道输出的接收矢量为 $\boldsymbol{d}$，则译码正确的充要条件是$g(\boldsymbol{d})$为真正的输入，即

$$p(\text{error}\mid\boldsymbol{d})=1-p(g(\boldsymbol{d})\mid\boldsymbol{d}). \tag{5.2.4}$$

对所有可能输出取平均，有

$$p_e=\sum_{\boldsymbol{d}}p(\text{error}\mid\boldsymbol{d})p(\boldsymbol{d})=1-\sum_{\boldsymbol{d}}p(g(\boldsymbol{d})\mid\boldsymbol{d})p(\boldsymbol{d}). \tag{5.2.5}$$

此时容易看出，要让 p_e 小，只需右边后一式取大即可. 但由于和式中每项均非负，而且 $p(\boldsymbol{d})$并不依赖于译码准则，故译码器显然应对所有的 $\boldsymbol{d}$ 都能取得 $p(\boldsymbol{c}\mid\boldsymbol{d})$最大的那个码 $\boldsymbol{c}$ 作为译码器的输出. 从而最小平均译码差错概率的译码准则为

$$p(g(\boldsymbol{d})\mid\boldsymbol{d})=\max_{\boldsymbol{c}}p(\boldsymbol{c}\mid\boldsymbol{d}). \tag{5.2.6}$$

满足这一准则的译码器有时也称为**理想译码器**(ideal observer). 但是，理想译码器也有缺点，上式中 $p(\boldsymbol{c}\mid\boldsymbol{d})$为信道的反向转移概率，它依赖于输入的分布 $p(\boldsymbol{c})$，当输入分布发生变化时，理想译码器也就失去了其优点. 为了减少译码性能对输入分布的依赖性，可以采取另外一种实用的准则——**最大似然译码准则**(maxi-mum likelihood decision scheme). 在这一准则之下，译码函数$g(\cdot)$满足

$$p(\boldsymbol{d}\mid g(\boldsymbol{d}))=\max_{\boldsymbol{c}}p(\boldsymbol{d}\mid\boldsymbol{c}), \tag{5.2.7}$$

即取能使 $p(\boldsymbol{d}\mid\boldsymbol{c})$达到最大值的那个 $\boldsymbol{c}$ 作为译码输出. 在这一准则之下，发送码字 $\boldsymbol{c}_m$ 被误译的概率为

$$p(\text{error}\mid\boldsymbol{c}_m)=\sum_{\boldsymbol{d}\in Y_m^c}p(\boldsymbol{d}\mid\boldsymbol{c}_m), \tag{5.2.8}$$

其中 Y_m^c 为 Y_m 的余集. 平均译码差错概率为

$$p_e=\sum_{\boldsymbol{c}}p(\boldsymbol{c})p(\text{error}\mid\boldsymbol{c})=\sum_m p(\boldsymbol{c}_m)p(\text{error}\mid\boldsymbol{c}_m). \tag{5.2.9}$$

它依然取决于输入分布 $p(\boldsymbol{c})$. 如果取最大差错概率为

$$p_e^{\max}=\max_{\boldsymbol{c}} p(\text{error} \mid \boldsymbol{c}), \tag{5.2.10}$$

则无论输入分布如何，都有

$$p_e=\sum_{\boldsymbol{c}} p(\boldsymbol{c}) p(\text{error} \mid \boldsymbol{c}) \leqslant p_e^{\max}. \tag{5.2.11}$$

它仅仅取决于译码器和信道，而与分布无关. 其优点是当 $p_e^{\max}<\varepsilon$ 时，我们可以得到错误概率的一个一致上界(无论分布如何)

$$p_e \leqslant p_e^{\max}<\varepsilon.$$

令人遗憾的是我们无法找到一个一般的方法去找一个译码准则使得 $p_e^{\max}$ 变得更小.

另外一种去掉 $p(\boldsymbol{c})$分布因素的方法是考虑码字的平均分布，即 $\forall \boldsymbol{c}$，$p(\boldsymbol{c})=\dfrac{1}{M}$ (M 为码 C 的大小). 此时，平均差错概率为 p_e^{av} 为

$$p_e^{\mathrm{av}}=\frac{1}{M} \sum_{\boldsymbol{c}} p(\text{error} \mid \boldsymbol{c}).$$

而

$$\max_{\boldsymbol{c}} p(\boldsymbol{c} \mid \boldsymbol{d})=\max_{\boldsymbol{c}} \frac{p(\boldsymbol{d} \mid \boldsymbol{c})}{M p(\boldsymbol{d})}=\frac{1}{M p(\boldsymbol{d})} \max_{\boldsymbol{c}} p(\boldsymbol{d} \mid \boldsymbol{c}),$$

这表明在码字平均分布条件下，最大似然译码准则等价于理想译码器.

在深入讨论信道编码理论之前，还有一个概念必须弄清楚，那就是信息传输速率，亦称码率.

设 C 为一个码，记$|C|$为 C 中元素的个数，不妨设 C 中任一码字 $\boldsymbol{c}$ 的长度为 n. 由于输入字母集 $I=\{x_1, x_2, \cdots, x_s\}$共有 s 个字母，我们称

$$R=\frac{\log_s |C|}{n}$$

为**码 C 的速率**，也称**码率**，当 $s=2$ 时，R 的单位是 bit/字母. 为方便起见，有时将码 C 记为一个$(n,|C|)$码.

从原理上讲，信道码的码率必为小于 1 的数. 这是因为发送信号矢量空间中的全部矢量只有一小部分可被取作为码字，大部分矢量必须禁用，这样才能为接收端发现和纠正传输中的差错提供可能，这也是信道码为获得抗干扰能力所必须付出的代价.

5.2.2 联合典型序列

在信源编码的讨论中我们已提出随机序列中典型序列这一概念，它为信源编码奠定了基础. 而联合典型序列的概念是典型序列概念的一个自然

扩展，它是信道编码的基础，其定义如下：

定义 5.2.1 设(X,Y)为长度为 N 的随机序列对，

$$\boldsymbol{x}=x_1x_2\cdots x_N,\quad \boldsymbol{y}=y_1y_2\cdots y_N,\quad p(\boldsymbol{x},\boldsymbol{y})=\prod_{n=1}^{N}p(x_n,y_n),$$

则在这些随机序列对中满足下列条件的序列对称为**联合典型序列**：

(1) $$\left|\frac{1}{N}\log p(\boldsymbol{x})+H(X)\right|<\delta, \tag{5.2.12}$$

(2) $$\left|\frac{1}{N}\log p(\boldsymbol{y})+H(Y)\right|<\delta, \tag{5.2.13}$$

(3) $$\left|\frac{1}{N}\log p(\boldsymbol{xy})+H(XY)\right|<\delta, \tag{5.2.14}$$

式中 δ 为一任意小的正数. 联合典型序列的全体构成联合典型序列集，记为 G.

由定义易知随机序列对(X,Y)为某一联合典型序列$(\boldsymbol{x},\boldsymbol{y})$的概率 $p(\boldsymbol{x},\boldsymbol{y})$满足(对数底取为 2)

$$p(\boldsymbol{x},\boldsymbol{y})\geqslant 2^{-N(H(XY)+\delta)}, \tag{5.2.15}$$

$$p(\boldsymbol{x},\boldsymbol{y})\leqslant 2^{-N(H(XY)-\delta)}. \tag{5.2.16}$$

上面两式合并，可得

$$p(\boldsymbol{x},\boldsymbol{y})\approx 2^{-NH(XY)}.$$

同理，我们有

$$p(\boldsymbol{x})\approx 2^{-NH(X)},\quad p(\boldsymbol{y})\approx 2^{-NH(Y)}.$$

联合典型序列具有与典型序列类似的性质，特别是同样具有渐近等同分割性.

定理 5.2.1（联合渐近等同分割定理） 设随机序列对(X,Y)的 $p(\boldsymbol{x},\boldsymbol{y})=\prod_{i=1}^{N}p(x_i,y_i)$，则对任意小的正数 δ，总能找到足够大的 N 使全体序列对集合能分成满足下述条件的集合 G 及余集 G^c：

(1) $$P\{(\boldsymbol{x},\boldsymbol{y})\in G\}>1-\delta, \tag{5.2.17}$$

$$P\{(\boldsymbol{x},\boldsymbol{y})\overline{\in} G\}<\delta; \tag{5.2.18}$$

(2) $$|G|\leqslant 2^{N(H(XY)+\delta)}, \tag{5.2.19}$$

$$|G|\geqslant(1-\delta)\cdot 2^{N(H(XY)-\delta)}; \tag{5.2.20}$$

(3) 设(X',Y')为相互独立的随机序列对，它与(X,Y)有相同的边缘分布：

$$P\{(X',Y')=(\boldsymbol{x},\boldsymbol{y})\}=p(\boldsymbol{x})p(\boldsymbol{y}), \tag{5.2.21}$$

则

$$P\{(X',Y')\in G\}\leqslant 2^{-N(I(XY)-3\delta)},\qquad(5.2.22)$$

$$P\{(X',Y')\in G\}\geqslant(1-\delta)\cdot 2^{-N(I(XY)+3\delta)}.\qquad(5.2.23)$$

证 (1) 若将(X,Y)看做一个单独的随机序列，由渐近等同分割定理可知(5.2.17)和(5.2.18)成立.

(2) 因为

$$1=\sum_{(\boldsymbol{x},\boldsymbol{y})}p(\boldsymbol{x},\boldsymbol{y})\geqslant\sum_{(\boldsymbol{x},\boldsymbol{y})\in G}p(\boldsymbol{x},\boldsymbol{y})\geqslant|G|\cdot 2^{-N(H(XY)+\delta)},$$

可知

$$|G|\leqslant 2^{N(H(XY)+\delta)}.$$

又

$$1-\delta\leqslant\sum_{(\boldsymbol{x},\boldsymbol{y})\in G}p(\boldsymbol{x},\boldsymbol{y})\leqslant|G|\cdot 2^{-N(H(XY)-\delta)},$$

故

$$|G|\geqslant(1-\delta)\cdot 2^{N(H(XY)-\delta)}.$$

(3) 由假设 $P\{(X',Y')\in G\}=\sum\limits_{(\boldsymbol{x},\boldsymbol{y})\in G}p(\boldsymbol{x})p(\boldsymbol{y})$，而

$$p(\boldsymbol{x})\approx 2^{-NH(X)},\quad p(\boldsymbol{y})\approx 2^{-NH(Y)},$$

且由(5.2.19)及(5.2.20)得

$$\begin{aligned}P\{(X',Y')\in G\}&=\sum_{(\boldsymbol{x},\boldsymbol{y})\in G}p(\boldsymbol{x})p(\boldsymbol{y})\\&\leqslant 2^{N(H(XY)+\delta)}\cdot 2^{-N(H(X)-\delta)}\cdot 2^{-N(H(Y)-\delta)}\\&=2^{-N(H(X)+H(Y)-H(XY)-3\delta)}\\&=2^{-N(I(XY)-3\delta)},\end{aligned}$$

即得到(5.2.22). 同理可得(5.2.23). ∎

在 5.2.1 节中我们指出在有干扰的信道中传输信息时，与一定的发送码字相对应的接收矢量有可能为接收矢量空间中的任一个矢量. 而上述定理告诉我们，虽然有这样的可能，但是随着 N 的增加，接收矢量几乎只能是与发送码字联合典型的序列，其他序列取到的概率趋于 0. 这一结果为在 N 很大时信道码的译码提出一个新的思路，即在译码时取与接收矢量联合典型的码字作为译码器的输出. 由于联合典型序列的数目大约为 $2^{NH(XY)}$，它们只占所有的典型序列组合数 $2^{N(H(X)+H(Y))}$ 中的一小部分，大约为$1/2^{NH(XY)}$，因而当发送码字的数目少于 $2^{NI(X;Y)}$ 时，这一译码方法可以保证得到很低的误码率.

5.3 信道编码定理

1948 年，Shannon 在他著名的论文中给出了下述有关信息传输的最基本的定理——信道编码定理：

定理 5.3.1 设 C 为离散无记忆信道的信道容量，$R < C$ 为一正数，$\forall \varepsilon > 0$，则一定存在一个码字长为 N，而码字总数为 $M = s^{NR}$ 的分组码，使得译码的最大差错概率 $p_e^{\max} < \varepsilon$，其中 s 为码字母集大小(注意，此时码 (N, s^{NR}) 的码率为 R).

Shannon 在证明该定理时，采用了如下的思路：

(1) 所谓可靠的通信是指错误概率 p_e 可以任意小，但非 0.

(2) 传输信息不是只传输一个符号，而是传输一串符号序列，这样多次使用信道，从而可以利用大数定律.

(3) 采用随机编码的方法构造码书.

(4) 计算在一个随机选取的码书上的平均错误概率，所以至少存在一个码书，它的错误概率和码书的平均错误概率一样低.

这里采用的译码方法是利用联合典型序列译码法.

5.3.1 信道编码定理的证明

由于 Shannon 在证明中用了随机编码的方法，并且该方法在后来的许多证明中一直被采用，我们先给出什么是随机编码.

按照分组码的编码方法，编码器要对每一个消息 m，$m = 1, 2, \cdots, M$ 给以相应的长为 N 的码字 $\boldsymbol{c}_m = (c_{m1}, c_{m2}, \cdots, c_{mN})$. 若码字母集为 $I = \{x_1, x_2, \cdots, x_s\}$，则 c_{ij} 均取自于 I. 所谓随机编码就是按照信道输入字母表的字母概率分布完全随机地从中选取字母作为码字的字母. 从 $\boldsymbol{c}_1$ 的第一个码字母 c_{11} 开始一直取到 $\boldsymbol{c}_M$ 的最后一个码字母 c_{MN}，从而得到全部 $M = s^{NR}$ 个码字，组成一个码 $C = \{\boldsymbol{c}_1, \boldsymbol{c}_2, \cdots, \boldsymbol{c}_M\}$，这就是随机编码. 随机编码产生某一个特定码 C 的概率 $p(C)$ 为

$$p(C) = \prod_{m=1}^{M} \prod_{n=1}^{N} p(c_{mn}).$$

所有可能产生的码的总数为 s^{NM}. 当 $s = 2$，$N = 16$，$R = \frac{1}{2}$ 时，码字母表最小，而码字又不很长，码的总数却可达 $2^{4096} \approx 10^{1233}$，这是一个很大的数.

当然，在这些码中，有一部分是无法用的，例如码中有若干码字相同的码，但由于码中码字数为 s^{NR}，只占全部可能序列数 s^N 的很小的一部分，因而同一码中码字相同情况发生的概率很小，大部分码中码字各不相同.

下面给出信道编码定理的证明.

定理 5.3.1 的证明 设码字母集 $I=\{x_1,x_2,\cdots,x_s\}$ 的概率分布为 $\{p(x_i)\}$，随机地产生一个 (N,M) 码，得到 $M=s^{NR}$ 个码字，$\boldsymbol{c}_m=c_{m1}c_{m2}\cdots c_{mN}$ 由概率分布

$$p(\boldsymbol{c}_m)=\prod_{n=1}^{N}p(c_{mn}) \tag{5.3.1}$$

确定. 我们可以将这 M 个码字排成一个矩阵：

$$C=\begin{pmatrix}\boldsymbol{c}_1\\ \boldsymbol{c}_2\\ \vdots\\ \boldsymbol{c}_M\end{pmatrix}=\begin{pmatrix}c_{11} & c_{12} & \cdots & c_{1N}\\ c_{21} & c_{22} & \cdots & c_{2N}\\ \vdots & \vdots & & \vdots\\ c_{M1} & c_{M2} & \cdots & c_{MN}\end{pmatrix}. \tag{5.3.2}$$

矩阵中每个元素是独立同分布 $\{p(x_i)\}$ 产生的. 从而产生一个特定码 C 的概率为

$$p(C)=\prod_{m=1}^{M}\prod_{n=1}^{N}p(c_{mn}). \tag{5.3.3}$$

令输入消息等概率分布，则码 C 的平均译码差错概率为

$$p_e(C)=\frac{1}{M}\sum_{m=1}^{M}p(\text{error}\mid\boldsymbol{c}_m). \tag{5.3.4}$$

在全体码集 $\{C\}$ 上对 $p_e(C)$ 取平均，得到

$$\overline{p_e}=\sum_{C}p(C)p_e(C)=\frac{1}{M}\sum_{m=1}^{M}\sum_{C}p(C)p(\text{error}\mid\boldsymbol{c}_m).$$

在随机编码中，不同 $\boldsymbol{c}_m$ 产生的方法完全一样，因而 $p(\text{error}\mid\boldsymbol{c}_m)$ 在对码集取平均后将得到一个与 m 无关的值，即

$$\overline{p_e}=\sum_{C}p(C)p(\text{error}\mid\boldsymbol{c}_m)$$

的值与 m 无关，不妨取 $m=1$，得到

$$\overline{p_e}=\sum_{C}p(C)p(\text{error}\mid\boldsymbol{c}_1).$$

设 $\boldsymbol{y}$ 是发送 $\boldsymbol{c}_1$ 码字时信道输出后接收到的接收矢量，定义 $\boldsymbol{y}$ 与 $\boldsymbol{c}_m$ 构成联合典型序列的事件为 E_m，即

$$E_m=\{(\boldsymbol{c}_m,\boldsymbol{y})\in G\},\quad m=1,2,\cdots,M. \tag{5.3.5}$$

按照联合典型译码法，译码差错将在 $\boldsymbol{y}$ 不与 $\boldsymbol{c}_1$ 联合典型或 $\boldsymbol{y}$ 与 $\boldsymbol{c}_1$ 以外其

他码字联合典型时发生，故

$$\overline{p_e}=P(E_1^c\cup E_2\cup\cdots\cup E_M)\leqslant P(E_1^c)+\sum_{m=2}^{M}P(E_m). \quad (5.3.6)$$

由于 $\boldsymbol{y}$ 是对应于输入 $\boldsymbol{c}_1$ 时的信道输出，所以它与 $\boldsymbol{c}_2,\boldsymbol{c}_3,\cdots,\boldsymbol{c}_M$ 相互独立，故由定理 5.2.1 可知(将底 2 换成码字母集大小 s)

$$\begin{aligned}\overline{p_e}&\leqslant\delta+\sum_{m=2}^{M}s^{-N(I(XY)-3\delta)}=\delta+(M-1)s^{-N(I(XY)-3\delta)}\\&\leqslant\delta+s^{NR}\cdot s^{-N(I(XY)-3\delta)}\leqslant\delta+s^{3N\delta}\cdot s^{-N(I(XY)-R)}\\&\leqslant 2\delta.\end{aligned} \quad (5.3.7)$$

只要 $R<I(X;Y)-3\delta\leqslant C-3\delta$，上式中最后一个不等式当 N 充分大时就一定会成立. 从而 $\overline{p_e}<2\delta$.

下面我们再来强化上面的结论.

(1) 选择 $\{p(x_i)\}$ 为达到信道容量的概率分布，则条件 $R<I(X;Y)$ 可被替换成 $R<C$ (信道容量).

(2) 因为在随机码书上平均错误概率小于 2δ，所以至少有一个码 C^*，其平均错误概率 $p_e(C^*)\leqslant 2\delta$.

(3) 对于上面的 $C^*=\{\boldsymbol{c}_1,\boldsymbol{c}_2,\cdots,\boldsymbol{c}_M\}$ 来说，

$$\frac{1}{M}\sum_{m=1}^{M}p(\text{error}\mid\boldsymbol{c}_m)\leqslant 2\delta.$$

故至少有一半的码字，其错误概率 $p(\text{error}\mid\boldsymbol{c})\leqslant 4\delta$. 我们保留其中一部分码字,得到一个具有 $s^{NR-1}(<\frac{s^{NR}}{2})$ 个码字的码，这个码的速率从 R 减少到 $R-\frac{1}{N}$，但它的最大错误概率为

$$p_e^{\max}\leqslant 4\delta.$$

而当 $N\to\infty$ 时，$R-\frac{1}{N}$ 仍可接近于 C (信道容量). ▌

5.3.2 Fano 不等式和逆编码定理

我们首先证明 Fano 不等式，然后用它来证明上面编码定理的逆定理.

定理 5.3.2 (Fano 不等式) 设 $C=\{\boldsymbol{c}_1,\boldsymbol{c}_2,\cdots,\boldsymbol{c}_M\}$ 为一个 (n,M) 码，X 为取值于 C 的随机变量，$\boldsymbol{Y}$ 为码字通过信道输出后得到的随机接收矢量，g 为任一译码准则(函数)，p_e 为其平均译码差错概率，则

$$H(X\mid\boldsymbol{Y})\leqslant H(p_e)+p_e\log(M-1). \quad (5.3.8)$$

证 不妨设码字概率分布为$\{p(\boldsymbol{c}_1),p(\boldsymbol{c}_2),\cdots,p(\boldsymbol{c}_M)\}$，则接收矢量$\boldsymbol{Y}$为某一特定矢量$\boldsymbol{d}$的概率为

$$P(\boldsymbol{Y}=\boldsymbol{d})=p(\boldsymbol{d})=\sum_{\boldsymbol{c}}p(\boldsymbol{d}\,|\,\boldsymbol{c})p(\boldsymbol{c}). \tag{5.3.9}$$

下面我们临时固定$\boldsymbol{d}$，考虑在收到$\boldsymbol{d}$的条件下码字输出的概率：

$$p'(\boldsymbol{c})=p(\boldsymbol{c}\,|\,\boldsymbol{d})=P(X=\boldsymbol{c}\,|\,\boldsymbol{Y}=\boldsymbol{d}), \tag{5.3.10}$$

不妨设$g(\boldsymbol{d})=\boldsymbol{c}_1$为正确的译码，则

$$p_e{}'=p(\text{error}\,|\,\boldsymbol{d})=1-p(\boldsymbol{c}_1\,|\,\boldsymbol{d})=1-p'(\boldsymbol{c}_1). \tag{5.3.11}$$

由熵函数的分组原则，

$$H(p_1,p_2,\cdots,p_M)=H(1-p_1)+(1-p_1)H\left(\frac{p_2}{1-p_1},\frac{p_3}{1-p_1},\cdots,\frac{p_M}{1-p_1}\right), \tag{5.3.12}$$

取$p_1=p'(\boldsymbol{c}_1)$，$p_2=p'(\boldsymbol{c}_2)$，$\cdots$，$p_M=p'(\boldsymbol{c}_M)$，我们有

$$H(X\,|\,\boldsymbol{Y}=\boldsymbol{d})=H(p_e{}')+p_e{}'H\left(\frac{p'(\boldsymbol{c}_2)}{1-p'(\boldsymbol{c}_1)},\frac{p'(\boldsymbol{c}_3)}{1-p'(\boldsymbol{c}_1)},\cdots,\frac{p'(\boldsymbol{c}_M)}{1-p'(\boldsymbol{c}_1)}\right).$$

由熵函数的极大性，有

$$H(X\,|\,\boldsymbol{Y}=\boldsymbol{d})\leqslant H(p_e{}')+p_e{}'\log(M-1).$$

对所有$\boldsymbol{d}$取平均，有

$$\begin{aligned}H(X\,|\,\boldsymbol{Y})&=\sum_{\boldsymbol{d}}p(\boldsymbol{d})H(X\,|\,\boldsymbol{Y}=\boldsymbol{d})\\&\leqslant\sum_{\boldsymbol{d}}p(\boldsymbol{d})(H(p_e{}')+p_e{}'\log(M-1))\\&=\sum_{\boldsymbol{d}}p(\boldsymbol{d})H(p_e{}')+\log(M-1)\sum_{\boldsymbol{d}}p(\boldsymbol{d})p_e{}'.\end{aligned}$$

由凸性可知

$$H(X\,|\,\boldsymbol{Y})\leqslant H\Big(\sum_{\boldsymbol{d}}p(\boldsymbol{d})p_e{}'\Big)+\log(M-1)\sum_{\boldsymbol{d}}p(\boldsymbol{d})p_e{}'.$$

注意到

$$\begin{aligned}\sum_{\boldsymbol{d}}p(\boldsymbol{d})p_e{}'&=\sum_{\boldsymbol{d}}p(\boldsymbol{d})(1-p(\boldsymbol{c}_1\,|\,\boldsymbol{d}))=1-p(\boldsymbol{c}_1)\\&=1-p(g(\boldsymbol{d}))=p_e,\end{aligned}$$

故

$$H(X\,|\,\boldsymbol{Y})\leqslant H(p_e)+p_e\log(M-1). \qquad \blacksquare$$

引理 5.3.1 设离散无记忆信道容量为C，$\boldsymbol{X}=(X_1,X_2,\cdots,X_N)$为输入随机向量，其中$X_i$为第$i$个输入，$\boldsymbol{Y}=(Y_1,Y_2,\cdots,Y_N)$为输出随机向量，则无论输入分布如何，均有

$$I(\boldsymbol{X};\boldsymbol{Y}) \leqslant \sum_{i=1}^{N} I(X_i;Y_i) \leqslant NC. \tag{5.3.13}$$

证 $I(\boldsymbol{X};\boldsymbol{Y}) = H(\boldsymbol{Y}) - H(\boldsymbol{Y}|\boldsymbol{X})$

$$= H(Y_1 \cdots Y_N) - \sum_{i=1}^{N} H(Y_i | Y_1 \cdots Y_{i-1}, X_1 \cdots X_N).$$

由于信道无记忆、无反馈，故

$$p(Y_i | Y_1 \cdots Y_{i-1}, X_1 \cdots X_N) = p(Y_i | X_i).$$

从而

$$\begin{aligned} I(\boldsymbol{X};\boldsymbol{Y}) &= H(\boldsymbol{Y}) - \sum_{i=1}^{N} H(Y_i | X_i) \\ &\leqslant \sum_{i=1}^{N} H(Y_i) - \sum_{i=1}^{N} H(Y_i | X_i) \\ &= \sum_{i=1}^{N} I(X_i;Y_i) \leqslant NC. \end{aligned}$$

下面证明编码定理的弱逆定理.

定理 5.3.3（编码定理的弱逆定理） 设离散无记忆信道容量为 C. $\{C_n\}_{n=1}^{\infty}$ 为一列 (s^{nR}, n) 码，其对应的译码准则为 g_n，在码字等概率分布下平均译码差错概率为 $p_e^{\mathrm{av}}(n)$. 如果 $R > C$，则存在某一个常数 $\delta > 0$，使得对于所有的 n，有

$$p_e^{\mathrm{av}}(n) \geqslant \delta. \tag{5.3.14}$$

证 设 $M = s^{nR}$，$\boldsymbol{X} = (X_1, X_2, \cdots, X_n)$ 为输入随机向量，其中 X_i 为第 i 个输入. 因为码字平均概率分布 $p(C) = \frac{1}{M}$，故 $H(\boldsymbol{X}) = \log M$. 因此

$$I(\boldsymbol{X};\boldsymbol{Y}) = H(\boldsymbol{X}) - H(\boldsymbol{X}|\boldsymbol{Y}) = \log M - H(\boldsymbol{X}|\boldsymbol{Y}).$$

又知 $I(\boldsymbol{X};\boldsymbol{Y}) \leqslant nC$，故

$$\log M - H(\boldsymbol{X}|\boldsymbol{Y}) \leqslant nC.$$

由 Fano 不等式，有

$$\begin{aligned} \log M - nC &\leqslant H(\boldsymbol{X}|\boldsymbol{Y}) \leqslant H(p_e^{\mathrm{av}}(n)) + p_e^{\mathrm{av}}(n) \log_s (M-1) \\ &\leqslant 1 + p_e^{\mathrm{av}}(n) \log_s M. \end{aligned} \tag{5.3.15}$$

于是 $\frac{\log_s M - nC - 1}{\log_s M} \leqslant p_e^{\mathrm{av}}(n)$，即

$$1 - \frac{nC + 1}{\log_s M} \leqslant p_e^{\mathrm{av}}(n).$$

设 $R=C+\varepsilon$，其中 $\varepsilon>0$，则

$$M=s^{nR}=s^{n(C+\varepsilon)}.$$

从而 $1-\dfrac{nC+1}{n(C+\varepsilon)}\leqslant p_e^{\mathrm{av}}(n)$，

$$\frac{\varepsilon-1/n}{\varepsilon+C}\leqslant p_e^{\mathrm{av}}(n).$$

由于 $\dfrac{\varepsilon}{\varepsilon+C}>0$，故 $\exists\,\delta_1$ 和 $N\geqslant 0$，当 $n>N$ 时有

$$p_e^{\mathrm{av}}(n)\geqslant\delta_1>0.$$

又若对某一个固定的 n，有 $p_e^{\mathrm{av}}(n)=0$，则由(5.3.15)知

$$\log_s M-nC\leqslant 0$$

等价于 $M\leqslant s^{nC}$ 或 $R\leqslant C$，这是不可能的，从而 $\forall\,n$，有 $p_e^{\mathrm{av}}(n)>0$. 取

$$\delta=\min\{p_e^{\mathrm{av}}(1),p_e^{\mathrm{av}}(2),\cdots,p_e^{\mathrm{av}}(N),\delta_1\}$$

即可证明本定理. ∎

值得注意的是，熵函数的底取为 s，许多教材均取为 2，那是特指用二元$\{0,1\}$来编码的情形.

最后我们给出编码定理的强逆定理，其证明留给读者作为练习.

定理 5.3.4 *设离散无记忆信道容量为 C，$\boldsymbol{c}_n$ 为一列(s^{nR},n)码，相应地有译码准则 g_n 和平均译码差错概率为 $p_e^{\mathrm{av}}(n)$. 如果 $R>C$，则有*

$$\lim_{n\to\infty}p_e^{\mathrm{av}}(n)=1.$$

5.3.3 信源-信道联合编码

利用典型序列和联合典型序列，我们证明了两个编码定理. 一个是信源编码定理，用典型序列的语言来讲，就是在所有长度为 n 的信源序列中，存在一个大小为 2^{nH} 的子集，这个子集中每个序列出现的概率几乎相等，并且该子集中所有序列出现的概率之和接近 1. 故可以仅用每个符号 H 比特的速率来对它进行编码，其误差概率随 $n\to\infty$而趋于 0. 另外一个是信道编码定理，意指当码字长度很长时，信道输出序列和输入码字非常可能是联合典型序列对，而与其他任何码字联合典型的概率，近似为 2^{-nI}. 因而我们可以安全使用大约不多于 2^{nI} 个码字. 因为 I 最大可达信道容量，所以说当传输速率小于 C 时，误码率可以忽略. 如果信源编码速率 $R>H$，就可以无错地进行信源编码；而当 $R<C$ 时，信道也可以接近无错地进行传输. 此时产生一个问题：$H<C$ 是否就是这个信源在信道上能

无错传输的充要条件呢？回答是肯定的. 事实上，我们有如下定理：

定理 5.3.5 设 $X_1, X_2, \cdots, X_n$ 是一个在有限字符集 V 上取值的随机序列，且满足 AEP 性质. 若 $H(\boldsymbol{X}) < C$，则存在一个信源-信道联合编码，使 $p_e^{(n)} \to 0$. 反之，如果 $H(\boldsymbol{X}) > C$，则不可能以任意小的差错概率传送消息.

证 (1) 设 $H(\boldsymbol{X}) < C$. 由于随机序列满足 AEP，故存在长度为 n 的典型序列集合 $A_\varepsilon^{(n)}$，$|A_\varepsilon^{(n)}| \leqslant 2^{n(H(\boldsymbol{X})+\varepsilon)}$. 于是我们仅传输 $A_\varepsilon^{(n)}$ 中的序列，并且认为其他所有的序列均会导致错误. 而这些错误至多给总错误概率增加一个 ε.

对 $A_\varepsilon^{(n)}$ 中的序列进行标号，至多用 $2^{n(H(\boldsymbol{X})+\varepsilon)}$ 个标号就够了，记这些标号为 $\{1,2,\cdots,M\}$，其中 $M = 2^{n(H(\boldsymbol{X})+\varepsilon)}$. 消息集合 $\{1,2,\cdots,M\}$ 是一个等概率集合. 所以如果

$$H(\boldsymbol{X}) + \varepsilon = R < C, \tag{5.3.16}$$

则在接收端可以可靠地恢复出消息，错误概率可以任意小. 这时，总的差错概率为

$$\begin{aligned} p_e^{(n)} &\leqslant P(X_n \overline{\in} A_\varepsilon^{(n)}) + P(g(Y_n) \neq X_n \mid X_n \in A_\varepsilon^{(n)}) \\ &\leqslant \varepsilon + \varepsilon = 2\varepsilon. \end{aligned} \tag{5.3.17}$$

由于 ε 可以任意小，故只要

$$H(\boldsymbol{X}) < C,$$

就存在一信源-信道联合编码，使得 $p_e^{(n)} \to 0$.

(2) 我们用反证法证明后一部分，即若有 $\lim\limits_{n\to\infty} p_e^{(n)} = 0$，则 $H(\boldsymbol{X}) \leqslant C$.

设信源-信道编码序列为

$$X^n(V^n): V^n \to A^n,$$
$$g_n(Y^n): B^n \to V^n,$$

其中 X^n 为编码函数，g_n 为译码函数，$\hat{V}^n$ 表示 V^n 最终译出的结果. 由 Fano 不等式，得

$$H(V^n \mid \hat{V}^n) \leqslant 1 + p_e^{(n)} Rn \leqslant 1 + p_e^{(n)} n \log |V|. \tag{5.3.18}$$

由于

$$\begin{aligned} H(V) &\leqslant \frac{1}{n} H(V_1, V_2, \cdots, V_n) = \frac{H(V^n)}{n} \\ &= \frac{1}{n} H(V^n \mid \hat{V}^n) + \frac{1}{n} I(V^n; \hat{V}^n) \\ &\leqslant \frac{1}{n}(1 + n p_e^{(n)} \log |V|) + \frac{1}{n} I(V^n; \hat{V}^n) \end{aligned}$$

$$\leqslant \frac{1}{n}(1 + p_e^{(n)} \cdot n\log |V|) + \frac{1}{n}I(A^n ; B^n)$$

$$\leqslant \frac{1}{n} + p_e^{(n)} \log |V| + C, \tag{5.3.19}$$

故如果 $p_e^{(n)} \to 0$，则 $C \geqslant H(V)$. ∎

5.4 高斯信道

高斯信道是一类重要的连续信道，如图 5.13 所示.离散时间输出 Y_i 是 X_i 与 Z_i 之和：

$$Y_i = X_i + Z_i, \quad Z_i \sim N(0, N_0),$$

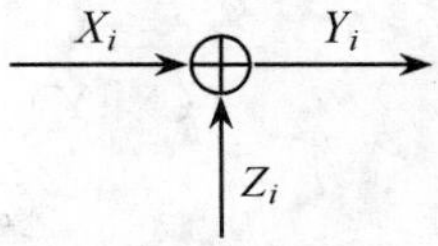

图 5.13　高斯信道

其中 $N(0, N_0)$表示零均值、方差为 N_0 的高斯分布. 假定 Z_i 与 X_i 相互独立，在没有其他限制的情况下，信道容量可以任意大. 这是因为可以取输入 X_i 充分大，使错误概率为零. 故一般对输入有限制，如能量限制或功率限制. 如果是功率限制，则要求码字$(x_1, x_2, \cdots, x_n)$满足

$$\frac{1}{n}\sum_{i=1}^{n} x_i^2 \leqslant p.$$

例如，考虑在功率限制下的二电平$\pm\sqrt{p}$信号传输. 接收机根据 $Y \gtrless 0$ 来决定发送的是哪一个电平. 这时译码错误概率为

$$\begin{aligned} p_e &= \frac{1}{2}P(y < 0 \mid x = \sqrt{p}) + \frac{1}{2}P(y > 0 \mid x = -\sqrt{p}) \\ &= \frac{1}{2}P(z < -\sqrt{p} \mid x = \sqrt{p}) + \frac{1}{2}P(z > \sqrt{p} \mid x = -\sqrt{p}) \\ &= P\{z > \sqrt{p}\} = 1 - \varphi\left(\sqrt{\frac{p}{N}}\right), \end{aligned}$$

其中 $\varphi(x) = \int_{-\infty}^{x} \frac{1}{\sqrt{2\pi}} \mathrm{e}^{-\frac{t^2}{2}} \mathrm{d}t$.

它实际上是通过量化将高斯信道改造成二进对称信道. 当然，高斯信道也可被改造成其他的离散信道. 在实际调制方式中，常把连续信道改造成为离散信道. 其优点是简单，但也有重大缺点，即损失了许多信息量.

5.4.1 高斯信道容量

定义 5.4.1　在功率限制 p 之下，**高斯信道容量**定义为

$$C=\max_{p(x):\ EX^2\leqslant p} I(X;Y). \tag{5.4.1}$$

首先，由 X 和 Z 相互独立，知

$$\begin{aligned} I(X;Y) &= H_C(Y)-H_C(Y|X)\\ &= H_C(Y)-H_C(X+Z|X)\\ &= H_C(Y)-H_C(Z|X)\\ &= H_C(Y)-H_C(Z). \end{aligned} \tag{5.4.2}$$

由例 2.5.2 可知 $H_C(Z)=\frac{1}{2}\log 2\pi eN$,

$$EY^2=E((X+Z)^2)=EX^2+2EX\cdot EZ+EZ^2=p+N. \tag{5.4.3}$$

所以

$$\begin{aligned} I(X;Y) &= H_C(Y)-H_C(Z)=h(Y)-h(Z)\\ &\leqslant \frac{1}{2}\log 2\pi e(p+N)-\frac{1}{2}\log 2\pi eN\\ &= \frac{1}{2}\log\left(1+\frac{p}{N}\right) \end{aligned} \tag{5.4.4}$$

(因为 $h(Y)\leqslant \frac{1}{2}\log 2\pi e(p+N)$). 当 Y 为高斯随机变量时，等号成立. 由于 X 为高斯随机变量时，Y 也为高斯随机变量，故

$$C=\max_{EX^2\leqslant p} I(X;Y)=\frac{1}{2}\log\left(1+\frac{p}{N}\right), \tag{5.4.5}$$

即当 X 为正态分布，$X\sim N(0,p)$ 时，达到信道容量.

5.4.2 高斯信道编码定理

定义 5.4.2 功率受限于 p 的高斯信道上的一个 $(\boldsymbol{M},\boldsymbol{n})$ **码**由如下部分组成：

(1) 一个指标集 $\{1,2,\cdots,M\}$；

(2) 编码函数 $X^n:\{1,2,\cdots,M\}\to\mathbf{R}^n$（$\mathbf{R}$ 为实数域），码字 $X^n(1)$, $X^n(2),\cdots,X^n(M)$ 满足

$$\sum_{i=1}^{n} X_i^2(w)\leqslant np,$$

其中 $X^n(w)=(X_1(w),X_2(w),\cdots,X_n(w))$, $w=1,2,\cdots,M$.

(3) 译码函数 $g:\mathbf{R}^n\to\{1,2,\cdots,M\}$.

定义 5.4.3 功率受限于 p 的高斯信道上，速率 R 被称为**可达的**，是指存在一系列功率满足限制条件的 $(2^{nR},n)$ 码，使相应的最大错误概率 $\lambda^{(n)}\to 0$.

定理 5.4.1 在噪声方差为 N、信号功率限制为 p 的高斯信道上，任何 $R<C$ 的速率是可达的，其中

$$C=\frac{1}{2}\log\left(1+\frac{p}{N}\right)\ \text{bit/ 传输}. \tag{5.4.6}$$

证 与离散情况一样，我们仍用随机编码和联合典型序列对译码方法，只是作如下修正：

(1) 在构造码书时，要考虑功率限制. 这时随机码字的符号 $X_i(w)$ $(i=1,2,\cdots,n;\ w=1,2,\cdots,2^{nR})$ 为独立同分布随机变量，分布密度为 $N(0,p-\varepsilon)$. 这时构成的码字 $X^n(1),X^n(2),\cdots,X^n(2^{nR})\in\mathbf{R}^n$.

(2) 在发送第 w 个消息时，相应发送的码字为码书第 w 行 $X^n(w)$.

(3) 译码时，接收机在码书上搜索，寻找和接收序列联合典型的码字.

(4) 在计算错误概率时，不失一般性，可假定发送码字为 1，于是

$$Y^n=X^n(1)+Z^n.$$

记 $E_0=\left\{\frac{1}{n}\sum_{i=1}^{n}X_i^2(1)>p\right\}$ 为发送码字 1 时，信号功率大于 p 的事件，记 $E_i=\{(X^n(i),Y^n)\in A_\varepsilon^{(n)}\}$ 为发送码字 1 时，误译为 i 的事件. 所以在发送码字为 1 时，错误概率为

$$\begin{aligned}P(E\,|\,w=1)&=P(E)=P\{E_0\cup\overline{E_1}\cup E_2\cup\cdots\cup E_{2^{nR}}\}\\&\leqslant P(E_0)+P(\overline{E_1})+\sum_{i=2}^{2^{nR}}P(E_i).\end{aligned} \tag{5.4.7}$$

由随机码书构成及大数定律，易知当 $n\to\infty$ 时，$P(E_0)\to 0$. 由渐近等同分割性质，当 $n\to\infty$ 时，$P(\overline{E_1})\to 0$.

与证明离散无记忆信道编码定理一样，$X^n(1)$ 和 $X^n(i)$ 是独立的，所以 Y^n 和 $X^n(i)$ 相互独立. 从而 $X^n(i)$ 和 Y^n 联合典型的概率小于 $2^{-n(I(X;Y)-3\varepsilon)}$，故

$$\begin{aligned}P_e^{(n)}&=P(E)=P(E\,|\,w=1)\\&\leqslant P(E_0)+P(\overline{E_1})+\sum_{i=2}^{2^{nR}}P(E_i)\\&\leqslant\varepsilon+\varepsilon+\sum_{i=2}^{2^{nR}}2^{-n(I(X;Y)-3\varepsilon)}\\&=2\varepsilon+(2^{nR}-1)\cdot 2^{-n(I(X;Y)-3\varepsilon)}\\&\leqslant 3\varepsilon.\end{aligned} \tag{5.4.8}$$

上式最后一步只要 $R < I(X;Y) - 3\varepsilon$，同时 n 充分大时就行. 与离散情况一样，再选 X 的分布，使 $I(X;Y)$ 达到信道容量，再丢掉那些较“差”的码字可以增强所得的结果，从而完成定理的证明. ▌

5.4.3 高斯信道编码定理的逆定理

在高斯信道上，我们也有如下编码逆定理.

定理 5.4.2 高斯信道容量为 C，则 $\forall R > C$，速率 R 是不可达的.

证 我们只证，如果对功率受限为 p 的高斯信道上一列 $(2^{nR}, n)$ 码，有 $p_e^{(n)} \to 0$，则必有

$$R \leqslant C = \frac{1}{2}\log\left(1 + \frac{p}{N}\right). \tag{5.4.9}$$

考虑任一满足功率限制的码 $(2^{nR}, n)$：

$$\frac{1}{n}\sum_{i=1}^{n} X_i^2(w) \leqslant p, \quad w = 1, 2, \cdots, 2^{nR}. \tag{5.4.10}$$

由 Fano 不等式，有

$$H(w \mid Y^n) \leqslant 1 + nRp_e^{(n)}.$$

定义

$$\varepsilon_n = \frac{1}{n}(1 + nRp_e^{(n)}) = \frac{1}{n} + Rp_e^{(n)}.$$

由于 $p_e^{(n)} \to 0$，故 $\varepsilon_n \to 0$. 从而

$$\begin{aligned}
nR = H(w) &= I(w;Y^n) + H(w \mid Y^n) \\
&\leqslant I(w;Y^n) + n\varepsilon_n \\
&\leqslant I(X^n;Y^n) + n\varepsilon_n \\
&= h(Y^n) - h(Y^n \mid X^n) + n\varepsilon_n \\
&= h(Y^n) - h(Z^n) + n\varepsilon_n \\
&\leqslant \sum_{i=1}^{n} h(Y_i) - h(Z^n) + n\varepsilon_n \\
&= \sum_{i=1}^{n} (h(Y_i) - h(Z_i)) + n\varepsilon_n \\
&= \sum_{i=1}^{n} I(X_i;Y_i) + n\varepsilon_n.
\end{aligned}$$

令 p_i 表示码书中码字的第 i 位符号的平均功率，即

$$p_i = \frac{1}{2^{nR}} \sum_{w=1}^{2^{nR}} X_i^2(w),$$

于是 Y_i 的功率为 $p_i + N$，所以

$$h(Y_i) \leqslant \frac{1}{2} \log 2\pi e(p_i + N).$$

因而

$$\begin{aligned} nR &\leqslant \sum_{i=1}^{n} (h(Y_i) - h(Z_i)) + n\varepsilon_n \\ &\leqslant \sum_{i=1}^{n} \frac{1}{2} \log\left(1 + \frac{p_i}{N}\right) + n\varepsilon_n. \end{aligned} \tag{5.4.11}$$

由于码字满足功率限制，所以

$$\frac{1}{n} \sum_{i=1}^{n} p_i \leqslant p.$$

已知对数函数 $f(x) = \frac{1}{2} \log(1+x)$ 为凹函数（$f''(x) < 0$），故

$$\begin{aligned} \frac{1}{n} \sum_{i=1}^{n} \frac{1}{2} \log\left(1 + \frac{p_i}{N}\right) &\leqslant \frac{1}{2} \log\left(1 + \frac{1}{n} \sum_{i=1}^{n} \frac{p_i}{N}\right) \\ &\leqslant \frac{1}{2} \log\left(1 + \frac{p}{N}\right) \\ &= C. \end{aligned} \tag{5.4.12}$$

从而由(5.4.11)得

$$R \leqslant C + \varepsilon_n.$$

令 $n \to \infty$，得到 $R \leqslant C$. ▌

5.5 级联信道和并联信道的信道容量

这一节我们讨论信道在几种基本的组合下组合信道总容量与其组成信道容量之间的关系，由此可以加深我们对信道容量的理解.

5.5.1 级联信道

级联信道是信道最基本的组合形式，许多实际信道都可以看成是其组成信道的级联. 图 5.14 是由两个信道组成的最简单的级联信道. 信道级联的主要条件是前一信道的输出字母表与后一信道的输入字母表一致. 如图 5.14 所示，信道 1 的输出 Y 恰好是信道 2 的输入，X 和 Z 分别成为此级联信道的输入和输出.

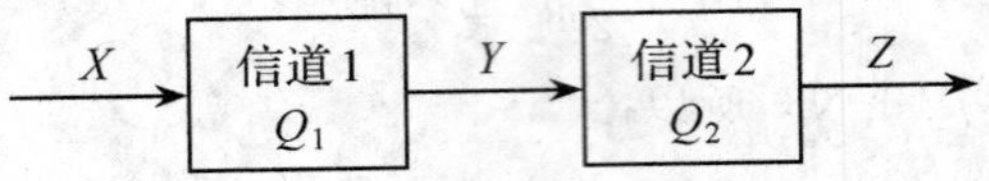

图 5.14 级联信道

我们来分析一下级联信道中各输入、输出之间的关系. 以图 5.14 为例，信道 1 的输出 Y 与其输入 X 统计相关，而信道 2 的输出 Z 又与其输入 Y 统计相关. 所以，一般来讲，Z 将与 X 统计相关. 但另一方面，级联的结构决定了 Z 的取值在给定 Y 以后将不再与 X 有关，而只取决于信道 2 的前向转移概率矩阵 Q_2.在概率论中，我们称 XYZ 的这种关系为 XYZ 组成马尔可夫链. 设 X,Y,Z 的字母表分别为 $A_X=\{a_1,a_2,\cdots,a_K\}$，$A_Y=\{b_1,b_2,\cdots,b_J\}$ 和 $A_Z=\{c_1,c_2,\cdots,c_L\}$，则当 X,Y,Z 组成马尔可夫链时它们在概率上满足以下关系：

$$P(xz\mid y=b_j)=P(x\mid y=b_j)P(z\mid y=b_j). \tag{5.5.1}$$

因此它们之间的互信息满足

$$I(X;Z\mid Y)=H(XZ\mid Y)-H(X\mid Y)-H(Z\mid Y)=0. \tag{5.5.2}$$

因此，利用关系式

$$\begin{aligned} I(X;YZ)&=I(X;Y)+I(X;Z\mid Y)\\ &=I(X;Z)+I(X;Y\mid Z), \end{aligned} \tag{5.5.3}$$

可得

$$I(X;Y)=I(X;Z)+I(X;Y\mid Z). \tag{5.5.4}$$

由于互信息的非负性，在马尔可夫链下有

$$I(X;Y)\geqslant I(X;Z). \tag{5.5.5}$$

根据

$$I(XY;Z)=I(X;Z)+I(Y;Z\mid Y)=I(Y;Z)+I(X;Z\mid Y),$$

同理可得

$$I(Y;Z)\geqslant I(X;Z). \tag{5.5.6}$$

式(5.5.5)和式(5.5.6)表明，级联信道的信道容量不可能大于其各自组成信道的信道容量. 实际上，当信道不断级联时，级联信道容量一般将趋于零.

级联信道容量的计算并不困难. 设有 N 个信道被级联在一起，各信道的前向转移概率矩阵分别为 $\boldsymbol{Q}_1,\boldsymbol{Q}_2,\cdots,\boldsymbol{Q}_N$. 利用级联信道中各输入、输出组成马尔可夫链可以证明，总的级联信道的前向转移概率矩阵为

$$Q = Q_1 Q_2 \cdots Q_N = \prod_{n=1}^{N} Q_n. \tag{5.5.7}$$

利用求得的级联信道的 Q，就可按上节介绍的办法计算级联信道容量.

例 5.5.1 求 N 个相同的二元对称信道组成的级联信道的信道容量.

解 设单个二元对称信道的前向转移概率矩阵为

$$Q_0 = \begin{pmatrix} 1-\varepsilon & \varepsilon \\ \varepsilon & 1-\varepsilon \end{pmatrix},$$

则 N 个二元对称信道级联后的信道前后转移概率矩阵为

$$Q = Q_0^N. \tag{5.5.8}$$

由于 Q_0 是对称矩阵,所以不难用正交变换转化为对角阵,即

$$T^{-1} Q_0 T = \Lambda = \begin{pmatrix} 1 & 0 \\ 0 & 1-2\varepsilon \end{pmatrix}, \tag{5.5.9}$$

其中

$$T = \frac{\sqrt{2}}{2} \begin{pmatrix} 1 & 1 \\ -1 & 1 \end{pmatrix} = T^{-1}. \tag{5.5.10}$$

所以

$$\begin{aligned} Q = Q_0^N &= T \Lambda^N T^{-1} = T \begin{pmatrix} 1 & 0 \\ 0 & (1-2\varepsilon)^N \end{pmatrix} T^{-1} \\ &= \frac{1}{2} \begin{pmatrix} 1+(1-2\varepsilon)^N & 1-(1-2\varepsilon)^N \\ 1-(1-2\varepsilon)^N & 1+(1-2\varepsilon)^N \end{pmatrix}. \end{aligned} \tag{5.5.11}$$

级联后的信道仍等效为一个二元对称信道，其错误传递概率为

$$\frac{1}{2}[1-(1-2\varepsilon)^N].$$

根据 5.1.3 节中的例子求出的二元对称信道的信道容量，可知级联信道的信道容量为

$$C_N = 1 - H\left(\frac{1-(1-2\varepsilon)^N}{2}\right). \tag{5.5.12}$$

不难看出，当 $N \to \infty$ 时，级联信道的前向转移概率矩阵 Q 变为

$$\lim_{N\to\infty} Q = \begin{pmatrix} \frac{1}{2} & \frac{1}{2} \\ \frac{1}{2} & \frac{1}{2} \end{pmatrix}. \tag{5.5.13}$$

此时级联信道的信道容量为

$$\lim_{N\to\infty} C_N = 1 - H\left(\frac{1}{2}\right) = 0.$$

这说明 $N\to\infty$ 时级联信道的输出将与输入无关.

前面曾经指出，信息论中的信道是一种广义理解的信道，特别是我们也可以把信号处理器看成是信道. 在这种情况下，级联的信号处理器可看成级联信道. 这样，从信道传输的观点来看，随着信号的不断处理，信号处理器的输出与最初输入信号之间的互信息将不断减小，直至完全独立. 因此，关系式

$$I(X;Z)\leqslant I(X;Y),$$
$$I(X;Z)\leqslant I(Y;Z)$$

在信息论中又称为**数据处理定理**. 这一结论告诉我们，虽然处理可以满足我们的某种具体要求，但从信息量来看每一次处理都会损失一部分信息.

5.5.2 并联信道

并联信道是另外一种基本的信道组合形式. 并联信道有三种并联方式，如图 5.15 所示.

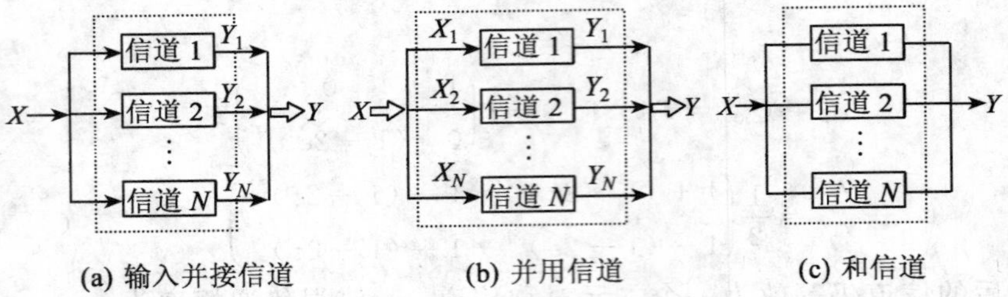

图 5.15 并联信道

我们把它们放在一起讨论是因为它们在结构上都有某种并联的形式，但这三种并联信道从其输入/输出字母表及其使用方式来看是很不一样的. 图 5.15 (a)被称为输入并接信道，因为它的 N 个组成信道具有相同的输入字母表，且输入被同时使用，而 N 个组成信道的输出是各自不同的，它们在一起组成输出字母组，我们用输出矢量 $Y=(Y_1Y_2\cdots Y_N)$ 来表示. 图 5.15 (b)被称为并用信道，因为它的 N 个组成信道的输入、输出彼此独立，各不相同，分别对应着并联信道输入矢量和输出矢量的一个分量，因此，并用信道中的各个组成信道仅在使用上被并起来. 图 5.15 有独立的 N 个组成信道，传输信息时每次只使用其中一个信道，因此，这 N 个组成信道既没有在输入端被并接，也没有在使用上被同时使用，它们只是整个被当成一个信道任意选用其组成信道，所以我们称其为和信道，如图

5.15 (c)所示. 下面我们分别对它们的容量进行讨论.

1. 输入并接信道

输入并接信道可以看成是一个单输入多输出的信道，即其输入为 X，输出为 $Y=(Y_1Y_2\cdots Y_N)$. 通过这一信道传输的信息为

$$\begin{aligned}I(X;Y_1Y_2\cdots Y_N)&=I(X;Y_1)+I(X;Y_2\mid Y_1)+\cdots\\&\quad+I(X;Y_N\mid Y_1Y_2\cdots Y_{N-1})\\&=I(X;Y_2)+I(X;Y_1\mid Y_2)+I(X;Y_3\mid Y_1Y_2)+\cdots\\&\quad+I(X;Y_N\mid Y_1Y_2\cdots Y_{N-1})\\&=\cdots\\&=I(X;Y_N)+I(X;Y_1\mid Y_N)+\cdots\\&\quad+I(X;Y_{N-1}\mid Y_1\cdots Y_{N-2}Y_N).\end{aligned}\tag{5.5.14}$$

由此可知，该信道的信道容量一定大于其中任意一个组成信道的信道容量. 然而，输入并接信道的信道容量的具体求解比较困难，因为其前向转移概率矩阵非常庞大，即使在最简单的情况下，例如在由 N 个相同的二元对称信道并接而成的信道中，其输出矢量仍然有 2^N 种，具体计算将会很繁杂. 但是，这一输入并接信道中的信道容量有一个简单的上界. 因为

$$I(X;Y_1Y_2\cdots Y_N)=H(X)-H(X\mid Y_1Y_2\cdots Y_N)\leqslant H(X),$$

所以

$$C\leqslant\max_{P(X)}H(X).\tag{5.5.15}$$

例如，在由 N 个相同的二元对称信道并接而成的信道下，其信道容量将不超过 1 bit/字母.

从信道利用的角度来看，输入并接信道的效率很低，但是，利用它可以提高信息传输的可靠性. 例如，对一个物理量的若干次测量，或对同一个物理量采用若干不同的测量系统进行测量等.

2. 并用信道

并用信道的特点是其所有组成的信道被并联起来使用，但输入并未并接，各组成信道仍有各自的输入和输出，这一特点可表示为

$$P(y_1y_2\cdots y_N\mid x_1x_2\cdots x_N)=\prod_{n=1}^{N}P(y_n\mid x_n).\tag{5.5.16}$$

所以通过并用信道传输的互信息为

$$I(X;Y)=H(Y)-H(Y\mid X)=H(Y)-\sum_{n=1}^{N}H(Y_n\mid X_n).\tag{5.5.17}$$

由于

$$H(Y)=H(Y_1)+H(Y_2|Y_1)+\cdots+H(Y_N|Y_1Y_2\cdots Y_{N-1})$$
$$\leqslant\sum_{n=1}^{N}H(Y_n),\tag{5.5.18}$$

所以

$$I(X;Y)\leqslant\sum_{n=1}^{N}(H(Y_n)-H(Y_n|X_n))=\sum_{n=1}^{N}I(X_n;Y_n).\tag{5.5.19}$$

当且仅当 $X_n(n=1,2,\cdots,N)$ 相互独立时才有

$$H(Y)=\sum_{n=1}^{N}H(Y_n)\tag{5.5.20}$$

及

$$I(X;Y)=\sum_{n=1}^{N}I(X_n;Y_n).\tag{5.5.21}$$

所以,并用信道的信道容量为

$$C=\max_{P(X)}I(X;Y)=\max\sum_{n=1}^{N}I(X_n;Y_n)=\sum_{n=1}^{N}C_n,\tag{5.5.22}$$

即并用信道的信道容量为各组成信道的信道容量之和.

3. 和信道

和信道的前向转移概率矩阵很容易由其组成信道求得. 设和信道有 N 个组成信道，各自的前后转移概率矩阵分别为 $\boldsymbol{Q}_1,\boldsymbol{Q}_2,\cdots,\boldsymbol{Q}_N$，第 n 个组成信道的输入字母总数为 K_n，输出字母总数为 J_n，转移概率为 $q_n(b_{j_n}|a_{k_n})$ $(k_n=1,2,\cdots,K_n,\ j_n=1,2,\cdots,J_n)$. 则和信道的前向转移概率矩阵是由 $\boldsymbol{Q}_1,\boldsymbol{Q}_2,\cdots,\boldsymbol{Q}_N$ 组成的分块对角矩阵，即

$$\boldsymbol{Q}=\begin{pmatrix}\boldsymbol{Q}_1 & & & \\ & \boldsymbol{Q}_2 & & \\ & & \ddots & \\ & & & \boldsymbol{Q}_N\end{pmatrix}.\tag{5.5.23}$$

设第 n 个信道的使用概率为 $p_n(C)$，则第 n 个信道中输入字母 a_{k_n} 与输出的互信息为

$$I_n(a_{k_n};Y)=\sum_{j_n=1}^{J_n}q_n(b_{j_n}|a_{k_n})\log\frac{q(b_{j_n}|a_{k_n})}{p_n(C)\sum_{i=1}^{K_n}p_n(a_i)q(b_{j_n}|a_i)}.\tag{5.5.24}$$

根据离散无记忆信道容量定理，应有

$$I_n(a_{k_n};Y)=C_n+\log\frac{1}{p_n(C)}=C. \tag{5.5.25}$$

又

$$\sum_{n=1}^{N}p_n(C)=1, \tag{5.5.26}$$

于是，和信道的信道容量为

$$C=\log_2\sum_{n=1}^{N}2^{C_n}. \tag{5.5.27}$$

此时各组成信道的使用概率为

$$p_n(C)=2^{C_n-C}. \tag{5.5.28}$$

5.6 信道编码实例

我们已经知道，信道编码的作用是提高信息传输时的抗干扰能力以增加信息传输的可靠性，为此，必须引入一定的冗余度. 但冗余度过大，则又会降低信道的信息传输效率，这是一对矛盾. 我们通过重复码与 Hamming 码来说明这一问题.

5.6.1 重复码

二元对称信道是通信信道中最基本的模型之一，如图 5.16 所示. 该模型显示，若发送的符号为 0 而接收到的符号为 1，则认为出错. 反之一样，同时，我们假定 $p<\frac{1}{2}$，则无论何种输入分布，信道的平均差错概率为 p.

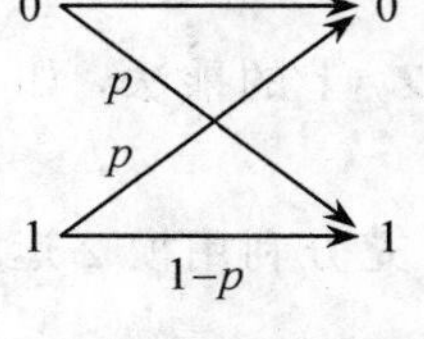

图 5.16 二元对称信道

现在，我们希望能设计出一种方法去检测甚至是能修正出错. 一种办法是什么也不做，收到什么符号就认为该符号为输入符号. 此时差错概率为 p. 另外一种办法是，在传送每个符号时，我们连续地重复 3 次，即若希望发送“0”，则我们实际上发送的是“0 0 0”. 在译码时我们简单地采取少数服从多数原则，即若收到的信号为“0 1 0”，则认为发送的为 0.

我们假设差错的出现是独立的，则在这种译码准则下，译码发生错误的充要条件是至少在传输的三个信号中有两个产生错误，其概率

$$p_e=\binom{3}{2}p^2(1-p)+\binom{3}{3}p^2=3p^2-2p^3.$$

由于 $p<\frac{1}{2}$，故 $p_e<p$，这样，降低了平均差错概率.

一般地，若将连续重复次数改为 $2n+1$（用奇数主要是可以利用少数服从多数原则），则由弱大数定理，传输 $2n+1$ 个符号至少有 $n+1$ 个符号出错的概率趋于 0，即表明，当 n 充分大时，这种重复码的平均差错概率可以任意地小.

然而，这样做却花了太大的代价. 如果我们发送每个 bit $2n+1$ 次，表明我们的码率仅为 $\frac{1}{2n+1}$，当 n 充分大时，这是不能令人接受的.

通过此例，我们知道了信道编码时的冗余度的作用，即通过引入附加信息，去检测，甚至修正在传输中出现的差错. 冗余度越多，我们检测和修正差错的可靠性也就越大，但传输效率也就越低.

5.6.2 Hamming 码

我们考虑一个颇具智慧的例子. 设 $\mathbf{Z}_2$ 为一个域，它由 0,1 组成，运算法则为

$$0+0=1+1=0,\quad 0\cdot 0=0,\quad 1\cdot 1=1,$$
$$1+0=0+1=1,\quad 1\cdot 0=0\cdot 1=0.$$

设 $V(n,2)$ 为定义在 $\mathbf{Z}_2$ 上的所有长为 n 的二元字符串，其加法运算仍为模 2 运算. 例如，在 $V(4,2)$ 中，我们有

$$1101\oplus 1001=0100$$

（至于 $\mathbf{Z}_2$ 上的乘法，如 $1101\otimes 1=1101$，$1101\otimes 0=0000$，为平凡的乘法）.

为充分利用模 2 运算等特点，定义矩阵 $\boldsymbol{G}$：

$$\boldsymbol{G}=\begin{pmatrix}1&0&0&0&0&1&1\\0&1&0&0&1&0&1\\0&0&1&0&1&1&0\\0&0&0&1&1&1&1\end{pmatrix},$$

其中每行可看做 $V(7,2)$ 中的一个向量，并且由于它们线性独立，故 $\boldsymbol{G}$ 中 4 个行向量可生成 $V(7,2)$ 中一个 4 维子空间，我们记之为 H.

假设消息空间为向量空间 $V(4,2)$. 若

$$\boldsymbol{a}=a_1a_2a_3a_4$$

为一个信源消息，作运算 $\boldsymbol{aG}$ 来产生一码字 $\boldsymbol{aG}$. 例如，若 $\boldsymbol{a}=1\,0\,1\,1$，则产生码字 $\boldsymbol{c}$：

$$\boldsymbol{c}=\boldsymbol{aG}=(1\,0\,1\,1)\begin{pmatrix}1&0&0&0&0&1&1\\0&1&0&0&1&0&1\\0&0&1&0&1&1&0\\0&0&0&1&1&1&1\end{pmatrix}=(1\,0\,1\,1\,0\,1\,0),$$

其中所有的运算为模 2 运算. 于是所得码字为 $\boldsymbol{c}=1\,0\,1\,1\,0\,1\,0$.

注意到矩阵 $\boldsymbol{G}$ 最左边的 4×4 子矩阵为一恒等(单位)矩阵，码字的前 4 bit，与信源消息一致. 这样我们可以非常简单地译出码字. 由于码 H 由 $\boldsymbol{G}$ 的 4 个行向量生成，故有时称 $\boldsymbol{G}$ 为 H 的生成矩阵.

下面考虑译码问题. 设 $\boldsymbol{T}$ 为如下矩阵：

$$\boldsymbol{T}=\begin{pmatrix}0&0&0&1&1&1&1\\0&1&1&0&0&1&1\\1&0&1&0&1&0&1\end{pmatrix}.$$

易证 $\boldsymbol{T}$ 中每行与 $\boldsymbol{G}$ 中每行直交，例如

$$\begin{aligned}&(1\,0\,0\,0\,0\,1\,1)\cdot(0\,0\,0\,1\,1\,1\,1)\\&=1\cdot0\oplus0\cdot0\oplus0\cdot0\oplus0\cdot1\oplus0\cdot1\oplus1\cdot1\oplus1\cdot1\\&=0\oplus0\oplus0\oplus0\oplus0\oplus1\oplus1=0.\end{aligned}$$

而 $\boldsymbol{T}$ 中 3 行本身也相互直交，故线性独立，从而 $\boldsymbol{T}$ 中 3 行也可生成 $V(7,2)$ 中一个 3 维子空间，不妨记为 φ. 从而 $H\subset\varphi^{\perp}$，其中

$$\varphi^{\perp}=\{\boldsymbol{v}\in V(7,2)\mid \boldsymbol{vs}=0,\ \forall\,\boldsymbol{s}\in\varphi\}.$$

又 $\dim\varphi^{\perp}=\dim V(7,2)-\dim\varphi=4$，故 $H=\varphi^{\perp}$.

此时我们可以非常方便地描述 H 中的码字，因为它告诉我们，一个向量 $\boldsymbol{c}\in H$ 的充要条件是它与 $\boldsymbol{T}$ 中每一行直交，即

$$\boldsymbol{c}\in H\Leftrightarrow \boldsymbol{cT}^{\mathrm{T}}=\boldsymbol{0},$$

其中 $\boldsymbol{0}=0\,0\,0\,0\,0\,0\,0$ 为 $V(7,2)$ 中的零向量.

下面假设码字 $\boldsymbol{c}$ 通过了信道，但其中某一位发生了差错，不妨设为第 i 位. 设 $\boldsymbol{e}_i=0\,0\cdots\underset{\text{第}i\text{个}}{1}\cdots0$ 为 $V(7,2)$ 中的第 i 个单位向量，其第 i 位为 1 而其余位为 0，则输出时的接收矢量为

$$\boldsymbol{x}=\boldsymbol{c}\oplus\boldsymbol{e}_i.$$

我们计算

$$\begin{aligned}\boldsymbol{xT}^{\mathrm{T}}&=(\boldsymbol{c}\oplus\boldsymbol{e}_i)\boldsymbol{T}^{\mathrm{T}}=\boldsymbol{cT}^{\mathrm{T}}\oplus\boldsymbol{e}_i\boldsymbol{T}^{\mathrm{T}}=\boldsymbol{e}_i\boldsymbol{T}^{\mathrm{T}}\\&=\text{矩阵 }\boldsymbol{T}\text{ 中第 }i\text{ 列}.\end{aligned}$$

注意到矩阵 $\boldsymbol{T}$ 的规律，第 i 列刚好为 i 的二进制表示. 故 $\boldsymbol{xT}^{\mathrm{T}}$ 不仅告诉我们是否出错，而且告诉我们哪个 bit 出错了，也就是能修正错误.

这就是 Hamming 码.

在我们的例子中，Hamming 码的码率为 4/7. 尽管它仅对产生一个差错有效果，然而其平均差错概率为

$$p_e = 1 - 7p(1-p)^6 - (1-p)^7.$$

取 $p = 0.01$，对于 3- 重复码来说，$p_e = 0.00259$，而码率为 $R = \frac{1}{3}$. 对于上述 Hamming 码来说，$p_e \approx 0.00203$，而码率为 $R = \frac{4}{7}$，大大优于 3- 重复码.

习　题

5.1　考虑如下信道：

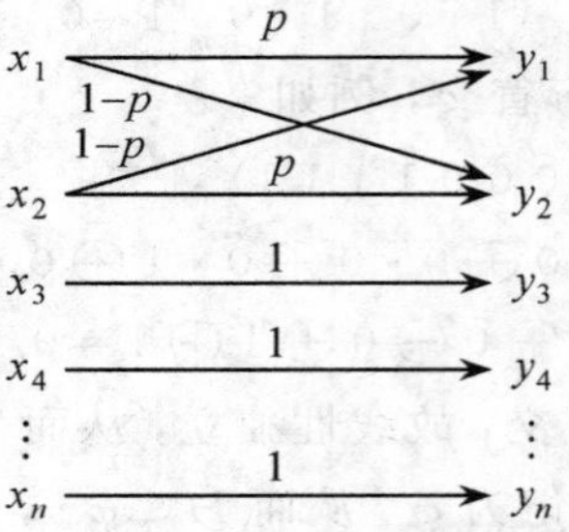

(1) $n=3$ 时，写出信道矩阵，求出信道容量及达到信道容量的输入分布.

(2) 对任意的 n，做以上工作.

5.2　证明：信道容量是一定能够达到的.

提示：利用互信息 $I(X;Y)$ 关于输入分布是连续函数.

5.3　计算如下所示离散无记忆信道的容量：

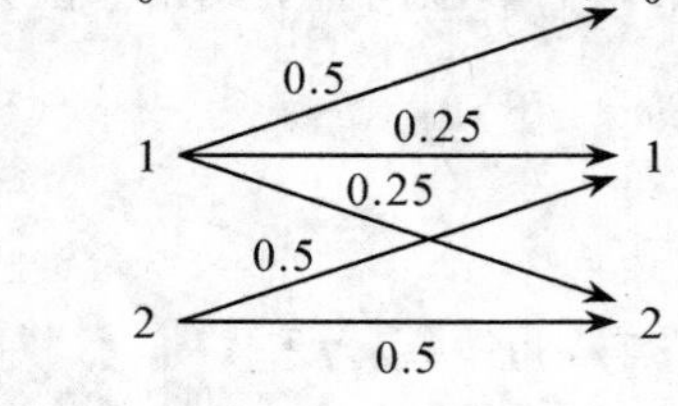

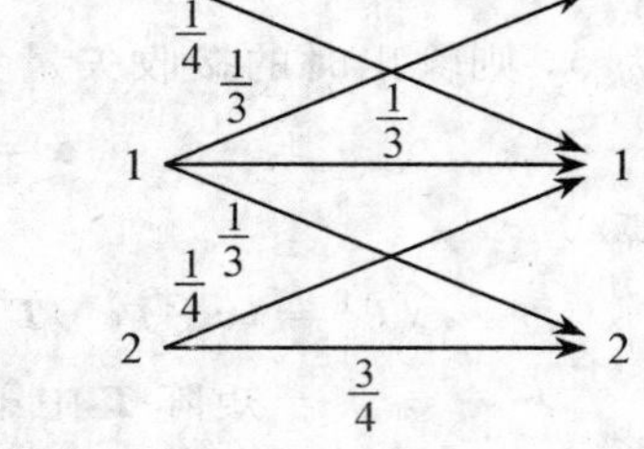

(3) 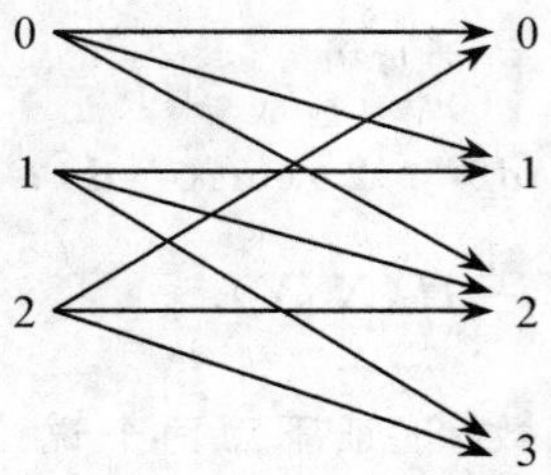

所有 $q(y|x)=\frac{1}{3}$

(4) 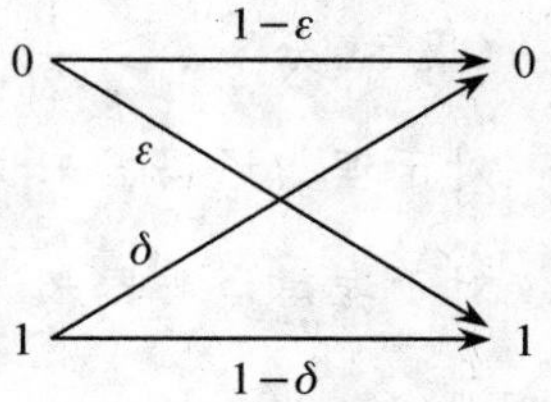

5.4　设有码 C，用此码传输时能使 $H(\boldsymbol{X}|\boldsymbol{Y})=0$（式中 $\boldsymbol{X}$ 表示码字矢量，$\boldsymbol{Y}$ 表示接收矢量）. 试证：此时的码率 R 必小于该信道容量 C.

提示：$H(\boldsymbol{X})=H(\boldsymbol{X}|\boldsymbol{Y})+I(\boldsymbol{X};\boldsymbol{Y})$.

5.5　设用码字母表大小为 J、码长为 N 的分组码通过信道容量为 C 的信道传输信息. 试证：接收端译码的平均差错概率 p_e 满足

$$p_e \geqslant \frac{1}{\log J}\left(R-C-\frac{1}{N}\right).$$

5.6　考虑离散无记忆信道 $Y=X+Z\ (\mathrm{mod}\ 11)$，其中

$$Z=\begin{pmatrix} 1 & 2 & 3 \\ p_1=\frac{1}{3} & p_2=\frac{1}{3} & p_3=\frac{1}{3} \end{pmatrix},$$

$X\in\{0,1,2,\cdots,10\}$. 假定 X 与 Z 独立，

(1) 求信道容量；

(2) 求达到容量的输入分布：

5.7　求如下信道的信道容量及相应的达到容量的输入分布：

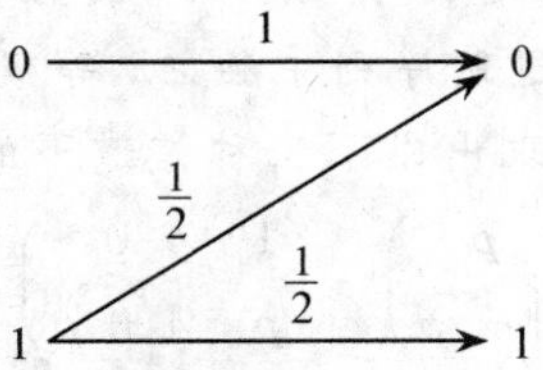

5.8　设 $\{p_1,p_2,\cdots,p_n\}$ 为一个概率分布. 记 $p_M=\max\{p_i\}$. 试证明（对数的底取为 2）：

(1) $\forall i$, $H(p_1,p_2,\cdots,p_n)\geqslant H(p_i)$；

(2) $H(p_1,p_2,\cdots,p_n)\geqslant -\log p_M$；

(3) $H(p_1,p_2,\cdots,p_n)\geqslant 2(1-p_M)$；

(提示:分 $p_M \geqslant \frac{1}{2}$ 和 $p_M < \frac{1}{2}$ 两部分)

(4) 对于理想译码器来说,有 $H(X|\boldsymbol{d}) \geqslant 2p(\text{error}|\boldsymbol{d})$;

(5) 对于理想译码器来说,有 $p_e^{\text{av}} \leqslant \frac{1}{2}H(X|Y)$.

5.9 设有一离散无记忆信道,C 为任一正数. 试证下面两个说法等价:

(1) $\forall\, 0 < R < C$,存在一列(s^{nR}, n)码 C_n 和相应的译码准则 f_n,使得$\lim\limits_{n\to\infty} p_e^{\max}(n) = 0$;

(2) $\forall\, 0 < R < C$,存在一列(s^{nR}, n)码 E_n 和相应的译码准则 g_n,使得$\lim\limits_{n\to\infty} p_e^{\text{av}}(n) = 0$.

5.10 在二元对称信道上,$\boldsymbol{X}$ 和 $\boldsymbol{Y}$ 两个矢量的 Hamming 距离定义为两个矢量之间相应位置不相同分量的数目. 证明:最大似然译码法总是选取与 $\boldsymbol{Y}$ 具有最小 Hamming 距离的码字 $\boldsymbol{X}$ 为发送码字.

5.11 设有 DMC,其转移矩阵为

$$(q(y|x)) = \begin{pmatrix} \frac{1}{2} & \frac{1}{3} & \frac{1}{6} \\ \frac{1}{6} & \frac{1}{2} & \frac{1}{3} \\ \frac{1}{3} & \frac{1}{6} & \frac{1}{2} \end{pmatrix}.$$

若信道输入概率为 $p(x) = (0.5, 0.25, 0.25)$,试确定最佳译码规则和极大似然译码规则,并计算出相应的平均差错率.

5.12 设信源有 M 个消息符号,将每个符号编成 N 长的二进制码字,码字从 2^N 个 N 长二进制序列中独立,等概率地选出. 若采用极大似然译码规则,试分别求出以下三种信道下的平均差错率:

$$\begin{pmatrix} 1-p & p \\ p & 1-p \end{pmatrix} \quad \begin{pmatrix} 1 & 0 \\ p & 1-p \end{pmatrix} \quad \begin{pmatrix} 1-p & 0 & p \\ 0 & 1-p & p \end{pmatrix}.$$

5.13 设码为 $C = \{c_1, c_2, c_3, c_4\} = \{11100, 01001, 10010, 00111\}$,用 2 元对称信道传送(错误率 $p < 0.01$). 如果码字概率为 $p_C = (0.5, 0.125, 0.125, 0.25)$,试找出一种译码规则,使平均差错率 p_e 最小.

第6章 线 性 码

汉明码实际上是线性分组码的一个特例，它在刚被提出来时并没有系统的理论，因此没有马上受到重视. 随着时间的推移，它渐渐引起数学家的兴趣，并且迅速发展成系统的理论，即代数编码理论. 本章我们将对这一理论的代表——线性分组码作一介绍.

6.1 线性分组码的定义及表示

线性分组码为一类有代数结构的码，因此在讨论中要涉及若干线性代数和近世代数方面的基本知识，如有限域、有限域上的向量空间和矩阵等. 为简单起见，本章仅考虑二元域，其定义如下：

定义 6.1.1 设$\{0,1\}$为一个二元集，在其中定义加法"$\oplus$"和乘法"$\cdot$"两个运算如下：

$$0 \oplus 0 = 1 \oplus 1 = 0, \quad 0 \oplus 1 = 1 \oplus 0 = 1,$$

$$0 \cdot 0 = 0 \cdot 1 = 1 \cdot 0 = 1, \quad 1 \cdot 1 = 1,$$

则集合$\{0,1\}$对$\oplus$及$\cdot$两个运算是封闭的，且满足一般域所要求的全部运算规则. 我们称集合$\{0,1\}$连同$\oplus$和$\cdot$两种运算为一个**二元域**，记为$GF(2)$.

设$GF(2)^N$为由$GF(2)$中元素所组成的长度为N的序列全体. 在其中定义如下的加法和与$GF(2)$中元素的乘法：

$$\boldsymbol{x} \oplus \boldsymbol{x}' = (x_1 \oplus x'_1, x_2 \oplus x'_2, \cdots, x_N \oplus x'_N),$$

$$a \cdot \boldsymbol{x} = (a \cdot x_1, a \cdot x_2, \cdots, a \cdot x_N),$$

其中$\boldsymbol{x} = (x_1, x_2, \cdots, x_N)$，$\boldsymbol{x}' = (x'_1, x'_2, \cdots, x'_N) \in GF(2)^N$，$a \in GF(2)$. 易见$GF(2)^N$对所规定的加法$\oplus$和与$GF(2)$中元素的乘法是封闭的，且这两种运算满足线性空间(向量空间)所要求的全部运算规则. 因而$GF(2)$对所

规定的加法及与 $GF(2)$ 中元素的乘法构成 $GF(2)$ 上一个向量空间，仍记为 $GF(2)^N$. 显然，$GF(2)^N$ 为一个 N 维向量空间.

在本章后面的讨论中，我们均假定所有符号集包括源字母集 A 和码字母集 B 为二元字母集 $\{0,1\}$，且规定了如上的加法 $\oplus$ 和乘法运算. $\sum$ 也表示在 $GF(2)$ 中求和(除非作特殊说明).

线性分组编码的定义如下：

定义 6.1.2 一个从 A^l 到 B^N 中的编码 f 称为**线性编码**，如果 f 为一个线性映射，即对任意的 $\boldsymbol{v},\boldsymbol{v}'\in A^l$，$a,b\in GF(2)$，都有

$$f(a\cdot\boldsymbol{v}\oplus b\cdot\boldsymbol{v}')=a\cdot f(\boldsymbol{v})\oplus b\cdot f(\boldsymbol{v}'). \tag{6.1.1}$$

若 f 为一一映射，则称 f 为**唯一可译线性编码**. 由线性分组编码 f 编出的码 $C=\{\boldsymbol{x}_1,\boldsymbol{x}_2,\cdots,\boldsymbol{x}_M\}$ 称为**线性分组码**. $R=\dfrac{l}{N}$ 称为 f 的**编码速率**或 C 的**码率**，其中 N 为码长.

由定义 6.1.2 可知，一个线性编码 f 是一个从向量空间 $GF(2)^l$ 到向量空间 $GF(2)^N$ 的线性变换. 因而它可唯一地表示成 $GF(2)$ 上的一个 l 行、N 列的矩阵

$$\boldsymbol{G}=\begin{pmatrix} g_{11} & g_{12} & \cdots & g_{1N} \\ g_{21} & g_{22} & \cdots & g_{2N} \\ \vdots & \vdots & & \vdots \\ g_{l1} & g_{l2} & \cdots & g_{lN} \end{pmatrix}, \tag{6.1.2}$$

使得编码运算可用下面的矩阵运算

$$\boldsymbol{x}=f(\boldsymbol{v})=\boldsymbol{v}\boldsymbol{G} \quad (\boldsymbol{v}\in A^l) \tag{6.1.3}$$

表示，其中 $\boldsymbol{x}=(x_1,x_2,\cdots,x_N)$，$\boldsymbol{v}=(v_1,v_2,\cdots,v_l)$. 每个 x_i 可写成

$$x_i=\sum_{j=1}^{l} v_j\cdot g_{ji} \quad (i=1,2,\cdots,N). \tag{6.1.4}$$

f 为唯一可译线性编码的充要条件是它的表示矩阵 $\boldsymbol{G}$ 有秩 l，即 $\boldsymbol{G}$ 的 l 个行向量线性无关. 这时 f 编出的线性码 C 为 $\boldsymbol{G}$ 的 l 个行向量所张成的 $GF(2)^N$ 的 l 维线性子空间，因而称 $\boldsymbol{G}$ 为 C 的**生成矩阵**. 由于不同的 f 可以编出相同的码 C，故一个线性码 C 的生成矩阵不是唯一的.

后面若不加说明，我们总认为 f 为唯一可译线性编码，C 为 f 输出的线性码，并分别简记为 (N,l) 编码和 (N,l) 码. 在不致引起混淆时，对矩阵 $\boldsymbol{G}$ 与它所表示的线性编码 f 不加区分，也称 $\boldsymbol{G}$ 为线性编码.

例 6.1.1 矩阵

$$G=\begin{pmatrix}0&1&1&1&1&0&0\\0&0&0&0&1&0&0\\0&1&0&1&0&0&1\end{pmatrix}$$

表示从 A^3 到 B^7 的一个线性编码 f. G 的秩为 3，故 f 为唯一可译线性编码. f 编出的码 C 即为 G 的行向量所张成的 3 维线性子空间. 若将 C 中每个码字写成一个二元数字串，则

$C=\{0000000,0101001,0000100,0101101,0111100,0010101,0010001\}$

为一个(7,3)码.

例 6.1.2 设码 C 的生成矩阵为

$$G=(1,1,0,1,1),$$

则 $C=\{00000,11011\}$共有 2 个码字，为一个(5,1)码.

以上例子表明，线性码的一个优点就是它易于表示，即可以用它的生成矩阵来表示. 线性码的第二个优点是易于解码.

设 C 为一个(N,l)线性码，共有 2^l 个不同的码 j，可以传递 2^l 个不同的消息. 设码的生成矩阵为 G，则其编码规则可由(6.1.4)表示，当然，求和运算为 $GF(2)$中加法运算.

6.2 系统编码和校验矩阵

定义 6.2.1 由如下形式的矩阵

$$G=(I_l,A)=\begin{pmatrix}1&0&\cdots&0&g_{1,l+1}&\cdots&g_{1N}\\0&1&\cdots&0&g_{2,l+1}&\cdots&g_{2N}\\\vdots&\vdots&&\vdots&\vdots&&\vdots\\0&0&\cdots&1&g_{l,l+1}&\cdots&g_{lN}\end{pmatrix}\tag{6.2.1}$$

所表示的线性编码 f 称为**系统编码**. 系统编码 f 编出的码 C 称为**系统码**. 其中 I_l 表示 l 阶单位矩阵.

因为形如(6.2.1)式的矩阵 G 的秩为 l，故系统码一定是(N,l)码. 对于系统编码 G，(6.1.4)可以写成

$$\begin{cases}x_j=v_j, & \text{当 } j=1,2,\cdots,l,\\ x_j=\sum\limits_{i=1}^{l}v_i\cdot g_{ij}, & \text{当 } j=l+1,l+2,\cdots,N.\end{cases}\tag{6.2.2}$$

可见系统码的码字的前 l 个码元就是它所载荷的数字消息. 故系统码的码字的前 l 位称为**信息位**，后 $N-l$ 位称为**校验位**.

设 C 为 $\boldsymbol{G}$ 编出的系统码，将(6.2.2)式中前面一式代入后面一式，得

$$\sum_{i=1}^{l} x_i \cdot g_{ij} \oplus x_j = 0 \quad (j = l+1, l+2, \cdots, N;\ \boldsymbol{x} \in C). \tag{6.2.3}$$

(6.2.3)可写成如下矩阵形式：

$$\boldsymbol{x}\boldsymbol{H}^{\mathrm{T}} = \boldsymbol{0},\quad \boldsymbol{x} \in C, \tag{6.2.4}$$

其中矩阵 $\boldsymbol{H}$ 为

$$\boldsymbol{H} = (\boldsymbol{A}^{\mathrm{T}}, \boldsymbol{I}_{N-l}) = \begin{pmatrix} g_{1,l+1} & g_{2,l+1} & \cdots & g_{l,l+1} & 1 & 0 & \cdots & 0 \\ g_{1,l+2} & g_{2,l+2} & \cdots & g_{l,l+2} & 0 & 1 & \cdots & 0 \\ \vdots & \vdots & & \vdots & \vdots & \vdots & & \vdots \\ g_{1N} & g_{2N} & \cdots & g_{lN} & 0 & 0 & \cdots & 1 \end{pmatrix}. \tag{6.2.5}$$

$\boldsymbol{H}^{\mathrm{T}}$ 和 $\boldsymbol{A}^{\mathrm{T}}$ 分别表示矩阵 $\boldsymbol{H}$ 和 $\boldsymbol{A}$ 的转置. 因为 C 中的每一个码字 $\boldsymbol{x} = (x_1, x_2, \cdots, x_N)$ 都要满足(6.2.3)中的线性方程，故(6.2.3)中的线性方程称为码 C 的**校验方程**. 矩阵 $\boldsymbol{H}$ 称为码 C 的校验矩阵. 根据线性代数有关知识，码 C 可表示为

$$C = \{\boldsymbol{x} \mid \boldsymbol{x} \in A^N,\ \boldsymbol{x}\boldsymbol{H}^{\mathrm{T}} = \boldsymbol{0}\}. \tag{6.2.6}$$

例 6.2.1 矩阵

$$\boldsymbol{G} = \begin{pmatrix} 1 & 0 & 0 & 0 & 1 & 1 & 1 \\ 0 & 1 & 0 & 1 & 0 & 1 & 1 \\ 0 & 0 & 1 & 1 & 1 & 0 & 1 \end{pmatrix}$$

表示一个(7,3)系统编码. 容易计算 $\boldsymbol{G}$ 编出的系统码

$$C = \{0000000, 0011101, 0101011, 0110110, 1000111, 1011010, 1101100, 1110001\}.$$

C 中每个码字的前 3 位即为它所载荷的数字消息. 由(6.2.5)式可求得码 C 的校检矩阵为

$$\boldsymbol{H} = \begin{pmatrix} 0 & 1 & 1 & 1 & 0 & 0 & 0 \\ 1 & 0 & 1 & 0 & 1 & 0 & 0 \\ 1 & 1 & 0 & 0 & 0 & 1 & 0 \\ 1 & 1 & 1 & 0 & 0 & 0 & 1 \end{pmatrix}.$$

下面给出一般(N, l)码的校验矩阵的定义.

定义 6.2.2 一个 $N-l$ 行、N 列的矩阵 $\boldsymbol{H}$ 称为一个(N, l)码 C 的**校验矩阵**，若 C 和 $\boldsymbol{H}$ 满足式(6.2.6).

设 $\boldsymbol{G}$ 编出(N, l)码 C，令

$$C^{\perp} = \{\boldsymbol{x}' \mid \boldsymbol{x}' \in A^N,\ \boldsymbol{x}'\boldsymbol{G}^{\mathrm{T}} = \boldsymbol{0}\}, \tag{6.2.7}$$

$C^{\perp}$为$GF(2)^N$的一个$N-l$维线性子空间，因此$C^{\perp}$可以由一个秩为$N-l$的$N-l$行、N列的矩阵$\boldsymbol{H}$的行向量张成. 即$C^{\perp}$为$\boldsymbol{H}$编出的$(N,N-l)$码. 由(6.2.7)式可得

$$\boldsymbol{H}\boldsymbol{G}^{\mathrm{T}}=\boldsymbol{O}.$$

对上式等号两边作转置，得

$$\boldsymbol{G}\boldsymbol{H}^{\mathrm{T}}=\boldsymbol{O}.$$

由此可见，C的生成矩阵为$C^{\perp}$的校验矩阵，同时$C^{\perp}$的生成矩阵为C的校验矩阵. $C^{\perp}$称为C的**对偶码**，即$(C^{\perp})^{\perp}=C$.满足$C^{\perp}=C$的码称为**自对偶码**.

虽然系统码为线性码的子类，但我们将会看到，在码率和码是相同的条件下，最优系统码和最优线性码有相同的错误概率.

定义 6.2.3 两个线性码$C=\{\boldsymbol{x}_1,\boldsymbol{x}_2,\cdots,\boldsymbol{x}_M\}$和$C'=\{\boldsymbol{x}_1',\boldsymbol{x}_2',\cdots,\boldsymbol{x}_M'\}$称为**等价的**，如果它们只是码符排列的次序不同. 或者说，码C'的生成矩阵$\boldsymbol{G}'$可由码C的生成矩阵$\boldsymbol{G}$经过一个列的置换得到. 两个线性编码$\boldsymbol{G}$和$\boldsymbol{G}'$称为**等价的**，若它们编出的线性码是等价的.

回忆一下，我们知道，矩阵的下列变换为初等变换：

(1) 矩阵的两行变换位置；

(2) 用$GF(2)$中的非零元素乘矩阵的一行；

(3) 将矩阵的一行加到矩阵的另一行.

易知，若$\boldsymbol{G}'$是由$\boldsymbol{G}$经过任一初等变换得到的，则$\boldsymbol{G}$和$\boldsymbol{G}'$生成相同的码.

定理 6.2.1 任何一个(N,l)码等价于一个系统码.

证 设C为任一(N,l)码，$\boldsymbol{G}$为其生成矩阵. 由于$\boldsymbol{G}$的行向量线性无关，经过行的初等变换和列的变换，可得到一个形如(6.2.1)式的矩阵$\boldsymbol{G}'$. 由定义6.2.1，$\boldsymbol{G}'$生成一个系统码C'. 而由$\boldsymbol{G}'$的构造过程易见，$\boldsymbol{G}'$生成的码C'与$\boldsymbol{G}$生成的码C等价. ∎

例 6.2.2 求出与(7,4)编码

$$\boldsymbol{G}=\begin{pmatrix}0&1&0&1&0&1&0\\0&1&1&1&0&0&1\\1&1&1&0&0&1&0\\1&0&1&0&1&0&1\end{pmatrix}$$

等价的系统编码$\boldsymbol{G}'$.

根据定理6.2.1的构造方法，变换$\boldsymbol{G}$的第1列和第4列，再用第1行加第2行，得

$$G_1=\begin{pmatrix}1&1&0&0&0&1&0\\0&0&1&0&0&1&1\\0&1&1&1&0&1&0\\0&0&1&1&1&0&1\end{pmatrix}.$$

变换 G_1 的第 2 列与第 7 列，再用第 2 行加第 4 行，得到

$$G_2=\begin{pmatrix}1&0&0&0&0&1&1\\0&1&1&0&0&1&0\\0&0&1&1&0&1&1\\0&0&0&1&1&1&0\end{pmatrix}.$$

将 G_2 中的第 3 行加到第 2 行，变换第 4 列与第 5 列，得

$$G'=\begin{pmatrix}1&0&0&0&0&1&1\\0&1&0&0&1&0&1\\0&0&1&0&1&1&1\\0&0&0&1&1&1&0\end{pmatrix}.$$

G'即为与 G 等价的系统编码.

定理 6.2.2 设通过二进入口无记忆信道$(A,p(\boldsymbol{y}\mid\boldsymbol{x}),B)$传送消息，发送消息的概率分布为等概率分布. 若 f_1 和 f_2 为信道的两个等价的线性编码，g_1 和 g_2 为相应的最大似然译码，则

$$p_e^{\text{av}}(f_1,g_1)=p_e^{\text{av}}(f_2,g_2). \tag{6.2.8}$$

证 设 G_1 和 G_2 分别为 f_1 和 f_2 的矩阵表示. 因为 f_1 与 f_2 等价，故对 G_1 作适当的列置换可得到矩阵 G_3，使它所表示的线性编码 f_1 与 f_2 编出相同的码. 记 g_3 为与 f_3 相应的最大似然译码. 在第 5 章中已指出，当发送消息等概率分布时，最大似然译码的差错概率 $p_e^{\text{av}}(f,g)$与 f 输出的码C 有关，而与消息 C 中码字如何对应无关. 因此，有

$$p_e^{\text{av}}(f_3,g_3)=p_e^{\text{av}}(f_2,g_2). \tag{6.2.9}$$

另一方面，由离散无记忆信道的定义可知，对任意的 $\boldsymbol{x}=(x_1,x_2,\cdots,x_N)\in A^N$，$\boldsymbol{y}=(y_1,y_2,\cdots,y_N)\in B^N$，$\boldsymbol{T}$ 为一置换矩阵，则有

$$p(\boldsymbol{y}\mid\boldsymbol{x})=p(\boldsymbol{yT}\mid\boldsymbol{xT}). \tag{6.2.10}$$

设 G_3 中第 j 列为G_1 的第 i_j 列$(j=1,2,\cdots,N)$，则

$$p_e^{\text{av}}(f_1,g_1)=p_e^{\text{av}}(f_3,g_3).$$

故

$$p_e^{\text{av}}(f_1,g_1)=p_e^{\text{av}}(f_2,g_2).$$ ▌

定理 6.2.3 在定理 6.2.2 所设条件之下，有

$$p_{el}(N,R)=p_{es}(N,R), \tag{6.2.11}$$

其中 $p_{el}(N,R)$和 $p_{es}(N,R)$分别表示码率为 R、长为 N 的最优线性分组码和最优系统码的错误概率.

证 由于系统码为线性码的一个子类，故

$$p_{el}(N,R)\leqslant p_{es}(N,R).$$

另一方面，若 f_1 为编码速率是 $R=\dfrac{l}{N}$、码长为 N 的最优线性编码，显然 f_1 为一个(N,l)码. 由定理 6.2.1，它等价于一个系统编码 f_2. 由定理 6.2.2，

$$p_{el}(N,R)=p_e^{\mathrm{av}}(f_1,g_1)=p_e^{\mathrm{av}}(f_2,g_2)\geqslant p_{es}(N,R).$$

故(6.2.11)成立. ∎

定理表明，在二元无记忆信道上使用线性码时，只需选择系统码即可.

6.3 系统编码及其最优译码的实现

本节考虑在二元对称信道上使用系统编码时，最大似然译码的实现问题. 为此，需要引入下面的定义：

定义 6.3.1 对任一 $\boldsymbol{x}=(x_1,x_2,\cdots,x_N)\in GF(2)^N$，定义 $\boldsymbol{x}$ 的**汉明重**为 $\boldsymbol{x}$ 的分量中 1 的个数，记为 $w(\boldsymbol{x})$，即

$$w(\boldsymbol{x})=\sum_{i=1}^{N}x_i,$$

这里的求和为通常意义下的求和. 对任意的 $\boldsymbol{x},\boldsymbol{y}\in GF(2)^N$，定义 $\boldsymbol{x}$ 和 $\boldsymbol{y}$ 之间的**汉明距离**为 $\boldsymbol{x}\oplus\boldsymbol{y}$ 的汉明重，记为 $d(\boldsymbol{x},\boldsymbol{y})$. 即

$$d(\boldsymbol{x},\boldsymbol{y})=\sum_{i=1}^{N}(x_i\oplus y_i)=w(\boldsymbol{x}\oplus\boldsymbol{y}).$$

例 6.3.1 设二元对称信道的交叉概率 $\varepsilon<\dfrac{1}{2}$，$f=(\boldsymbol{x}_1,\boldsymbol{x}_2,\cdots,\boldsymbol{x}_M)$为一给定编码，其中每个 $\boldsymbol{x}_m=(x_{m1},x_{m2},\cdots,x_{mN})$ 为一码长为 N 的码字. $\forall\,\boldsymbol{y}=(y_1,y_2,\cdots,y_N)\in B^N$，利用汉明距离，其 N 维转移概率 $p(\boldsymbol{y}|\boldsymbol{x}_m)$ 可写成

$$p(\boldsymbol{y}|\boldsymbol{x}_m)=\prod_{i=1}^{N}p(y_i|x_{mi})=\varepsilon^{d(\boldsymbol{x}_m,\boldsymbol{y})}(1-\varepsilon)^{N-d(\boldsymbol{x}_m,\boldsymbol{y})}$$

$$=(1-\varepsilon)^N\left(\frac{\varepsilon}{1-\varepsilon}\right)^{d(\boldsymbol{x}_m,\boldsymbol{y})}.$$

因为$\varepsilon<\frac{1}{2}$，故$\frac{\varepsilon}{1-\varepsilon}<1$，从而

$$p(\boldsymbol{y}\,|\,\boldsymbol{x}_m)=\max_{1\leqslant i\leqslant M}p(\boldsymbol{y}\,|\,\boldsymbol{x}_i)$$

的充要条件是

$$d(\boldsymbol{x}_m,\boldsymbol{y})=\min_{1\leqslant i\leqslant M}d(\boldsymbol{x}_i,\boldsymbol{y}).$$

因而在二元对称信道的情况下，最大似然译码 g 将信道出口信号 $\boldsymbol{y}$ 译为离 $\boldsymbol{y}$ 汉明距离最小的码字 $\boldsymbol{x}_m$ 所对应的消息 m.

设 $C=\{\boldsymbol{x}_1,\boldsymbol{x}_2,\cdots,\boldsymbol{x}_M\}$ 为一个(N,l)码，以下总设$\boldsymbol{x}_1=(0,0,0,\cdots,0)$为 **0** 码字. 将 B^N 中的出口信号排列如下：

$$\begin{array}{cccc}
\boldsymbol{x}_1 & \boldsymbol{x}_2 & \cdots & \boldsymbol{x}_{2^l} \\
\boldsymbol{x}_1\oplus\boldsymbol{e}_1 & \boldsymbol{x}_2\oplus\boldsymbol{e}_1 & \cdots & \boldsymbol{x}_{2^l}\oplus\boldsymbol{e}_1 \\
\boldsymbol{x}_1\oplus\boldsymbol{e}_2 & \boldsymbol{x}_2\oplus\boldsymbol{e}_2 & \cdots & \boldsymbol{x}_{2^l}\oplus\boldsymbol{e}_2 \\
\vdots & \vdots & & \vdots \\
\boldsymbol{x}_1\oplus\boldsymbol{e}_{2^{N-l}-1} & \boldsymbol{x}_2\oplus\boldsymbol{e}_{2^{N-l}-1} & \cdots & \boldsymbol{x}_{2^l}\oplus\boldsymbol{e}_{2^{N-l}-1}
\end{array}\tag{6.3.1}$$

其中第 1 行为 C 中码字$(M=2^l)$，$\boldsymbol{e}_1$ 为除去第 1 行外 B^N 中剩下的信号中汉明重最小的信号，$\boldsymbol{e}_2$ 为除去前 2 行外 B^N 中剩下的信号中汉明重最小的信号，类似地，$\boldsymbol{e}_j$ 为除去前 j 行外 B^N 中剩下的信号中汉明重最小的信号$(j=3,4,\cdots,2^{N-l}-1)$. 这样的排列称为码 C 的**译码表**. 译码表中每一行的元素(信号)组成的集合称为一个**陪集**.特别地，线性码 C 本身也为一个陪集. $\boldsymbol{e}_0=\boldsymbol{x}_1$，$\boldsymbol{e}_1,\cdots,\boldsymbol{e}_{2^{N-l}-1}$称为相应陪集的**首元**. 容易验证，每个陪集中没有相同的元素，由于 C 关于$\oplus$是封闭的，故任意两个不同的陪集也无相同的元素. 因而 B^N 中的每个信号在译码表中恰好出现一次.

定理 6.3.1 二元对称信道的交叉概率$\varepsilon<\frac{1}{2}$，若$f(\boldsymbol{v}_m)=\boldsymbol{x}_m$ $(m=1,2,\cdots,M)$为一个(N,C)编码，f编出的码为$C=\{\boldsymbol{x}_1,\boldsymbol{x}_2,\cdots,\boldsymbol{x}_M\}$，其中$\boldsymbol{x}_1=(0,0,\cdots,0)$，记 B_m 为码C 的译码表中第 m 列(包含 $\boldsymbol{x}_m$)的信号组成的集，则 $\varphi=(B_1,B_2,\cdots,B_M)$，即$\varphi(\boldsymbol{y})=\boldsymbol{v}_m$，$\forall\,\boldsymbol{y}\in B_m$ 为与f 相应的最大似然译码.

证 由例 6.3.1，要证φ 为最大似然译码，只需证φ 将 $\boldsymbol{y}$ 译为离 $\boldsymbol{y}$ 汉明距离最小的码字 $\boldsymbol{x}_m$ 所对应的消息 $\boldsymbol{v}_m$ 即可. 由译码表的定义可知

$$w(\boldsymbol{e}_j) \leqslant w(\boldsymbol{e}_j \oplus \boldsymbol{x}_i) \quad (i \geqslant 1,\ 0 \leqslant j \leqslant 2^{N-l}-1).$$

这等价于

$$d(\boldsymbol{x}_m, \boldsymbol{x}_m \oplus \boldsymbol{e}_j) \leqslant d(\boldsymbol{x}_i, \boldsymbol{x}_m \oplus \boldsymbol{e}_j)$$
$$(i \neq m,\ 1 \leqslant m \leqslant M,\ 0 \leqslant j \leqslant 2^{N-l}-1).$$

上式可写成

$$d(\boldsymbol{x}_m, \boldsymbol{y}) \leqslant d(\boldsymbol{x}_i, \boldsymbol{y}),\ \boldsymbol{y} \in B_m \quad (i \neq m,\ 1 \leqslant m \leqslant M).$$

由 φ 之定义，$\varphi(\boldsymbol{y}) = \boldsymbol{v}_m$，$\boldsymbol{y} \in B_m$，即得 φ 将 $\boldsymbol{y}$ 译为离 $\boldsymbol{y}$ 汉明距离最小的码字 $\boldsymbol{x}_m$ 对应的消息 $\boldsymbol{v}_m$. ▌

例 6.3.2 矩阵

$$\boldsymbol{G} = \begin{pmatrix} 1 & 0 & 1 & 1 & 1 \\ 0 & 1 & 1 & 0 & 1 \end{pmatrix}$$

生成一个(5,2)码 $C=\{00000, 10111, 01101, 11010\}$，码 C 的译码表为

$\boldsymbol{e}_0$	00000 ($\boldsymbol{x}_1$)	10111 ($\boldsymbol{x}_2$)	01101 ($\boldsymbol{x}_3$)	11010 ($\boldsymbol{x}_4$)
$\boldsymbol{e}_1$	00001	10110	01100	11011
$\boldsymbol{e}_2$	00010	10101	01111	11000
$\boldsymbol{e}_3$	00100	10011	01001	11110
$\boldsymbol{e}_4$	01000	11111	00101	10010
$\boldsymbol{e}_5$	10000	00111	11101	01010
$\boldsymbol{e}_6$	00011	10100	01110	11001
$\boldsymbol{e}_7$	00110	10001	01011	11100
	B_1	B_2	B_3	B_4

从定理 6.3.1 可知，为实现码 C 的最大似然译码，译码器需要存储码 C 的译码表. 当 N 和 l 较大时，这个存储量是很大的. 若利用线性码的结构，则可以大大减少存储量.

定义 6.3.2 设 $\boldsymbol{H}$ 为(N,l)码 C 的校验矩阵. 对任一 $\boldsymbol{y}=(y_1, y_2, \cdots, y_N) \in B^N$，定义一个 $N-l$ 维向量

$$\boldsymbol{s} = (s_1, s_2, \cdots, s_{N-l}) = \boldsymbol{y}\boldsymbol{H}^{\mathrm{T}} \tag{6.3.2}$$

为 $\boldsymbol{y}$ 的校验子.

定理 6.3.2 $\boldsymbol{y}$ 和 $\boldsymbol{y}'$ 的校验子 $\boldsymbol{s}$ 和 $\boldsymbol{s}'$ 相等的充要条件是 $\boldsymbol{y}$ 和 $\boldsymbol{y}'$ 属于同一个陪集.

证 若 $\boldsymbol{y}$ 与 $\boldsymbol{y}'$ 属于同一个陪集，则存在 $\boldsymbol{x}$ 和 $\boldsymbol{x}' \in C$，使得 $\boldsymbol{y}=\boldsymbol{x} \oplus \boldsymbol{e}_j$，

$\boldsymbol{y}'=\boldsymbol{x}'\oplus\boldsymbol{e}_j$. 由校检矩阵的定义可知，$\boldsymbol{x}\boldsymbol{H}^{\mathrm{T}}=\boldsymbol{x}'\boldsymbol{H}^{\mathrm{T}}=\boldsymbol{0}$，于是有

$$\boldsymbol{s}=\boldsymbol{y}\boldsymbol{H}^{\mathrm{T}}=(\boldsymbol{x}\oplus\boldsymbol{e}_j)\boldsymbol{H}^{\mathrm{T}}=\boldsymbol{e}_j\boldsymbol{H}^{\mathrm{T}}=(\boldsymbol{x}'\oplus\boldsymbol{e}_j)\boldsymbol{H}^{\mathrm{T}}=\boldsymbol{y}'\boldsymbol{H}^{\mathrm{T}}=\boldsymbol{s}'.$$

反之，若 $\boldsymbol{s}=\boldsymbol{s}'$，则$(\boldsymbol{y}\oplus\boldsymbol{y}')\boldsymbol{H}^{\mathrm{T}}=\boldsymbol{s}\oplus\boldsymbol{s}'=\boldsymbol{0}$. 由(6.2.6)，$\boldsymbol{y}\oplus\boldsymbol{y}'=\boldsymbol{x}\in C$. 若 $\boldsymbol{y}'=\boldsymbol{x}'\oplus\boldsymbol{e}_j$，$\boldsymbol{x}'\in C$，则 $\boldsymbol{y}=\boldsymbol{y}'\oplus\boldsymbol{x}=\boldsymbol{x}\oplus\boldsymbol{x}'\oplus\boldsymbol{e}_j$. 因$\boldsymbol{x}\oplus\boldsymbol{x}'\in C$，故 $\boldsymbol{y}$ 与 $\boldsymbol{y}'$ 属于同一个陪集. ▌

由定理 6.3.1，若 $\boldsymbol{y}\in B_m$，即 $\boldsymbol{y}=\boldsymbol{x}_m\oplus\boldsymbol{e}_j$，则最大似然译码将 $\boldsymbol{y}$ 译为 $f^{-1}(\boldsymbol{x}_m)=\boldsymbol{v}_m$. 但是 $\boldsymbol{x}_m=\boldsymbol{y}\oplus\boldsymbol{e}_j$. 由定理 6.3.2 知，$\boldsymbol{s}_j=\boldsymbol{e}_j\boldsymbol{H}^{\mathrm{T}}=\boldsymbol{y}\boldsymbol{H}^{\mathrm{T}}$. 因为 $\boldsymbol{e}_j$ 与它的校验子一一对应，因此译码器只存储表$(\boldsymbol{e}_j,\boldsymbol{s}_j)$ $(j=0,1,2,\cdots,2^{N-l}-1)$ 就可以用下面的算法来实现定理 6.3.1 中的最大似然译码.

二元对称信道上的最大似然译码算法. 设信道输出的信号为 $\boldsymbol{y}$.

(1) 计算 $\boldsymbol{y}$ 的校验子 $\boldsymbol{s}=\boldsymbol{y}\boldsymbol{H}^{\mathrm{T}}$；

(2) 找出 $\boldsymbol{s}$ 对应的陪集首元 $\boldsymbol{e}_j$；

(3) 计算 $\boldsymbol{x}=\boldsymbol{y}\oplus\boldsymbol{e}_j$，译出消息 $\varphi(\boldsymbol{y})=f^{-1}(\boldsymbol{x})$.

其中第三步当 f 为系统编码时特别简单，$\varphi(\boldsymbol{y})$即为 $\boldsymbol{x}$ 的前 l 个码元组成的数字消息.

例 6.3.3 例 6.3.2 中码 C 的$(\boldsymbol{e}_j,\boldsymbol{s}_j)$表如下：

j	$\boldsymbol{e}_j$	$\boldsymbol{s}_j$
0	00000	000
1	00001	001
2	00010	010
3	00100	100
4	01000	101
5	10000	111
6	00011	011
7	00110	110

6.4 线性码的差错概率及纠错能力

本节讨论二元对称信道上使用线性码和最大似然译码传送消息时的差错概率. 先引入定义：

定义 6.4.1 设(f,g)为离散信道的一对编译码. 消息 m（其码字为 $\boldsymbol{x}_m$）关于(f,g)的**译码差错概率**定义为

$$p_m^e(f,g)=\sum_{\boldsymbol{y}:\ g(\boldsymbol{y})\neq m}p(\boldsymbol{y}\mid\boldsymbol{x}_m)=1-\sum_{g(\boldsymbol{y})=m}p(\boldsymbol{y}\mid\boldsymbol{x}_m)$$

$$(1\leqslant m\leqslant M).\qquad(6.4.1)$$

定义消息关于(f,g)的**最大译码错误概率**为

$$p_{\max}(f,g)=\max_{1\leqslant m\leqslant M} p_m^e(f,g). \tag{6.4.2}$$

定义消息关于(f,g)的**平均译码错误概率**为

$$p_e(f,g)=\sum_{m=1}^{M} p(m)p_m^e(f,g). \tag{6.4.3}$$

下面的讨论中，均假设 f 为一线性编码，g 为相应的最大似然译码.

定理 6.4.1 设二元对称信道的交叉概率 $\varepsilon<\frac{1}{2}$，f 为一(N,l)编码，$C=\{\boldsymbol{x}_1,\boldsymbol{x}_2,\cdots,\boldsymbol{x}_M\}$为相应的码，则有

$$p_m^e(f,g)=p_1^e(f,g)=1-(1-\varepsilon)^N\sum_{j=0}^{2^{N-l}-1}\left(\frac{\varepsilon}{1-\varepsilon}\right)^{w(\boldsymbol{e}_j)},$$

$$\forall\, m=1,2,\cdots,M, \tag{6.4.4}$$

其中 $\boldsymbol{e}_j$ $(j=0,1,2,\cdots,2^{N-l}-1)$为 C 的译码表中陪集的首元，$w(\boldsymbol{e}_j)$为 $\boldsymbol{e}_j$ 的汉明重. 由此得

$$p_e(f,g)=p_1^e(f,g). \tag{6.4.5}$$

证 由例 6.3.1 可知，对任意 m，有

$$\begin{aligned}p(\boldsymbol{x}_m\oplus\boldsymbol{e}_j\,|\,\boldsymbol{x}_m)&=(1-\varepsilon)^N\left(\frac{\varepsilon}{1-\varepsilon}\right)^{d(\boldsymbol{x}_m,\boldsymbol{x}_m\oplus\boldsymbol{e}_j)}\\&=(1-\varepsilon)^N\left(\frac{\varepsilon}{1-\varepsilon}\right)^{w(\boldsymbol{e}_j)}.\end{aligned} \tag{6.4.6}$$

代入(6.4.1)并利用定理 6.3.1 中的集合 $B_1,B_2,\cdots,B_m$，即得(6.4.5)式. ▌

若记 α_i 为 $w(\boldsymbol{e}_j)=i$ 的 j 的数目，则由定理 6.4.1 得

$$p_e(f,g)=1-(1-\varepsilon)^N\sum_{i=0}^{N}\alpha_i\left(\frac{\varepsilon}{1-\varepsilon}\right)^i. \tag{6.4.7}$$

例 6.4.1 考虑例 6.3.2 中的(5,2)码，由译码表可知：$\alpha_0=1$，$\alpha_1=5$，$\alpha_2=2$，$\alpha_i=0$ $(i>2)$. 于是由(6.4.7)式计算得出下表：

ε	$p_e(f,g)$
0.1	0.06688
0.01	0.00079

当 N 与 l 很大时，列出(N,l)码的译码表是不可能的. 故一般说来，求出全部 α_i $(i=0,1,\cdots,N)$是相当困难的. 因此，计算出 $p_e(f,g)$的值也

不容易. 我们可以估计 $p_e(f,g)$ 的界.

下面总设 $\varepsilon<\frac{1}{2}$，这时 $\left(\frac{\varepsilon}{1-\varepsilon}\right)^i$ 随之增大而减小.

定理 6.4.2 在定理 6.4.1 的条件下，有

$$p_e(f,g)\geqslant 1-(1-\varepsilon)^N\left[\sum_{i=0}^{k}\binom{N}{i}\left(\frac{\varepsilon}{1-\varepsilon}\right)^i\right.$$

$$\left.+\left(2^{N-l}-\sum_{i=0}^{k}\binom{N}{i}\right)\left(\frac{\varepsilon}{1-\varepsilon}\right)^{k+1}\right],\tag{6.4.8}$$

其中 k 满足

$$\sum_{i=0}^{k}\binom{N}{i}\leqslant 2^{N-l}<\sum_{i=0}^{k+1}\binom{N}{i}.\tag{6.4.9}$$

证 因为 $\alpha_i\leqslant\binom{N}{i}$ 且 $\sum_{i=0}^{N}\alpha_i=2^{N-l}$，而 $\left(\frac{\varepsilon}{1-\varepsilon}\right)^i$ 随 i 的减小而增大. 比较(6.4.7) 与(6.4.8)，可知(6.4.8) 成立. ∎

定理 6.4.2 告诉我们，一个 (N,l) 码 C 的错误概率 $p_e(f,g)$ 与(6.4.8)式的界越接近，则码 C 的性能就越好. 为了估计 $p_e(f,g)$ 与(6.4.8)式的界之间的差，我们引入下列定义：

设 $S_x(k)=\{\boldsymbol{y}\mid d(\boldsymbol{x},\boldsymbol{y})\leqslant k\}$ 为以 $\boldsymbol{x}$ 为中心、k 为半径的球，仍记 $B_1=\{\boldsymbol{e}_0,\boldsymbol{e}_1,\boldsymbol{e}_2,\cdots,\boldsymbol{e}_{2^{N-l}-1}\}$ 为全体陪集首元组成的集合.

定义 6.4.2 设 C 为一个 (N,l) 码，B_1 中包含的以 $\boldsymbol{x}=\boldsymbol{0}$ 为中心的最大球的半径称为码 C 的**充填半径**，记为 t，即

$$t=\max\{k\mid S_{\boldsymbol{0}}(k)\subset B_1\}.\tag{6.4.10}$$

包含 B_1 的以 $\boldsymbol{0}$ 为中心的最小球的半径称为码 C 的**覆盖半径**，记为 ρ，即

$$\rho=\min\{k\mid B_1\subset S_{\boldsymbol{0}}(k)\}=w(\boldsymbol{e}_{2^{N-l}-1}).\tag{6.4.11}$$

定义 6.4.3 设 C 为一 (N,l) 码，$C=\{\boldsymbol{x}_1,\boldsymbol{x}_2,\cdots,\boldsymbol{x}_M\}$，定义码 C 的**最小距离**为

$$d=\min_{i\neq j}d(\boldsymbol{x}_i,\boldsymbol{x}_j).\tag{6.4.12}$$

由汉明距离的定义 $d(\boldsymbol{x}_i,\boldsymbol{x}_j)=w(\boldsymbol{x}_i\oplus\boldsymbol{x}_j)$ 及码 C 对 $\oplus$ 的封闭性，得

$$d=\min_{\boldsymbol{x}_j\neq\boldsymbol{0}}d(\boldsymbol{0},\boldsymbol{x}_j)=\min_{\boldsymbol{x}_j\neq\boldsymbol{0}}w(\boldsymbol{x}_j).\tag{6.4.13}$$

码 C 的最小距离 d、充填半径 t 和覆盖半径 ρ 是码 C 的三个重要参数，它们与码 C 的错误概率 $p_e(f,g)$ 有密切的联系.

设在二元对称信道上发送码字 $\boldsymbol{x}_m$，信道出口信号为 $\boldsymbol{y}=\boldsymbol{x}_m\oplus\boldsymbol{e}$，其中

$\boldsymbol{e}$ 为差错序列. $\boldsymbol{e}$ 中 1 的个数 $w(\boldsymbol{e})$ 为信道传错的码符个数. 由定理 6.3.1 知，若 $\boldsymbol{e}$ 为陪集首元，即 $\boldsymbol{e}\in B_1$，则 $g(\boldsymbol{y})=\boldsymbol{x}_m$，即传错的码符可以纠正. 因此若码 C 的充填半径为 t，则用最大似然译码 g 可以纠正任意的 $k\leqslant t$ 个错误. 由(6.4.7)式，得

$$p_e(f,g)\leqslant 1-(1-\varepsilon)^N\sum_{i=0}^{N}\binom{N}{i}\left(\frac{\varepsilon}{1-\varepsilon}\right)^i. \tag{6.4.14}$$

由此可见，t 越大，可以纠正的错误个数就越多，而且(6.4.14)式的上界与(6.4.8)的下界的差也就越小. 因此有理由认为相应的码 C 也就越好.

定理 6.4.3 码 C 的最小距离 d 和充填半径 t 有如下关系：

$$t=\left[\frac{d-1}{2}\right], \tag{6.4.15}$$

其中$[u]$表示不超过 u 的最大整数.

证 记 $t_0=\left[\dfrac{d-1}{2}\right]$. 因为 $w(\boldsymbol{x}_m)\geqslant d$，$\boldsymbol{x}_m\neq\boldsymbol{0}$，故对任一$\boldsymbol{e}\in S_{\boldsymbol{0}}(t_0)$，有

$$w(\boldsymbol{x}_m\oplus\boldsymbol{e})\geqslant d-t_0>t_0,\quad \boldsymbol{x}_m\neq\boldsymbol{0}.$$

由译码表的定义知，$\boldsymbol{e}$ 为陪集首元，即 $S_{\boldsymbol{0}}(t_0)\subset B_1$，因此 $t\geqslant t_0$. 另一方面，设 $w(\boldsymbol{x}_m)=d$，容易构造 $\boldsymbol{e}$ 使得 $w(\boldsymbol{e})=t_0+1$，且

$$w(\boldsymbol{x}_m\oplus\boldsymbol{e})=d-(t_0+1)\leqslant t_0+1.$$

仍由译码表的定义知，$S_{\boldsymbol{0}}(t_0+1)$不可能包含在 B_1 中，证得 $t=t_0$. ▌

上面定理告诉我们，t 可由 d 确定，但 d 不能由 t 完全确定. $d=2t+1$ 或 $d=2t+2$. 通常 d 比 t 容易得到，因此总是先计算 d，再由 d 计算 t.

其次，$\left(\dfrac{\varepsilon}{1-\varepsilon}\right)^\rho$ 为(6.4.7)式的和中最小的一项，ρ 越小这一项就越大. 因此有理由认为，在 t 或 d 相同的码中，ρ 较小的码是较好的. 总的来讲，当 N,t 给定时，$\rho-t$ 较小的码是较好的.

定义 6.4.4 $\rho-t=0$ 的码称为**完全码**.

由定义 6.4.4 可知，完全码的 $\rho=t$，即 $B_1=S_{\boldsymbol{0}}(t)$. 因此若 $C=\{\boldsymbol{x}_1,\boldsymbol{x}_2,\cdots,\boldsymbol{x}_M\}$ 为完全码，则 M 个互不相交的球 $S_{\boldsymbol{x}_m}(t)$ $(m=1,2,\cdots,M)$ 恰好将 B^N 填满.

例 6.4.2 考虑 $N=2t+1$ 的重复码 $C=(000\cdots0,111\cdots1)$，它是一个 $(2t+1,1)$ 码. 因 C 的最小距离 $d=2t+1$，故 C 的充填半径为 t. 容易验证

$$2^{N-l}=2^{2t}=\sum_{i=0}^{t}\binom{2t+1}{i},$$

故 C 为一可纠正 t 个错误的完全码.

从理论上讲，前面介绍的汉明码可由下面定义严格给出：

设 $\boldsymbol{H}$ 为以 $GF(2)^k$ 中的一切非 $\boldsymbol{0}$ 向量为列的矩阵：

$$\boldsymbol{H}=\begin{pmatrix} 0 & 0 & 0 & \cdots & 1 \\ \vdots & \vdots & \vdots & & \vdots \\ 0 & 1 & 1 & \cdots & 1 \\ 1 & 0 & 1 & \cdots & 1 \end{pmatrix}. \tag{6.4.16}$$

以 $\boldsymbol{H}$ 为校验矩阵，由(6.2.6)式确定的一个$(2^k-1,2^k-k-1)$码 C，称为**汉明码**.

可见，汉明码中 $k=3$ 时，即为前章介绍的汉明码.

定理 6.4.4 设 $\boldsymbol{H}$ 为码 C 的校验矩阵. 若 $\boldsymbol{H}$ 中任意 r 个列都线性无关，但有 $r+1$ 个列线性相关，则码 C 的最小距离 $d=r+1$.

证 设 $\boldsymbol{x}\neq\boldsymbol{0}$, $w(\boldsymbol{x})\leqslant r$. 因为 $\boldsymbol{H}$ 中任意 r 个列都线性无关，故 $C\boldsymbol{H}^{\mathrm{T}}\neq 0$. 这说明码 C 中除 0 外不包含任何汉明重小于 $r+1$ 的码字，故 $d\geqslant r+1$. 另一方面，$\boldsymbol{H}$ 有 $r+1$ 个列线性相关，设它们为 $\boldsymbol{H}$ 的第 $i_1,i_2,\cdots,i_{r+1}$ 列. 构造 $\boldsymbol{x}=(x_1,x_2,\cdots,x_N)$，使 $x_{i_1}=x_{i_2}=\cdots=x_{i_{r+1}}=1$，而其余的 $x_i=0$. 显然 $\boldsymbol{x}\boldsymbol{H}^{\mathrm{T}}=\boldsymbol{0}$，故 $\boldsymbol{x}\in C$. 由 $\boldsymbol{x}$ 的构造知 $w(\boldsymbol{x})=r+1$，证得 $d=r+1$. ∎

定理6.4.5 汉明码的 $t=\rho=1$，即汉明码为可纠正一个错误的完全码.

证 由汉明码的校验矩阵 $\boldsymbol{H}$ 的列两两相异，任意两列的和不为 0，且 $\boldsymbol{H}$ 中不包含 0 列，因此 $\boldsymbol{H}$ 中任意两列都线性无关. 但易见 $\boldsymbol{H}$ 中有三个列(如上式中第 1,2,3 列)线性相关. 由定理 6.4.4 知，$d=3$，由定理 6.4.3 知，$t=1$. 另一方面因为汉明码为$(2^k-1,2^k-k-1)$码，B_1 中仅有 2^k 个陪集首元，而 $1+\binom{2^k-1}{1}=2^k$，故必有 $B_1=S_{\boldsymbol{0}}(1)$. 证得 $t=\rho=1$. ∎

由式(6.4.7)知汉明码的错误概率为

$$p_e(f,g)=1-(1-\varepsilon)^N\left[1+\binom{N}{1}\frac{\varepsilon}{1-\varepsilon}\right],\quad N=2^k-1. \tag{6.4.17}$$

完全码是很稀少的. 除了上面提到的重复码和汉明码外，仅有的二元完全码是(Golay)戈雷码. 在戈雷码中，$\rho=t=3$. 这里我们对它不作介绍，有兴趣的读者可参看相关文献.

下面考虑在二元入口无记忆信道上使用线性编码和最大似然译码传送消息时的错误概率.

定义集合 B_m 的示性函数

$$\delta_m(\boldsymbol{y})=\begin{cases}1, & \text{当 } \boldsymbol{y}\in B_m,\\ 0, & \text{其他}\end{cases}\quad(1\leqslant m\leqslant M).\tag{6.4.18}$$

由定理 6.2.1 可知

$$\sum_{\boldsymbol{y}}\delta_i(\boldsymbol{y})p(\boldsymbol{y}\mid\boldsymbol{x}_m)\quad(1\leqslant i\leqslant M)$$

表示在发送消息 m 的条件下，最大似然译码译出消息 i 的概率. 同时有

$$p_m^e(f,g)=\sum_{i\neq m}\sum_{\boldsymbol{y}}\delta_i(\boldsymbol{y})p(\boldsymbol{y}\mid\boldsymbol{x}_m).\tag{6.4.19}$$

又由 B_m 之定义和极大似然译码之定义

$$B_m=\{\boldsymbol{y}\mid p(\boldsymbol{y}\mid\boldsymbol{x}_m)=\max_{1\leqslant i\leqslant M}p(\boldsymbol{y}\mid\boldsymbol{x}_i)\},\quad m=1,2,\cdots,M,$$

可知

$$\delta_i(\boldsymbol{y})\leqslant\left(\frac{p(\boldsymbol{y}\mid\boldsymbol{x}_i)}{p(\boldsymbol{y}\mid\boldsymbol{x}_m)}\right)^{\frac{1}{2}},\quad \boldsymbol{y}\in B^N,\ 1\leqslant i\leqslant M.\tag{6.4.20}$$

代入(6.4.19)得

$$p_m^e(f,g)\leqslant\sum_{i\neq m}\sum_{\boldsymbol{y}}\sqrt{p(\boldsymbol{y}\mid\boldsymbol{x}_m)p(\boldsymbol{y}\mid\boldsymbol{x}_i)}.\tag{6.4.21}$$

定理 6.4.6 设二元入口无记忆信道上一(N,l)线性编码 f，$C=\{\boldsymbol{x}_1,\boldsymbol{x}_2,\cdots,\boldsymbol{x}_m\}$为 f 编出的码，则

$$p_e(f,g)\leqslant\sum_{m=2}^{M}\left(\sum_{\boldsymbol{y}}\sqrt{p(\boldsymbol{y}\mid 0)p(\boldsymbol{y}\mid 1)}\right)^{w(\boldsymbol{x}_m)}.\tag{6.4.22}$$

证 由(6.4.21)式，有

$$\begin{aligned}p_m^e(f,g)&\leqslant\sum_{i\neq m}\sum_{\boldsymbol{y}}\sqrt{p(\boldsymbol{y}\mid\boldsymbol{x}_m)p(\boldsymbol{y}\mid\boldsymbol{x}_i)}\\&=\sum_{i\neq m}\sum_{\boldsymbol{y}}\prod_{j=1}^{N}\sqrt{p(y_j\mid x_{mj})p(y_j\mid x_{ij})}\\&=\sum_{i\neq m}\prod_{j=1}^{N}\left(\sum_{\boldsymbol{y}}\sqrt{p(\boldsymbol{y}\mid x_{mj})p(\boldsymbol{y}\mid x_{ij})}\right)\\&=\sum_{i\neq m}\left(\sum_{\boldsymbol{y}}\sqrt{p(\boldsymbol{y}\mid 0)p(\boldsymbol{y}\mid 1)}\right)^{d(\boldsymbol{x}_m,\boldsymbol{x}_i)}.\end{aligned}\tag{6.4.23}$$

上面最后一个等式成立是由于

$$\sum_{y}\sqrt{p(\boldsymbol{y}\mid x_{mj})p(\boldsymbol{y}\mid x_{ij})}=\begin{cases}\sum_{y}p(\boldsymbol{y}\mid x_{mj})=1, & 若\ x_{mj}=x_{ij},\\ \sum_{y}\sqrt{p(\boldsymbol{y}\mid 0)p(\boldsymbol{y}\mid 1)}, & 若\ x_{mj}\neq x_{ij}.\end{cases}$$

又因为 C 为线性码，故

$$C=\{\boldsymbol{x}_1,\boldsymbol{x}_2,\cdots,\boldsymbol{x}_M\}=\{\boldsymbol{x}_1\oplus\boldsymbol{x}_m,\boldsymbol{x}_2\oplus\boldsymbol{x}_m,\cdots,\boldsymbol{x}_M\oplus\boldsymbol{x}_m\}.$$

于是由(6.4.23)可推出

$$p_m^e(f,g)\leqslant\sum_{i=2}^{M}\left(\sum_{y}\sqrt{p(\boldsymbol{y}\mid 0)p(\boldsymbol{y}\mid 1)}\right)^{w(\boldsymbol{x}_i)}\quad(1\leqslant m\leqslant M).\tag{6.4.24}$$

代入(6.4.3)可得(6.4.22). ∎

若记 w_i 为 $w(\boldsymbol{x}_m)=i$ 的 m 的个数，则(6.4.22)式可写成

$$p_e(f,g)\leqslant\sum_{i=d}^{N}w_i\left(\sum_{y}\sqrt{p(\boldsymbol{y}\mid 0)p(\boldsymbol{y}\mid 1)}\right)^{i},\tag{6.4.25}$$

其中 d 为码 C 的最小距离. 当信道为二元对称信道，交叉概率 $\varepsilon<\frac{1}{2}$时，

$$\sum_{y}\sqrt{p(\boldsymbol{y}\mid 0)p(\boldsymbol{y}\mid 1)}=\sqrt{4\varepsilon(1-\varepsilon)}.$$

代入(6.4.25)得

$$p_e(f,g)\leqslant\sum_{i=d}^{N}w_i\left[\sqrt{4\varepsilon(1-\varepsilon)}\right]^{i}.\tag{6.4.26}$$

例 6.4.3 考虑例 6.3.2 中的(5,2)码，容易计算出它的 $d=3$，$w_3=2$，$w_4=1$，$w_5=0$. 由(6.4.26)式算得下表：

ε	$p_e(f,g)$的上界
0.1	0.5616
0.01	0.01732

比较例 6.4.1 的表，可见(6.4.26)式给出的上界放得很松. 这时用(6.4.7)式的上界更好.

码 C 中汉明重等于 i 的码字个数 w_i $(i=1,2,\cdots,N)$，称为码 C 的**重量分布**. 多项式

$$w(x)=\sum_{i=0}^{N}w_i x^i$$

称为码 C 的**数重多项式**. 为了计算(6.4.25)式的界，需要计算码 C 的重量分布 w_i $(i=0,1,\cdots,N)$或数重多项式 $w(x)$. 对 l 较小的(N,l)码，可以在计算机上直接算出. 对于 l 较大，但 $N-l$ 较小的(N,l)码，可以先算出

其对偶码的重量分布((N,l)码的对偶码为$(N,N-l)$码)，然后应用下面的 Mac Williams 公式，算出其重量分布.

定理 6.4.7 设 C 为一$(N,N-l)$码，$C^{\perp}$ 为其对偶码((N,l)码)，$w(x)$和 $w'(x)$分别为 C 和$C^{\perp}$ 的数重多项式，则它们之间有如下关系：

$$w'(x)=\sum_{i=0}^{N}w_i'x^i=\frac{1}{2^{N-l}}\sum_{j=0}^{N}w_j(1-x)^j(1+x)^{N-j}$$

$$=\frac{1}{2^{N-l}}(1+x)^N w\left(\frac{1-x}{1+x}\right). \tag{6.4.27}$$

证明略，参见相关文献.

顺便提一下，码 C 的重量分布还可以用来计算它的不可检出错误概率. 设在二元对称信道上传送消息，用线性码 C 来检出(发现)错误. 具体地说，若在二元对称信道上发送码字 $\boldsymbol{x}_m$，设信道出口信号为 $\boldsymbol{y}$，我们可以用下面的方法来检查传送中是否有错误，以便将传错的消息检查出来. 计算 $\boldsymbol{y}$ 的校验子 $\boldsymbol{s}=\boldsymbol{y}\boldsymbol{H}^{\mathrm{T}}$，若 $\boldsymbol{s}=\boldsymbol{0}$，则认为没有错误产生；若 $\boldsymbol{s}\neq\boldsymbol{0}$，则认为传送中有错误. 用这种方法，有一类错误是检查不出来的，即当 $\boldsymbol{y}=\boldsymbol{x}_i$ $(i\neq m)$ 时，$\boldsymbol{s}=\boldsymbol{y}\boldsymbol{H}^{\mathrm{T}}=\boldsymbol{x}_i\boldsymbol{H}^{\mathrm{T}}=\boldsymbol{0}$，故会将它误认为是正确的，发生这类错误的概率称为码 C 的**不可检出错误概率**. 显然，它等于

$$p_e=\sum_{i\neq m}\varepsilon^{w(\boldsymbol{x}_m\oplus\boldsymbol{x}_i)}(1-\varepsilon)^{N-w(\boldsymbol{x}_m\oplus\boldsymbol{x}_i)}$$

$$=\sum_{i=1}^{N}w_i\varepsilon^i(1-\varepsilon)^{N-i}. \tag{6.4.28}$$

第 7 章　信源的率失真函数与熵压缩编码

信源的熵压缩编码是与信源的冗余度编码并列的一类不同性质的编码，前者是有失真的，而后者是无失真的. 对连续信源或模拟信源而言，实际上不可能也不必要进行无失真的编码，因此有失真的熵压缩编码对这两种信源来说是自然的和必然的选择. 对于离散信源来说，有失真的熵压缩编码理论也有实用的价值.

信源的冗余度压缩编码	无失真	保　熵
信源的熵压缩编码	有失真	熵压缩

7.1　熵压缩编码和信源的率失真函数

前面对信源的讨论中已经对离散信源作了比较仔细的分析，对几种主要的离散信源的熵率和冗余度有了一定的了解. 从信息论的角度来看，离散信源的冗余度是对信号携带信息能力的一种浪费，其解决的办法就是利用冗余度压缩编码. 冗余度压缩编码可以对信源输出的信息进行有效的表示，它可以保证信源输出信号在编译码前后不含有任何失真，同时从信号携带信息的角度来看可以保证编译码前后的信号具有相同的熵率，因而冗余度压缩编码是无失真的保熵的编码.

但是，无失真的保熵的编码并非总是必须和可能的. 在许多情况下，信息的接收者不需要或不可能接收信源发出的全部信息. 例如人眼对视觉信号的接收等就是这样，此时我们希望编译码后的信号在带允许的失真下能使熵率尽量减小，以利于以后可能的传输或处理. 在另外一些情况下，由于受到信息存储、处理或传输设备的限制而不得不对信源输出的信号作某种近似的表示以降低熵率. 诸如此类的问题导致了信源编码中另一类重要的编码——熵压缩编码，这种编码就是要在编译码前后的失真不超过一定的条件下把编码后的输出信号的熵率压缩到最小.

一般而言，无失真的冗余度压缩编码主要针对离散信源，而有失真的熵压缩编码主要针对连续信源. 连续信源在按照与离散信源类似的方法定义熵率时将会导致无穷大的熵率值，所以对连续信源的熵压缩编码是绝对必须的. 但从理论上讲，熵压缩编码同样适合于离散信源，而以离散无记忆信源开始来讨论熵压缩编码，可以使一些基本概念变得简单且易于理解.

设离散无记忆信源的字母表为 $A=\{a_1,a_2,\cdots,a_K\}$，熵压缩编码的码字母表为 $B=\{b_1,b_2,\cdots,b_J\}$，信源输出的字母序列记为

$$\cdots x_{-2}x_{-1}x_0x_1x_2\cdots,$$

编码后相应的码字母序列记为

$$\cdots y_{-2}y_{-1}y_0y_1y_2\cdots,$$

其中 x_n 取字母 a_k 的概率为 $p(a_k)$，y_n 取字母 b_j 的概率为 $p(b_j)$. 熵压缩编码可以采用分组码的方式，也可以采用树码的方式. 当采用分组码时，信源输出的源字母序列首先被分成由 N 个源字母组成的源字，码字母序列也被相应分成由 N 个码字母组成的码字.于是，熵压缩分组编码实际上要完成由源字到码字的映射.

$$\text{源字}\xrightarrow[\text{多对一映射}]{\text{熵压缩分组编码}}\text{码字}$$

与冗余度压缩编码不同的一点是，熵压缩编码在实际应用时一般只需要编码器，一般意义下的译码器是不需要的，可以认为熵压缩编码器的输出被直接送往信宿. 在这种情况下，信源字母序列与码字母序列的差异就是熵压缩编码引入的失真.

如何对熵压缩编码引入的失真进行度量是一个比较复杂的问题，它与实际的应用环境有关. 在信息论中，失真度量是一个映射，其定义如下：

定义 7.1.1 设 A 和 B 分别为源字母集和码字母集. 映射 $d: A\times B\to \mathbf{R}^+$ 称为一个**失真函数**或**失真度量**，而值 $d(x,y)$ 表示源字母 x 与码字母 y 之间的失真.

常用的失真函数有：

(1) Hamming 失真

$$d(x,y)=\begin{cases}0, & \text{若 } x=y,\\ 1, & \text{若 } x\neq y.\end{cases}$$

(2) 平方误差失真

$$d(x,y)=(x-y)^2.$$

这个失真函数的优点是简单，而且与最小均方误差有关系. 但在图像和语音应用中，它不是一个合适的失真度量. 例如一个语音波形和它的延时之间的平方误差一般是相当大的，但给人耳的感觉几乎一样.

上面定义的失真是在符号对符号上定义的，下面的定义则是针对序列(字)对序列(字)的.

定义 7.1.2 设 $\boldsymbol{x}=(x_1,x_2,\cdots,x_N)$ 与 $\boldsymbol{y}=(y_1,y_2,\cdots,y_N)$ 分别表示长度为 N 的源字和长度为 N 的码字，$\boldsymbol{x}$ 与 $\boldsymbol{y}$ 之间的**字失真度量**下字失真的值为

$$d(\boldsymbol{x},\boldsymbol{y})=\frac{1}{N}\sum_{i=1}^{N}d(x_i,y_i).$$

字失真的统计平均

$$E\{d(\boldsymbol{x},\boldsymbol{y})\}=\sum_{\boldsymbol{x}}\sum_{\boldsymbol{y}}p(\boldsymbol{x})q(\boldsymbol{y}\mid\boldsymbol{x})d(\boldsymbol{x},\boldsymbol{y})$$

称为码的**平均失真**，它是码失真的一个度量，其中条件概率 $q(\boldsymbol{y}\mid\boldsymbol{x})$ 即为在熵压缩编码下源字 $\boldsymbol{x}$ 转变成码字 $\boldsymbol{y}$ 的字转移概率. 而编码器按照这一概率矩阵 $(q(\boldsymbol{y}\mid\boldsymbol{x}))$ 在输入序列与输出序列之间建立起一种联系，其互信息为

$$I(X;Y)=I(X^N;Y^N)=H(Y^N)-H(Y^N\mid X^N).$$

如果将编码器看做一个信道，则 $I(X^N;Y^N)$ 就是信源通过编码器传输的信息速率. 故理想的熵压缩编码器的输出可能达到的最低熵率就是信源通过编码器所必须传输的最低信息速率，它取决于信源的统计特性 $p(a_k)$、分组码的长度 N、字失真矩阵和允许的最大平均失真 D. 当前三者给定后，其最低的信息速率即为允许的最大平均失真 D 的函数. 此函数一般表示为

$$R_N(D)=\min_{Q}\{I(X^N;Y^N)\mid E\{d(\boldsymbol{x},\boldsymbol{y})\}\leqslant D\},$$

其中，min 是在平均失真满足

$$E\{d(\boldsymbol{x},\boldsymbol{y})\}=\sum_{\boldsymbol{x}}\sum_{\boldsymbol{y}}p(\boldsymbol{x})q(\boldsymbol{y}\mid\boldsymbol{x})d(\boldsymbol{x},\boldsymbol{y})\leqslant D$$

的所有字转移概率矩阵 $\boldsymbol{Q}$ 中取的. 如果进一步对 $R_N(D)$ 在所有可能的 N 值下取最小，则可以得到一个只取决于信源统计特征和失真定义的函数 $R(D)$，其中

$$R(D)=\inf_{N}\frac{1}{N}R_N(D).$$

此函数被称为信源的**信息速率失真函数**，简称为**率失真函数**.

率失真函数 $R(D)$ 给出了熵压缩编码可能达到的最小熵率和失真的关系，其逆函数 $D(K)$ 称为**失真率函数**，它代表了一定信息速率下所能达到的最小平均失真.

7.2 率失真函数的基本性质

在具体计算离散无记忆信源的信息率失真函数 $R(D)$ 之前，先对这一函数的一般性质作一些讨论，下面是 $R(D)$ 的主要性质.

性质 7.2.1 $R_N(D)$ 关于 D 是非负单调下降函数.

证 由定义即可得到. ∎

性质 7.2.2 $R_N(D)$ 的定义域为 $(D_{\min},\infty)$.

证 在和失真的度量下，码的平均失真为

$$\begin{aligned}
E\{d(\boldsymbol{x},\boldsymbol{y})\} &= \sum_{\boldsymbol{x}}\sum_{\boldsymbol{y}} p(\boldsymbol{x})q(\boldsymbol{y}\mid\boldsymbol{x})d(\boldsymbol{x},\boldsymbol{y}) \\
&= \sum_{\boldsymbol{x}}\sum_{\boldsymbol{y}} p(\boldsymbol{x},\boldsymbol{y})d(\boldsymbol{x},\boldsymbol{y}) \\
&= \sum_{\boldsymbol{x}}\sum_{\boldsymbol{y}} p(\boldsymbol{x},\boldsymbol{y})\frac{1}{N}\sum_{n=1}^{N} d(x_n,y_n) \\
&= \sum_{n=1}^{N}\sum_{x_n}\sum_{y_n}\frac{1}{N}p(x_n,y_n)d(x_n,y_n) \\
&= \sum_{n=1}^{N}\sum_{x_n}\sum_{y_n}\frac{1}{N}p(x_n)q(y_n\mid x_n)d(x_n,y_n) \\
&= \sum_{x_n}\sum_{y_n} p(x_n)q(y_n\mid x_n)d(x_n,y_n) \\
&= \sum_{x}\sum_{y} p(x)q(y\mid x)d(x,y).
\end{aligned}$$

若取

$$q(y\mid x)=\begin{cases}1, & \text{当 } d(x,y)=\min\limits_{y'} d(x,y'),\\ 0, & \text{其他},\end{cases}$$

则可得到可能的最小平均失真 $D_{\min}$ 为

$$D_{\min}=\sum_{x} p(x)d(x,y_x),$$

其中 $d(x,y_x)=\min_y d(x,y)$.

另一方面，定义

$$D_{\max}=\min_{\boldsymbol{y}}\sum_{\boldsymbol{x}}p(\boldsymbol{x})d(\boldsymbol{x},\boldsymbol{y}),$$

并使编码器在任何输入的源字下都取使得上式成立的码字 $\boldsymbol{y}$，则此时有

$$\begin{aligned}E\{d(\boldsymbol{x},\boldsymbol{y})\}&=\sum_{\boldsymbol{x}}\sum_{\boldsymbol{y}}p(\boldsymbol{x})q(\boldsymbol{y}\mid\boldsymbol{x})d(\boldsymbol{x},\boldsymbol{y})\\&=\min_{\boldsymbol{y}}\sum_{\boldsymbol{x}}p(\boldsymbol{x})d(\boldsymbol{x},\boldsymbol{y})=D_{\max},\end{aligned}$$

$$\begin{aligned}I(X^N;Y^N)&=H(Y^N)-H(Y^N\mid X^N)\\&=H(Y^N)=0.\end{aligned}$$

说明当 $D=D_{\max}$ 时，$R_N(D)=0$.

反之，若 $R_N(D)=0$，则达到此信息速率的熵压缩编码器的输入 $\boldsymbol{x}$ 和输出 $\boldsymbol{y}$ 之间必然是统计独立的，此时码的平均失真为

$$\begin{aligned}E\{d(\boldsymbol{x},\boldsymbol{y})\}&=\sum_{\boldsymbol{x}}\sum_{\boldsymbol{y}}p(\boldsymbol{x})q(\boldsymbol{y}\mid\boldsymbol{x})d(\boldsymbol{x},\boldsymbol{y})\\&=\sum_{\boldsymbol{x}}\sum_{\boldsymbol{y}}p(\boldsymbol{x})p(\boldsymbol{y})d(\boldsymbol{x},\boldsymbol{y})\\&=\sum_{\boldsymbol{y}}p(\boldsymbol{y})\sum_{\boldsymbol{x}}p(\boldsymbol{x})d(\boldsymbol{x},\boldsymbol{y})\\&\geqslant\sum_{\boldsymbol{y}}p(\boldsymbol{y})\cdot D_{\max}\\&=D_{\max}.\end{aligned}$$

故当 $R_N(D)=0$ 时，必有 $D\geqslant D_{\max}$.

由此可知，$R_N(D)$ 的定义域为 $(D_{\min},\infty)$，但在 $D\geqslant D_{\max}$ 之后，$R_N(D)=0$. ▮

性质 7.2.3 $R_N(D)$ 为 D 的凸函数，即若有 $\lambda_1,\lambda_2,D_1,D_2$ 和 D，其中 $\lambda_1+\lambda_2=1$，$0\leqslant\lambda_1\leqslant1$，$D=\lambda_1D_1+\lambda_2D_2$，则有

$$R_N(D)\leqslant\lambda_1R_N(D_1)+\lambda_2R_N(D_2).$$

证 设 $q_1(\boldsymbol{y}\mid\boldsymbol{x})$是达到 $R_N(D_1)$的字转移概率，$q_2(\boldsymbol{y}\mid\boldsymbol{x})$为达到 $R_N(D_2)$的字转移概率，且这两种字转移概率下的互信息分别为 $I_1(X^N;Y^N)$和 $I_2(X^N;Y^N)$，从而有

$$I_1(X^N;Y^N)=R_1(D_1),\quad E\{d_1(\boldsymbol{x},\boldsymbol{y})\}\leqslant D_1,$$

$$I_2(X^N;Y^N)=R_N(D_2),\quad E\{d_2(\boldsymbol{x},\boldsymbol{y})\}\leqslant D_2.$$

重新定义字转移概率：

$$q(\boldsymbol{y}|\boldsymbol{x})=\lambda_1 q_1(\boldsymbol{y}|\boldsymbol{x})+\lambda_2 q_2(\boldsymbol{y}|\boldsymbol{x}).$$

在此转移概率下编码器的平均失真满足

$$\begin{aligned}E\{d(\boldsymbol{x},\boldsymbol{y})\}&=\lambda_1 E\{d_1(\boldsymbol{x},\boldsymbol{y})\}+\lambda_2 E\{d_2(\boldsymbol{x},\boldsymbol{y})\}\\&\leqslant \lambda_1 D_1+\lambda_2 D_2=D.\end{aligned}$$

又设在上述字转移概率下编码器的输入/输出互信息为 $I(X^N;Y^N)$，则

$$R_N(D)=R_N(\lambda_1 D_1+\lambda_2 D_2)\leqslant I(X^N;Y^N).$$

而已知互信息是转移概率的凸函数，故有

$$\begin{aligned}I(X^N;Y^N)&\leqslant \lambda_1 I_1(X^N;Y^N)+\lambda_2 I_2(X^N;Y^N)\\&=\lambda_1 R_N(D_1)+\lambda_2 R_N(D_2).\end{aligned}$$

所以

$$R_N(D)\leqslant \lambda_1 R_N(D_1)+\lambda_2 R_N(D_2).$$ ∎

性质 7.2.4 对于离散无记忆信源，有

$$R_N(D)=NR_1(D),\quad \forall N=1,2,\cdots.$$

证 对任意的 N，我们分两步证明，即分别证明 $R_N(D)\geqslant NR_1(D)$ 和 $R_N(D)\leqslant NR_1(D)$.

(1) 取定 D，设 $q(\boldsymbol{y}|\boldsymbol{x})$为达到 $R_N(D)$的字转移概率，此时有

$$I(X^N;Y^N)=R_N(D),\quad 且\ E\{d(\boldsymbol{x},\boldsymbol{y})\}\leqslant D.$$

由于是离散无记忆信源，从而有

$$p(\boldsymbol{x})=\prod_{n=1}^{N}p(x_n).$$

故反复利用公式 $H(X,Y)=H(X|Y)+H(Y)$，有

$$\begin{aligned}I(X^N;Y^N)&=H(X^N)-H(X^N|Y^N)\\&=\sum_{n=1}^{N}H(X_n)-H(X^N|Y^N)\\&=\sum_{n=1}^{N}H(X_n)-H(X_1|Y^N)-H(X_2|X_1Y^N)-\cdots\\&\geqslant\sum_{n=1}^{N}(H(X_n)-H(X_n|Y_n))\\&=\sum_{n=1}^{N}I(X_n;Y_n).\end{aligned}$$

若记 D_n 为信源字与码字中第 n 个位置字母之间的平均失真，则有

$$I(X_n;Y_n)\geqslant R_1(D_n).$$

而 $E\{d(X,Y)\} \leqslant D = \frac{1}{N}\sum_{n=1}^{N} D_n$，于是有

$$I(X^N;Y^N) = R_N(D) \geqslant \sum_{n=1}^{N} R_1(D_n).$$

利用 $R_N(D)$ 的凸性，有

$$\frac{1}{N}\sum_{n=1}^{N} R_1(D_n) \geqslant R_1\left(\frac{1}{N}\sum_{n=1}^{N} D_n\right) = R_1(D).$$

故 $R_N(D) \geqslant NR_1(D)$.

(2) $\forall D$，设 $q(\boldsymbol{y}|\boldsymbol{x})$ 为达到 $R_1(D)$ 的字母转移概率，即 $I(X;Y) = R_1(D)$，$E\{d(X,Y)\} \leqslant D$，并且取定编码器的字转移概率为

$$q(\boldsymbol{y}|\boldsymbol{x}) = \prod_{n=1}^{N} q(y_n|x_n).$$

这时，编码器相当于一个离散无记忆信道，故

$$I(X^N;Y^N) \leqslant \sum_{n=1}^{N} I(X_n;Y_n),$$

所以

$$I(X^N;Y^N) \leqslant NR_1(D).$$

而此时的平均失真为 $E\{d(X,Y)\} \leqslant \frac{1}{N}\sum_{n=1}^{N} D_n = D$，故

$$R_N(D) \leqslant I(X^N;Y^N) \leqslant NR_1(D).$$

综合第一部分，有 $R_N(D) = NR_1(D)$. ∎

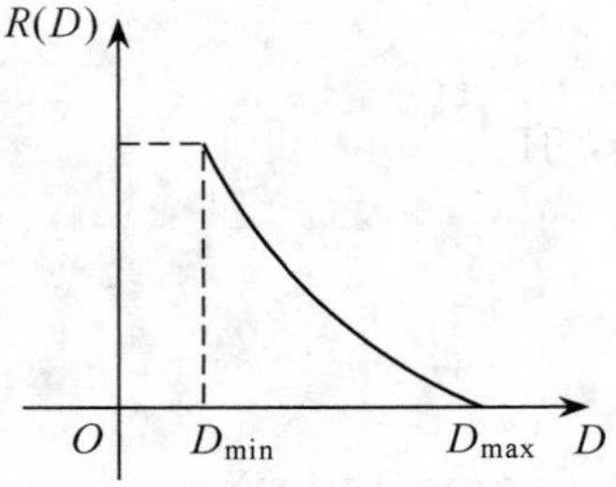

图 7.1

从此性质可以得到离散无记忆信源的率失真函数 $R(D)$ 的简单表达式为

$$R(D) = \inf_N \frac{1}{N} R_N(D) = R_1(D).$$

故 $R(D)$ 还可以表示为

$$R(D) = \min\{I(X;Y) \mid E\{d(X,Y)\} \leqslant D\},$$

并且 $R(D)$ 为一个连续的凸函数，从 $D_{\min}$ 开始单调下降到 $D_{\max}$ 处的 0 值，其函数图象如图 7.1 所示.

而 $D_{\min}$ 与 $D_{\max}$ 取决于信源字母概率分布和失真矩阵，并且易知 $R(D)$ 在 $D_{\min}$ 与 $D_{\max}$ 之间是严格单调下降的连续凸函数. 从而 $R(D)$ 也可表述为

$$R(D) = \min\{I(X;Y) \mid E\{d(X,Y)\} = D\}.$$

7.3 对离散信源求解率失真函数的迭代算法

首先，我们计算一个简单信源的率失真函数.

例 7.3.1 考虑二元伯努利信源，失真度量为 Hamming 失真函数. 不失一般性，设 $p<\frac{1}{2}$. 如图 7.2 所示. 要求 $R(D)$.

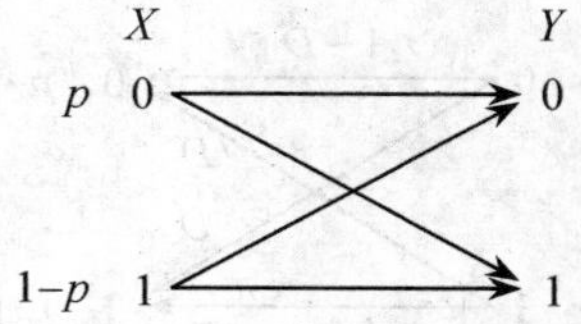

图 7.2

解 由定义，

$$R(D)=\min_{q(y|x)}\left\{I(X;Y)\,\Big|\,\sum_{x,y}p(x)q(y|x)d(x,y)\leqslant D\right\}.$$

我们用$\oplus$表示模 2 加法运算，则 $x\oplus y=1$ 等价于 $x\neq y$. 设随机变量 $Z=X\oplus Y$，易知 $H(X|Y)=H(Z|Y)$. 从而有

$$\begin{aligned}I(X;Y)&=H(X)-H(X|Y)=H(X)-H(Z|Y)\\&\geqslant H(X)-H(Z)=H(p)-H(Z).\end{aligned}\tag{7.3.1}$$

对于二元伯努利信源，易求 $D_{\min}=0$，$D_{\max}=p\ \left(\leqslant\frac{1}{2}\right)$. 故当 $D\geqslant D_{\max}$ 时，$R(D)=0$. 我们将 D 限制在$[0,p]$，

$$\begin{aligned}H(Z)&=H(X\oplus Y)=-p(x\oplus y=1)\log p(x\oplus y=1)\\&\quad-p(x\oplus y=0)\log p(x\oplus y=0)\\&=H(p(X\neq Y)).\end{aligned}\tag{7.3.2}$$

对于 Hamming 失真函数而言，

$$\begin{aligned}p(X\neq Y)&=p(x=0,y=1)+p(x=1,y=0)\\&=E\{d(X,Y)\}\leqslant D.\end{aligned}$$

所以

$$H(p(X\neq Y))\leqslant H(D)\quad\left(0\leqslant D\leqslant p\leqslant\frac{1}{2}\right).\tag{7.3.3}$$

故 $H(Z)\leqslant H(D)$. 从而

$$I(X;Y)\geqslant H(p)-H(D)\quad\left(0\leqslant D\leqslant p\leqslant\frac{1}{2}\right).\tag{7.3.4}$$

右边是一个常数，故有

$$R(D)\geqslant H(p)-H(D)\quad\left(0\leqslant D\leqslant p\leqslant\frac{1}{2}\right).\tag{7.3.5}$$

下面证明在 $0\leqslant D\leqslant p\leqslant\frac{1}{2}$ 时，上述不等式中等号可以成立，即能找

到一个满足失真要求的转移概率 $q(y|x)$，使得上式中等号成立.

因为 $I(X;Y)=I(Y;X)$，我们可以研究反向假设检验信道 $q(x|y)$ 及 $p(y)$，使得失真 $E\{d(X,Y)\}\leqslant D$，而且使得 $\{p(x)\},\{p(y)\},\{q(x|y)\}$ 相容，同时

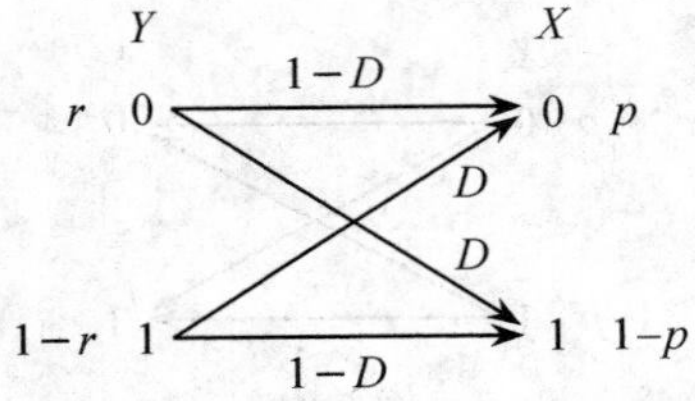

图 7.3

$$I(X;Y)=I(Y;X)=R(D).$$

对于本例，选取如图 7.3 所示的反向假设检验信道. 此时，$E\{d(x,y)\}=D$. 特别取

$$r=\frac{p-D}{1-2D},$$

可使输出 X 的分布为 $(p,1-p)$.

$$H(X|Y=0)=H(X|Y=1)=H(X|Y)=H(D),$$

故

$$I(X;Y)=H(p)-H(D). \tag{7.3.6}$$

从而(7.3.5)中等号可以达到.

最后，我们求得当 $p\leqslant\frac{1}{2}$ 时，

$$R(D)=\begin{cases}H(p)-H(D), & 当\ 0\leqslant D\leqslant p\leqslant\frac{1}{2},\\ 0, & 当\ D>p.\end{cases}$$

当 $p=0.5$ 时，率失真函数 $R(D)$ 如图 7.4 所示.

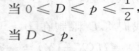

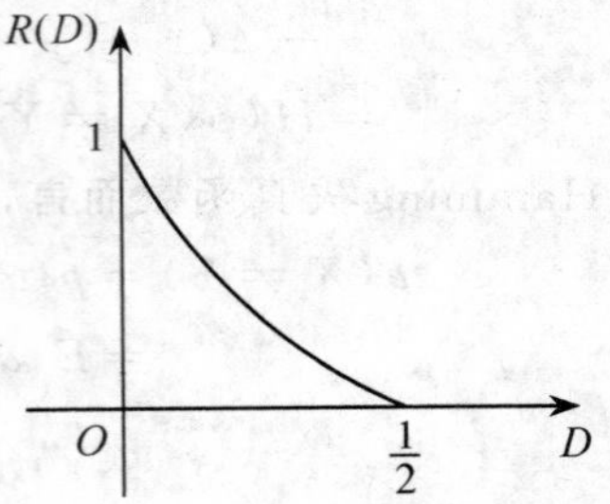

图 7.4 $p=0.5$ 时二元信源的率失真函数 $R(D)$

在许多情况下，$R(D)$可能有一个较好的表达式，如上例所示. 这种解析解可以帮助我们了解参数间的关系. 但在许多实际问题中，人们需要的是数值解. 与计算信道容量类似，R. Blahut 于 1972 年提出了求解信息率失真函数 $R(D)$的迭代算法.

定理 7.3.1 令 $\boldsymbol{Q}$ 表示由 $q(b_j|a_k)$组成的转移概率矩阵，$\{p(a_k)\}_{k=1}^{K}$ 为源字母概率分布，$\{p_0(b_j)\}_{j=1}^{J}$ 为迭代初始概率且 $p_0(b_j)>0$ ($\forall j=1,2,\cdots,J$). 重新记 $(d(k,j))=(d(a_k,b_j))$，为失真矩阵. 令 $\lambda\leqslant 0$. 定义

$$p_{n+1}(b_j)=p_n(b_j)\sum_{k=1}^{K}\frac{p(a_k)\mathrm{e}^{\lambda d(k,j)}}{\sum_{l=1}^{J}p_n(b_l)\mathrm{e}^{\lambda d(k,l)}},$$

$$q_{n+1}(b_j|a_k)=\frac{p_n(b_j)\mathrm{e}^{\lambda d(k,j)}}{\sum_{l=1}^{J}p_n(b_l)\mathrm{e}^{\lambda d(k,l)}},$$

则当 $n\to\infty$ 时，有

$$D(\boldsymbol{Q}_n)\to D_\lambda,\quad I(\boldsymbol{Q}_n)\to R(D_\lambda).$$

证明从略.

应该指出，本定理并没有告诉我们，对于给定的 D，如何求得 $R(D)$，而是计算了在给定参数 λ ($\leqslant 0$)后，如何求得 D_λ 与$R(D_\lambda)$. 实际上，由于率失真函数 $R(D)$为一条曲线，故要对不同的 λ 进行迭代计算，求出足够多的点$\{(D_\lambda,R(D_\lambda))\}$，得到一条近似于率失真函数曲线的曲线. 而 λ 接近于$R(D)$的在点$(D_\lambda,R(D_\lambda))$处的切线斜率.

例 7.3.2 某印刷电路板（print circuit board，PCB）加工厂的产品合格率约为 98%. 一块好的 PCB 板出厂价约为 100 元. 但如果客户发现一块不合格的 PCB 板，可向厂方索赔 10 000 元. 已知厂方检验员的正确率约为 95%. 试用信息率失真理论来分析检验的作用，并比较之. 假设合格品出厂、废品报废都不造成损失.

解 根据题意，可将 PCB 产品作为一信源，且有

信源空间：　　好(合格)　　　　废(废品)

$$P(\text{好})=0.98\qquad P(\text{废})=0.02$$

选择失真函数为

$$d(\text{好},\text{好})=0,\qquad d(\text{废},\text{废})=0,$$
$$d(\text{好},\text{废})=100,\quad d(\text{废},\text{好})=10\,000.$$

可将产品检验分成如下 4 种情况：全部产品都为合格品，全部产品都为废品，完美的检验和允许出错的检验. 下面分别讨论之.

情况 1　全部产品不经检验而出厂——都当做合格品.

把这一过程看做是一个“信道”，其“传输概率”为

$$P(\text{好}|\text{好})=1,\quad P(\text{废}|\text{好})=0,\quad P(\text{好}|\text{废})=1,\quad P(\text{废}|\text{废})=0,$$

信道矩阵为

$$\boldsymbol{\Pi}=\begin{matrix} & \text{好} & \text{废} \\ \text{好} & 1 & 0 \\ \text{废} & 1 & 0\end{matrix},$$

平均损失，即平均失真度为

$$\overline{D}=\sum_i\sum_j P(a_i)P(b_j|a_i)d(a_i,b_j)$$

$$=P(\text{好})P(\text{好}\mid\text{好})d(\text{好},\text{好})+P(\text{好})P(\text{废}\mid\text{好})d(\text{好},\text{废})$$
$$+P(\text{废})P(\text{好}\mid\text{废})d(\text{废},\text{好})+P(\text{废})P(\text{废}\mid\text{废})d(\text{废},\text{废})$$
$$=0.02\times1\times10\,000=200\ (\text{元}/\text{块}).$$

即这种情况下每销售一块 PCB 板，加工厂将要另外承担可能损失 200 元的风险，若考虑到每块销售 100 元，那么，实际上每卖出一块 PCB 板可能要净损失 100 元.

情况 2　全部产品不经检验全部报废——都当做废品.

这时的信道传输概率为

$$P(\text{好}\mid\text{好})=0,\quad P(\text{废}\mid\text{好})=1,\quad P(\text{好}\mid\text{废})=0,\quad P(\text{废}\mid\text{废})=1,$$

信道矩阵为

$$\Pi=\begin{array}{c}\\ \text{好}\\ \text{废}\end{array}\begin{array}{c}\begin{array}{cc}\text{好} & \text{废}\end{array}\\ \begin{pmatrix}0 & 1\\ 0 & 1\end{pmatrix}\end{array},$$

平均失真度为

$$\overline{D}=\sum_i\sum_j P(a_i)P(b_j\mid a_i)d(a_i,b_j)$$
$$=P(\text{好})P(\text{好}\mid\text{好})d(\text{好},\text{好})+P(\text{好})P(\text{废}\mid\text{好})d(\text{好},\text{废})$$
$$+P(\text{废})P(\text{好}\mid\text{废})d(\text{废},\text{好})+P(\text{废})P(\text{废}\mid\text{废})d(\text{废},\text{废})$$
$$=0.98\times1\times100=98\ (\text{元}/\text{块}).$$

即这种情况下每生产一块 PCB 板，加工厂将有损失 98 元的风险. 这是因为把 98％本来可以卖 100 元一块的 PCB 板也报废的缘故.

比较情况 1 和情况 2 可知，做出全部报废决定造成的损失，要小于做出全部出厂决定所造成的损失。不做任何检验，在全部出厂和全部报废两者之间抉择，选择后者的损失反而小. 因此，有

$$\overline{D}_{\max}=98,\quad R(D_{\max})=0.$$

此时产品没有进行质量管理，相当于信源没有输出任何信息量.

情况 3　经过检验能正确无误地判断合格品与废品——完美的检验. 这相当于无噪信道的情况，信道矩阵为

$$\Pi=\begin{array}{c}\\ \text{好}\\ \text{废}\end{array}\begin{array}{c}\begin{array}{cc}\text{好} & \text{废}\end{array}\\ \begin{pmatrix}1 & 0\\ 0 & 1\end{pmatrix}\end{array},$$

平均失真度为

$$\overline{D}=0.$$

这种情况下不会另外造成损失.

下面探讨每一比特信息量的价值. 为此先来求该信源的熵，有

$$H(X)=R(0)=0.98\log 0.98-0.02\log 0.02$$
$$=0.142\ (\text{bit/块}).$$

该式说明，如果从每块 PCB 板上获取 0.142 bit 的信息量，就可以避免一切细小的损失. 因为可能造成的最大损失为 98 元/块，所以可以说 0.142 bit 信息量的最大价值为 98 元，因此每一比特信息量的最大价值为

$$\frac{98}{0.142}=690.14\ (\text{元/bit}).$$

情况 4 检测时允许有一定的错误 —— 非完美的检验.

依题意检验的正确率约为 95%，则信道的传输概率为

$$P(\text{好}\mid\text{好})=0.95,\quad P(\text{废}\mid\text{好})=0.05,$$
$$P(\text{好}\mid\text{废})=0.05,\quad P(\text{废}\mid\text{废})=0.95.$$

信道矩阵为

$$\Pi=\begin{matrix} & \text{好} & \text{废} \\ \text{好} & 0.95 & 0.05 \\ \text{废} & 0.05 & 0.95 \end{matrix},$$

平均失真度为

$$\overline{D}=\sum_i\sum_j P(a_i)P(b_j\mid a_i)d(a_i,b_j)$$
$$=P(\text{好})P(\text{废}\mid\text{好})d(\text{好},\text{废})+P(\text{废})P(\text{好}\mid\text{废})d(\text{废},\text{好})$$
$$=0.95\times 0.05\times 100+0.02\times 0.05\times 10\,000$$
$$=14.9\ (\text{元/块}).$$

即这种情况下每销售出去一块 PCB 板，加工厂将要另外承担可能损失 14.9 元的风险. 考虑到每块销售 100 元，那么实际上每卖出一块 PCB 板实际收益至少是 85.1 元.

从可能带来的另外损失角度考虑，这种情况和最大损失（98 元）相比，其减少量为

$$98-14.9=83.1\ (\text{元}).$$

之所以会减少损失，是由于从检验的过程中获取了信息量，如前所述，检验的过程好比“信道”，获取的信息量也就是平均互信息量 $I(X;Y)$，可用 $I(X;Y)=H(X)-H(Y|X)$ 求得. $H(X)$ 前面已经求出，现在来求 $H(Y|X)$. 为此先求 $H(Y)$.

信源空间和信道传输概率如前所述. 现设出厂产品为信宿 Y，则有

$$P_Y(\text{好})=P(\text{好})P(\text{好}\mid\text{好})+P(\text{废})P(\text{好}\mid\text{废})$$
$$=0.98\times 0.95+0.02\times 0.05$$
$$=0.932,$$

$$P_Y(\text{废})=0.068.$$

因此信宿熵为

$$H(Y)=H(0.932,0.068)=0.358\ (\text{bit/每一出厂产品}).$$

每生产一个产品，对应于出厂产品是废品还是合格品的平均不确定度为

$$\begin{aligned}H(Y|X)&=-\sum_i\sum_j P(a_i)P(b_j|a_i)\log P(b_j,a_i)\\&=0.287\ (\text{bit/每一出厂产品}),\\ I(X;Y)&=0.358-0.287\\&=0.071\ (\text{bit/每一出厂产品}).\end{aligned}$$

通过允许有错的检验，平均而言从对每块 PCB 板的检验中只获取了 0.071 bit 的信息量，但是其损失比不检验时减少了 83.1 元. 也就是说 0.071 bit 信息量价值为 83.1 元. 故每比特价值为

$$\frac{83.1}{0.071}=1170.4\ (\text{元/bit}).$$

而情况 3 每比特信息量的价值为 690.14 元，比较而言，第 4 种情况的信息价格最高，是最合算的检验准则.

把上述概率一般化，可以给出信息率的价值及价值率的定义.

由前面的分析可知，在保真度准则下，信息速率 R 是设计时允许的失真 D 的函数，$R(D)$ 与 D 的一般关系如图 7.5 所示. 但也可以求出 $R(D)$ 的反函数 $D=D(R)$. 同样，给出一个 R 值，就有一个 D 与之对应.

定义 7.3.1 信息率 R 的价值用 V 表示，定义为

$$V=D_{\max}-D(R).$$

它的含义是获取关于信源 X 某一信息率 $R(D)$ 时，平均损失从 $D_{\max}$ 降低到 D 所具有的差值. 例如，图 7.5 中对应于 R_1，$V_1=D_{\max}-D_1$；对应于 R_2，$V_2=D_{\max}-D_2$.

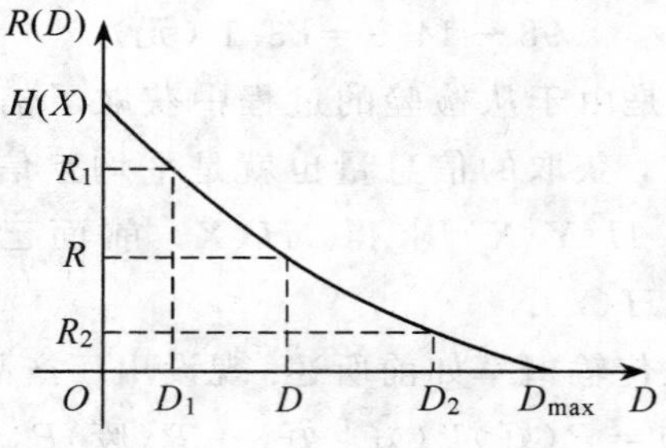

图 7.5 率失真函数 $R(D)$

定义 7.3.2 信息率 R 的价值率用 θ 表示，定义为每比特信息量的价值，即

$$\theta=\frac{V}{R(D)}=\frac{D_{\max}-D(P)}{R(D)}.$$

例 7.3.3 设某地区的天气状况可简单地用好天气和坏天气来表示. 根据长期统计的结果，它们的概率分别为 $P(\text{好})=\frac{4}{5}$ 和 $P(\text{坏})=\frac{1}{5}$. 假如对于某种生产，把次日是好天气当坏天气来准备和把坏天气当好天气来准备都会损失 a 元，否则无损失.

(1) 试求完全正确预报的信息率价值 V 及信息价值率 θ.

(2) 若气象台的误报概率为 5%，求 V 和 θ.

解 (1) $D_{\max}=\min\limits_{j}\left\{\sum\limits_{i=1}^{2}P(a_i)b_{ij}\right\}=\min\left\{\frac{4a}{5},\frac{a}{5}\right\}=\frac{a}{5}$,

$$V=D_{\max}-0=\frac{a}{5}\ (\text{元}).$$

$$R(D_1)=-0.8\log 0.8-0.2\log 0.2\approx 0.722,$$

$$\theta=\frac{V}{R(D_1)}=\frac{a/5}{0.722}=0.277a\ (\text{元}/\text{bit}).$$

(2)
$$\Pi=\begin{array}{c}\\ \text{好}\\ \text{坏}\end{array}\begin{array}{c}\begin{array}{cc}\text{好} & \text{坏}\end{array}\\ \begin{pmatrix}0.95 & 0.05\\ 0.05 & 0.95\end{pmatrix}\end{array},$$

$$\begin{aligned}D_2&=\sum_i\sum_j P(a_i)P(b_j|a_i)d(a_i,b_j)\\&=P(\text{好})P(\text{坏}|\text{好})d(\text{好},\text{坏})\\&\quad+P(\text{坏})P(\text{好}|\text{坏})d(\text{坏},\text{好})\\&=0.8\cdot 0.05\cdot a+0.2\cdot 0.05\cdot a=\frac{a}{20},\end{aligned}$$

$$V=D_{\max}-D_2=\frac{a}{5}-\frac{a}{20}=\frac{3a}{20},$$

$$\begin{aligned}P_2(\text{好})&=P(\text{好})P(\text{好}|\text{好})+P(\text{坏})P(\text{好}|\text{坏})\\&=0.8\times 0.95+0.2\times 0.05=0.77,\end{aligned}$$

$$P_2(\text{坏})=0.23,$$

$$H(Y)=-0.77\log 0.77-0.23\log 0.23\approx 0.778,$$

$$H(Y|X)=-\sum_i\sum_j P(a_i)P(b_j|a_i)\log P(b_j|a_i)\approx 0.286,$$

$$I(X;Y)=0.778-0.286=0.492,$$

$$\theta=\frac{V}{R(D_2)}=\frac{3a/20}{0.492}=0.305a\ (元/\mathrm{bit}).$$

习　题

7.1 已知离散无记忆信源在给定失真度量 $d(k,j)$，$k=1,2,\cdots,K$；$j=1,2,\cdots,J$ 下的信息率失真函数为 $R(D)$. 现在定义新的失真度量

$$d'(k,j)=d(k,j)-g_k.$$

试证：在新的失真度量下信息率失真函数 $R'(D)$ 为 $R'(D)=R(D+G)$，其中 $G=\sum_k p(a_k)g_k$.

7.2 离散无记忆信源 $X=\begin{pmatrix}-1 & 0 & 1\\ \frac{1}{3} & \frac{1}{3} & \frac{1}{3}\end{pmatrix}$，接收符号 $A_y=\{a,b\}$，失真矩阵

$$D=\begin{pmatrix}1 & 2\\ 1 & 1\\ 2 & 1\end{pmatrix}.$$

试求 $D_{\max}$ 和 $D_{\min}$ 以及达到 $D_{\max}$ 和 $D_{\min}$ 时的转移概率矩阵.

7.3 已知二元信源 $X=\begin{pmatrix}0 & 1\\ p & 1-p\end{pmatrix}$ 以及失真矩阵 $(d(k,j))=\begin{pmatrix}0 & 1\\ 1 & 0\end{pmatrix}$. 试求：(1) $D_{\min}$；(2) $D_{\max}$；(3) $R(D)$.

7.4 二元信源 $X=\begin{pmatrix}0 & 1\\ \frac{1}{2} & \frac{1}{2}\end{pmatrix}$，其失真矩阵为 $(d(k,j))=\begin{pmatrix}0 & a\\ b & 0\end{pmatrix}$，其中 $a,b\geqslant 0$. 试求 $R(D)$.

7.5 设信源概率分布为 $P=\left(\frac{1}{4},\frac{1}{4},\frac{1}{4},\frac{1}{4}\right)$，失真矩阵为

$$(d(x,\hat{x}))=\begin{pmatrix}1 & 2\\ 1 & 1\\ 1 & 1\\ 2 & 1\end{pmatrix}.$$

试求 $R(D)$ 和相应的曲线.

7.6 求证：离散无记忆信源 $R(0)=H$（H 为信源熵）的充分必要条件是失真矩阵中每行至少有一个 0，而每列至多有一个 0.

7.7　设离散无记忆信源 X 经编码后输出 Y，其失真矩阵的所有列为集合$\{d_1, d_2, \cdots, d_m\}$的一个置换. 并设输入输出字的集大小一样. 定义函数：

$$\varphi(D)=\max_{p:\sum_{i=1}^{m} p_i d_i \leqslant D} H(p).$$

(1) 证明：$\varphi(D)$ 为 D 的凹函数(上凸函数).

(2) 证明：若 $E\{d(X,Y)\}\leqslant D$，则

$$I(X;Y)\geqslant H(X)-\varphi(D).$$

(3) 证明：率失真函数的 Shannon 下限

$$R(D)\geqslant H(X)-\varphi(D).$$

(4) 若信源均匀分布，失真矩阵中每行为第一行的一个置换，则

$$R(D)=H(X)-\varphi(D).$$

7.8　某工厂的产品合格率为 99%，废品率为 1%. 若将一个合格产品作为废品来处理，将损失 1 元；若将一个废品当做合格产品出厂，将损失 100 元；若将合格产品出厂，废品报废，则不造成损失. 试分析质量管理中各种情况造成的损失及付出的代价.

第8章 最大熵原理与最小鉴别信息原理

本章将讨论在 Shannon 经典信息论中没有涉及的两个基本原理，即 E. T. Jaynes 于 1957 年提出的最大熵原理和 S. Kullback 于 1959 年提出的最小鉴别信息原理. 虽然目前对这两个原理还有许多不同的看法，但它们在实际问题中的应用却一直在不断地发展，非常有必要对它们作一介绍.

8.1 最大熵原理

在现实生活中，许多随机事件的概率是不能直接计算的，也有许多随机事件的相对出现频率是无法计算的，而只有其数字特征如数学期望(均值)可以被测量或计算出来. 然而，当一个随机变量的平均值给定以后，存在许多概率分布与这个均值相容，问题是如何选择一个最好的分布. 解决这类所谓非适定问题的方法有许多，具体选用哪种方法取决于该问题的实际情况. 基于概率论的统计方法是一类最重要的方法，如最大似然解法、基于最大熵原理的最大熵方法和基于最小鉴别信息原理的最小鉴别信息法等.

8.1.1 最大熵原理的提出

我们考虑如下问题.

设一随机变量 X 取值于集合 $\{a_1,a_2,\cdots,a_K\}=A$，但是不知 X 取到 a_k 的概率 $p_k=P(X=a_k)=p(a_k)$，$k=1,2,\cdots,K$. 若已知 X 的若干函数 $f_m(X)$ 的数学期望为

$$\sum_{k=1}^{K} p(a_k) f_m(a_k)=C_m,\quad m=1,2,\cdots,M, \tag{8.1.1}$$

我们要求对 X 的分布 $(p_1,p_2,\cdots,p_K)$ 作一估计，或者说求 X 分布的解.

在一般情况下，已知的约束条件对求解 X 的分布来说总是不充分的，会有许多不同的分布满足这些约束条件(8.1.1). 所以它是一个非适定的问题，我们需要确定某种原则或原理才能在这种情况下从众多的解中找出一个合理的解.

1957 年，E. T. Jaynes 提出了一种观点. 他认为：在只掌握部分信息的情况下要对分布作出推断时，我们应该取符合约束条件但熵值取最大的概率分布. 这是我们可以作出的唯一的不偏不倚的选择，任何其他选择都意味着我们添加了其他的约束和假设. Jaynes 把这一观点称为**最大熵原理**，并且认为这是在这类问题中普遍适用的推断原理.

按照最大熵原理，我们对上述问题的概率分布的估计实际上变成如下一个约束最优问题：

求解 $P=(p_1,p_2,\cdots,p_K)$，使得熵

$$H(X)=-\sum_{k=1}^{K}p(a_k)\log p(a_k) \tag{8.1.2}$$

最大，但有约束条件：

$$\sum_{k=1}^{K}p(a_k)f_m(a_k)=C_m,\quad m=1,2,\cdots,M; \tag{8.1.3}$$

$$\sum_{k=1}^{K}p(a_k)=1,\quad p(a_k)\geqslant 0. \tag{8.1.4}$$

对于这一问题，只需利用 Lagrange (拉格朗日)乘数法，令

$$F=H(X)-\beta\left(\sum_{k=1}^{K}p(a_k)-1\right)-\sum_{m=1}^{M}\lambda_m\left(\sum_{k=1}^{K}p(a_k)f_m(a_k)-C_m\right), \tag{8.1.5}$$

即可求解.

下面将 F 对各变量 $p(a_k)=p_k$ 求偏导(设以 e 为底)，并令其为 0，有

$$\frac{\partial F}{\partial p_k}=-1-\log p(a_k)-\beta-\sum_{m=1}^{M}\lambda_m f_m(a_k)=0.$$

因此

$$\log p(a_k)=-1-\beta-\sum_{m=1}^{M}\lambda_m f_m(a_k), \tag{8.1.6}$$

即

$$p(a_k)=\exp\left(-1-\beta-\sum_{m=1}^{M}\lambda_m f_m(a_k)\right). \tag{8.1.7}$$

常数 β 和 λ_m $(m=1,2,\cdots,M)$ 可由条件(8.1.3)和(8.1.4)共 $M+1$ 个约束条

件求得. 这样，(8.1.7)即为在所有可行解中使熵有最大值的分布.

当 X 为连续型随机变量时，我们讨论微分熵. 故在约束条件

$$\int p(x) f_m(x) \mathrm{d}x = C_m, \quad m=1,2,\cdots,M; \tag{8.1.8}$$

$$\int p(x) \mathrm{d}x = 1 \tag{8.1.9}$$

下，求可使微分熵

$$H_C(X) = -\int p(x) \log p(x) \,\mathrm{d}x \tag{8.1.10}$$

最大的概率分布. 同样用 Lagrange 乘数法，可得

$$p(x) = \exp\left(-1-\beta-\sum_{m=1}^{M} \lambda_m f_m(x)\right). \tag{8.1.11}$$

虽然此时应叫微分熵最大原理，但习惯上，仍称为**最大熵原理**.

8.1.2 最大熵原理的合理性

最大熵原理所给出的解是唯一的，而原来的非适定问题的可行解可能非常多，为什么我们非要选择满足最大熵的解，而排除其他解呢？其余的可行解会不会是真正的解呢？Jaynes 用熵集中定理对此作了如下解释.

假设我们进行一个随机试验，每次实验结果有 K 种可能，则在连续进行 N 次实验时所得到的为随机序列的一个实现. 它共有 K^N 种可能的序列. 在这 K^N 种可能的序列中，第 k 个事件出现 $N_k = N f_k$ ($k=1,2,\cdots,K$)次的序列共有 $w(f_1, f_2, \cdots, f_K)$种. 可以求得

$$\begin{aligned} w(f_1, f_2, \cdots, f_K) &= \frac{N!}{N_1!\, N_2! \cdots N_K!} \\ &= \frac{N!}{(Nf_1)!\,(Nf_2)! \cdots (Nf_K)!}. \end{aligned} \tag{8.1.12}$$

根据 Stirling 公式，当 n 充分大时，有 $n! \approx \sqrt{2\pi n}\left(\frac{n}{\mathrm{e}}\right)^n$. 故当 N 充分大时，

$$\log_2 \frac{N!}{\prod_{k=1}^{K} N_k!} \approx -N \sum_{k=1}^{K} \frac{N_k}{N} \log_2 \frac{N_k}{N} = -N \sum_{k=1}^{K} f_k \log f_k.$$

从而当 N 充分大时，

$$\frac{\log w(f_1, f_2, \cdots, f_K)}{N} \approx -\sum_{k=1}^{K} f_k \log f_k = H(f_1, f_2, \cdots, f_K). \tag{8.1.13}$$

或者为方便起见，当 N 充分大时，直接认为

$$w(f_1,f_2,\cdots,f_K)=\exp(NH(f_1,f_2,\cdots,f_K)). \tag{8.1.14}$$

集合

$$S=\left\{P=(p_1,p_2,\cdots,p_K)\,\middle|\,\sum_{i=1}^{K}p_i=1,\ p_i\geqslant 0,\ \forall\, i\right\}$$

为 K 维实空间 $\mathbf{R}^K$ 中的一个有界闭凸集. 频率 $F=(f_1,f_2,\cdots,f_K)\in S$. 由熵函数之性质，熵函数 $H(p_1,p_2,\cdots,p_K)=-\sum_{k=1}^{K}p_k\log p_k$ 连续地从 0 到 $\log K$ 之间变化，当 $P=(p_1,p_2,\cdots,p_K)$ 为凸集 S 的中心 $\left(\frac{1}{K},\frac{1}{K},\cdots,\frac{1}{K}\right)$ 时，$H(p_1,p_2,\cdots,p_K)$ 取最大值，而在 S 的边界上，H 取值为 0.

对我们的求解问题，我们实际上对 $P=(p_1,p_2,\cdots,p_K)$ 加了 $M+1$ 个线性约束条件(8.1.3)和(8.1.4). 这 $M+1$ 个约束条件确定了一个 $K-M-1$ 维的超平面 S_M，于是所有可行解都被限制在集合 $S'=S\cap S_M$ 上，并且 S' 的维数也为 $K-M-1$. 因为熵函数为凹函数而 S' 仍为闭凸集，故 S' 中有唯一一点使得熵函数 $H(p_1,p_2,\cdots,p_K)$ 取到最大. 在集合 S' 所在超平面中定义新的坐标系，使得新坐标系原点为 $H(p_1,p_2,\cdots,p_K)$ 取到最大的点. 记新坐标系为 $(x_1,x_2,\cdots,x_{K-M-1})$. 这样，在新原点附近对熵函数进行泰勒展开，得到

$$H(P)=H_{\max}-a\gamma^2+\cdots,\quad a>0, \tag{8.1.15}$$

其中 γ 表示点 $P=(p_1,p_2,\cdots,p_K)$ 离新坐标原点的距离，即

$$\gamma=\left(\sum_{k=1}^{K-M-1}x_k^2\right)^{\frac{1}{2}}. \tag{8.1.16}$$

故，与 $H_{\max}$ 相差 ΔH 的点 P 都将限制在半径为 R 的 $L(=K-M-1)$ 维球体内，且 R 满足

$$aR^2=\Delta H. \tag{8.1.17}$$

由式(8.1.14)，两组不同的频率所对应的 $w(f_1,f_2,\cdots,f_K)$ 值之比为

$$\frac{w(H_1)}{w(H_2)}\approx\exp(N(H_1-H_2)). \tag{8.1.18}$$

于是对于一般的频率分布 $F=(f_1,f_2,\cdots,f_K)$ 而言，其对应的 $w(f_1,f_2,\cdots,f_K)$ 与使 H 在约束条件下最大的频率分布 $F_{\max}$ 对应的 w 之间的比值为

$$\begin{aligned}\frac{w(H)}{w(H_{\max})}&\approx\exp(N(H-H_{\max}))=\exp(-NaR^2)\\&=\exp(-N\Delta H).\end{aligned} \tag{8.1.19}$$

从而，在半径为 R 的球中所对应的序列数目为

$$I(R)=\int_0^R \exp(-Nar^2)r^{L-1}\mathrm{d}r.$$

它在总序列数目中所占比率 F_R 为

$$F_R \approx \frac{I(R)}{K^N}. \tag{8.1.20}$$

而 $I(R)$ 刚好是自由度为 L 的 χ^2-分布的分布函数，所以有

$$2N\Delta H=\chi_L^2(1-F_R). \tag{8.1.21}$$

上述的推导表明，从概率的观点来看，熵值远离最大熵的可行解出现的机会非常小，或者从组合的观点来看，熵值远离最大熵的组合种类在所有可能的组合中所占比例很小. 因而最大熵解是在给定信息下可能作出的最可靠的解，它在绝大多数情况下接近于真实解. 这表明从比较的角度而言，最大熵原理是一种保险的策略.

事实上，统计物理中一些有名的分布已被证明都是若干类似上述的约束条件下使得熵或者微分熵最大的分布. 例如，气体分子速度的分布是能量受约束下的最大熵分布，大气层空气密度随高度的分布是在平均势能约束下的最大熵分布等，这些事实极大地鼓舞了人们对最大熵原理的信心，使它在许多邻域中得到了深入的应用，特别是在信号处理中，最大熵原理已成为谱估计和图像复原中的主要方法.

例 8.1.1 约束条件为 $EX=\alpha_1$，$EX^2=\alpha_2$，分布于整个实数轴的随机变量 X，其最大熵分布为

$$f(x)=\mathrm{e}^{\lambda_0+\lambda_1 x+\lambda_2 x^2},$$

其中，若选 $\lambda_0,\lambda_1,\lambda_2$ 满足约束条件，可得正态分布

$$f(x)=N(\alpha_1,\alpha_2-\alpha_1{}^2).$$

例 8.1.2 在掷骰子的试验中，若掷 1 000 次，并且知道点数的平均为 4.5，即

$$\sum_{k=1}^{6} kf_k=4.5,$$

则按最大熵原理，所得解为

$$(f_1,f_2,\cdots,f_6)=(0.0543,0.0788,0.1142,0.1654,0.2398,0.3476).$$

此时相应的熵为

$$H_{\max}=1.61358.$$

若按 χ^2-分布，可得

(1) 95%的符合约束条件的解，其熵值满足

$$1.609 \leqslant H \leqslant 1.61358;$$

(2) 99.99%的符合约束条件的解，其熵值满足

$$1.602 \leqslant H \leqslant 1.61358.$$

8.1.3 最大熵谱估计

本节讨论最大熵原理是如何应用于谱估计中的.

一个零均值平稳随机序列$\{X_i\}$，其**自相关函数**定义为

$$R(k) = E(X_i X_{i+k}). \tag{8.1.22}$$

自相关函数的 Fourier 变换称为该随机序列的**功率谱密度函数**

$$S(w) = \sum_{m=-\infty}^{\infty} R(m) \mathrm{e}^{-\mathrm{i}mw}, \quad -\pi < w \leqslant \pi. \tag{8.1.23}$$

功率谱密度函数是平稳随机过程的重要结构特征. 所以如何从平稳随机过程的实验数据中估计功率谱密度是一个重要的问题. 有许多方法可估计功率谱密度，其中最为简单的是周期图方法. 它从一段长度为 N 的数据样本来估计自相关函数

$$\hat{R}(k) = \frac{1}{N-k} \sum_{i=1}^{N-k} X_i X_{i+k}, \tag{8.1.24}$$

再利用这个自相关函数估计值来构造功率谱的估计. 但应注意，用这种方法有较大的缺陷，即当 $N \to \infty$时，一般不收敛到功率谱密度函数的真值. 原因是对不同滞后值 k 的自相关函数估计的精度是不同的，k 越大，$\hat{R}(k)$ 精度越低. 解决这一问题的一个方法是令滞后超过一定值的自相关函数估计值为 0. 而这一方法使得自相关函数估计值产生突变，为此，许多研究者引入了各种加窗技术来平滑自相关函数的突变. 但加窗技术降低了分辨率，也可能引起负功率谱密度估计. 1967 年，J. P. Burg 在研究地球物理时，采用了一种谱密度估计技术. 他不是用窗函数简单地减少自相关函数估计值的不可靠数据给功率谱的影响，而是根据已知的比较可靠的部分数据对自相关函数进行最大熵原则下的外推. Burg 提出的这种功率谱密度估计算法被称为**最大熵功率谱**，目前已得到广泛的应用.

在假定过程为平稳高斯的前提下，Burg 发现在自相关函数约束条件下，使熵率极大的过程为阶数是适当值的自回归高斯过程. 即他证明了如下的最大熵谱估计定理：

定理 8.1.1 (Burg 定理) *在满足自相关函数约束条件，即对任意 i，*

$$E(X_i X_{i+k}) = \alpha_k, \quad k = 0, 1, \cdots, p \tag{8.1.25}$$

下，具有最大熵率的随机序列是 p 阶自回归高斯过程：

$$X_i = -\sum_{k=1}^{p} \alpha_k X_{i-k} + Z_i, \tag{8.1.26}$$

其中 Z_i 是独立同分布高斯变量 $\sim N(0,\sigma^2)$.

定理的证明在这里我们并不给出，我们只讨论如何应用这个定理. 用 X_{i-l} $(l=0,1,2,\cdots)$乘以式(8.1.26)两边，再求均值得到

$$R(0) = -\sum_{k=1}^{p} \alpha_k R(-k) + \sigma^2, \tag{8.1.27}$$

$$R(l) = -\sum_{k=1}^{p} \alpha_k R(l-k), \quad l=1,2,\cdots,p. \tag{8.1.28}$$

从(8.1.27)和(8.1.28)共 $p+1$ 个式子中求解出 $\alpha_1,\alpha_2,\cdots,\alpha_p$ 和 σ^2，从而得到一个满足协方差约束的 p 阶自回归过程. 而该 $p+1$ 个方程确定的方程组称为 **Yule-Walker 方程**，目前已有多种求解该方程组的快速算法，如著名的 Levison 算法和 Durbin 算法.

注意(8.1.27)和(8.1.28)式，它们不但给出了 $p+1$ 个相关函数值$R(l)$与 α_l,σ^2 之间的关系，而且给出了如何由 $R(l)$ $(l=1,2,\cdots,p)$外推延迟值大于 p 时的相关函数值，这些值一般称为相关函数的 **Yule-Walker 外推**，从而合理地扩大了对相关函数取值的了解.

当求出 σ^2 和 $\alpha_1,\alpha_2,\cdots,\alpha_p$ 后，得到相对应的功率谱函数为

$$S(w) = \frac{\sigma^2}{\left|1+\sum_{k=1}^{p} \alpha_k \mathrm{e}^{-ikw}\right|^2}. \tag{8.1.29}$$

按最大熵方法的原理，上述估计是在不牺牲分辨率的条件下充分利用已有知识所能得到的最合理的估计. 由于最大熵谱估计的这一特点，使它在谱估计技术中获得了广泛的应用.

8.2 鉴别信息

为了讨论另一个重要的原理——最小鉴别信息原理，我们先对鉴别信息作一讨论.

鉴别信息的概念最早由 S. Kullback 等人提出. 1959 年，Kullback 以著作的形式系统地阐述了这一概念. 随后，J. E. Shore 和 R. W. Johnson 的工作使鉴别信息在信号处理中的应用得到了很大的推广，使鉴别信息这

一概念的重要性得到了普遍承认，使之成为现代信息论中重要而又不可分割的一部分.

鉴别信息又称为交叉熵、相对熵、方向散度、Kullback-Leibler 距离. 本书将采用 Kullback 最早取用的名称，即鉴别信息（discrimination information）.

8.2.1 鉴别信息的定义

1. 离散随机变量的情形

设随机变量 X 的可能取值为 $\{a_1, a_2, \cdots, a_K\}$，且 X 的概率分布情况与假设 H_1 和 H_2 有关. 设在 H_1 假设下，X 的概率分布为

$$\begin{pmatrix} X \\ p_1(x) \end{pmatrix} = \begin{pmatrix} a_1 & a_2 & \cdots & a_K \\ p_1(a_1) & p_1(a_2) & \cdots & p_1(a_K) \end{pmatrix}.$$

在假设 H_2 下，X 的概率分布为

$$\begin{pmatrix} X \\ p_2(x) \end{pmatrix} = \begin{pmatrix} a_1 & a_2 & \cdots & a_K \\ p_2(a_1) & p_2(a_2) & \cdots & p_2(a_K) \end{pmatrix}.$$

我们定义两个概率分布 $\{p_1(x)\}$ 和 $\{p_2(x)\}$ 之间的**鉴别信息**或 **Kullback-Leibler 距离**为

$$D(p_1, p_2) = \sum_{i=1}^{K} p_1(a_i) \log \frac{p_1(a_i)}{p_2(a_i)}. \tag{8.2.1}$$

鉴别信息 $D(p_1, p_2)$ 是为鉴别 H_1 和 H_2 而对随机变量 X 在 H_1 假设的分布下进行观察所平均得到的倾向于 H_2 的信息量. 或者说，观察者对随机变量 X 的了解由分布 $p_2(x) \to p_1(x)$ 时所获得的信息量确定，此时 $p_2(x)$ 相当于先验概率分布，而 $p_1(x)$ 为观察后所得到的后验概率分布.

注意，鉴别信息是有方向的，故有时又被称为**方向散度**（directed divergence），因为在一般情况下，

$$D(p_1, p_2) \neq D(p_2, p_1).$$

为此，我们可以定义两个概率分布之间的**散度**（divergence）$\Delta(p_1, p_2)$ 为

$$\Delta(p_1, p_2) = D(p_1, p_2) + D(p_2, p_1). \tag{8.2.2}$$

散度 $\Delta(p_1, p_2)$ 是对两个概率分布之间的差别的一个度量，它具有以下三个性质：

(1) $\Delta(p_1, p_2) = \Delta(p_2, p_1)$，即对称性；

(2) $\Delta(p_1, p_2) \geqslant 0$；

(3) $\Delta(p_1, p_2) = 0 \Leftrightarrow p_1 = p_2$.

注意，$\Delta(\cdot,\cdot)$不满足三角不等式，故它本身并非一个真正的距离函数，只是在许多实际应用中，仍将它看做是区别两个概率分布之间差异的一种度量.

另一个值得注意的情况是，为避免出现除数为 0，必须假定所有的概率为正，当然，这种正值可以任意小，而这种假定不会给研究工作带来多少损失.

2. 连续随机变量的情形

设有连续随机变量 X，其概率分布密度函数与假设 H_1，H_2 有关，即在 H_1 假设下，X 的概率分布密度函数为 $p_1(x)$，而在 H_2 假设下，X 的概率分布密度函数为 $p_2(x)$，则定义**鉴别信息**为

$$D(p_1,p_2)=\int p_1(x)\log\frac{p_1(x)}{p_2(x)}\,\mathrm{d}x. \tag{8.2.3}$$

同样，$D(p_1,p_2)$是有方向的，故仍可同样定义 $p_1(x)$与 $p_2(x)$之间的**散度**：

$$\Delta(p_1,p_2)=D(p_1,p_2)+D(p_2,p_1). \tag{8.2.4}$$

连续随机变量下的鉴别信息的含义与离散随机变量下鉴别信息的含义一样，而且对于鉴别信息而言，它在离散与连续两种随机变量的情况下的形式完全类似，故鉴别信息在某些方面是优于熵的.

3. 多个随机变量的情形

与 Shannon 信息理论中联合熵和条件熵类似，我们也可以定义联合鉴别信息和条件鉴别信息. 此处，仅以离散随机变量为例加以讨论，连续随机变量的情形与此类似.

设有两个随机变量 X,Y，其取值分别为

$$X:\{a_1,a_2,\cdots,a_K\},\quad Y:\{b_1,b_2,\cdots,b_J\}.$$

X 与 Y 的联合概率分布在假设 H_1 下为

$$p_1(a_k,b_j)=g_1(a_k)q_1(b_j\,|a_k),$$

在假设 H_2 下为

$$p_2(a_k,b_j)=g_2(a_k)q_2(b_j\,|a_k),$$

其中 $k=1,2,\cdots,K$；$j=1,2,\cdots,J$. 则随机变量 X 和 Y 的**联合鉴别信息** $D(p_1,p_2;XY)$定义为

$$D(p_1,p_2;XY)=\sum_{k=1}^{K}\sum_{j=1}^{J}p_1(a_k,b_j)\log\frac{p_1(a_k,b_j)}{p_2(a_k,b_j)}. \tag{8.2.5}$$

由于此处随机变量较多，有必要在 $D(p_1,p_2;XY)$记法中标明随机变量，以避免混淆.

同样可以定义条件鉴别信息如下：

定义在条件 $X=a_k$ 下 Y 的**条件鉴别信息**为

$$D(q_1,q_2;Y|X=a_k)=\sum_{j=1}^{J}q_1(b_j|a_k)\log\frac{q_1(b_j|a_k)}{q_2(b_j|a_k)};\tag{8.2.6}$$

在条件 X 下 Y 的**条件鉴别信息**为

$$D(q_1,q_2;Y|X)=\sum_{k=1}^{K}g_1(a_k)D(q_1,q_2;Y|X=a_k).\tag{8.2.7}$$

则联合鉴别信息、条件鉴别信息与鉴别信息之间有如下的关系式：

$$D(p_1,p_2;XY)=D(g_1,g_2;X)+D(q_1,q_2;Y|X).\tag{8.2.8}$$

对于连续随机变量 X 和 Y，其**联合鉴别信息**和**条件鉴别信息**分别定义为

$$D(p_1,p_2;XY)=\iint p_1(x,y)\log\frac{p_1(x,y)}{p_2(x,y)}\mathrm{d}x\mathrm{d}y,\tag{8.2.9}$$

$$D(q_1,q_2;Y|X)=\iint g_1(x)q_1(y|x)\log\frac{q_1(y|x)}{q_2(y|x)}\mathrm{d}x\mathrm{d}y.\tag{8.2.10}$$

同样有关系式：

$$D(p_1,p_2;XY)=D(g_1,g_2;X)+D(q_1,q_2;Y|X).\tag{8.2.11}$$

由于 X 与 Y 的位置在联合鉴别信息中是对称的，故有

$$D(p_1,p_2;XY)=D(g_1,g_2;Y)+D(q_1,q_2;X|Y).\tag{8.2.12}$$

上式中，g_1,g_2,q_1,q_2 分别为 Y 的概率密度和 X 的条件概率密度函数.

8.2.2 鉴别信息的性质

鉴别信息具有很多性质，下面给出几个常用的性质.

性质 8.2.1 鉴别信息是非负的，当且仅当两个概率分布相等时鉴别信息为 0.

证 我们只给出离散随机变量下的证明，实际上这一性质在连续随机变量之下也成立. 由引理 2.4.1 知

$$\begin{aligned}D(p_1,p_2)&=\sum_{i=1}^{K}p_1(a_i)\log\frac{p_1(a_i)}{p_2(a_i)}\\&=-\left(\sum_{i=1}^{K}p_1(a_i)\log p_2(a_i)-\sum_{i=1}^{K}p_1(a_i)\log p_1(a_i)\right)\\&\geqslant 0.\end{aligned}$$

当且仅当 $p_1(a_i)=p_2(a_i)$ $(i=1,2,\cdots,K)$时，等式成立. ▌

性质 8.2.2 对离散随机变量而言，鉴别信息 $D(p_1,p_2)$ 为凸函数，即对任意的概率分布 $\boldsymbol{P}=(p(a_1),p(a_2),\cdots,p(a_K))$，$\boldsymbol{Q}=(q(a_1),q(a_2),\cdots,q(a_K))$，$\boldsymbol{R}=(r(a_1),r(a_2),\cdots,r(a_K))$，$\forall\lambda\in[0,1]$，若设 $\boldsymbol{S}$ 为概率分布

$$
\begin{aligned}
\boldsymbol{S}&=(s(a_1),\cdots,s(a_K))\\
&=(\lambda p(a_1)+(1-\lambda)q(a_1),\cdots,\lambda p(a_K)+(1-\lambda)q(a_K))\\
&=\lambda\boldsymbol{P}+(1-\lambda)\boldsymbol{Q},
\end{aligned}
$$

则有

$$D(\boldsymbol{S},\boldsymbol{R})\leqslant\lambda D(\boldsymbol{P},\boldsymbol{R})+(1-\lambda)D(\boldsymbol{Q},\boldsymbol{R}),\tag{8.2.13}$$

$$D(\boldsymbol{R},\boldsymbol{S})\leqslant\lambda D(\boldsymbol{R},\boldsymbol{P})+(1-\lambda)D(\boldsymbol{R},\boldsymbol{Q}).\tag{8.2.14}$$

证 利用不等式 $\ln x\leqslant x-1$（当且仅当 $x=1$ 时等号成立），有

$$
\begin{aligned}
&D(\boldsymbol{S},\boldsymbol{R})-\lambda D(\boldsymbol{P},\boldsymbol{R})-(1-\lambda)D(\boldsymbol{Q},\boldsymbol{R})\\
&\quad=\sum_{i=1}^{K}s(a_i)\log\frac{s(a_i)}{r(a_i)}-\lambda D(\boldsymbol{P},\boldsymbol{R})-(1-\lambda)D(\boldsymbol{Q},\boldsymbol{R})\\
&\quad=\lambda\sum_{i=1}^{K}p(a_i)\log\frac{s(a_i)}{r(a_i)}+(1-\lambda)\sum_{i=1}^{K}q(a_i)\log\frac{s(a_i)}{r(a_i)}\\
&\qquad-\lambda\sum_{i=1}^{K}p(a_i)\log\frac{p(a_i)}{r(a_i)}-(1-\lambda)\sum_{i=1}^{K}q(a_i)\log\frac{q(a_i)}{r(a_i)}\\
&\quad=\lambda\sum_{i=1}^{K}p(a_i)\log\frac{s(a_i)}{p(a_i)}+(1-\lambda)\sum_{i=1}^{K}q(a_i)\log\frac{s(a_i)}{q(a_i)}\\
&\quad\leqslant\lambda\sum_{i=1}^{K}p(a_i)\left(\frac{s(a_i)}{p(a_i)}-1\right)+(1-\lambda)\sum_{i=1}^{K}q(a_i)\left(\frac{s(a_i)}{q(a_i)}-1\right)\\
&\quad=\lambda\sum_{i=1}^{K}s(a_i)-\lambda+(1-\lambda)\sum_{i=1}^{K}s(a_i)-(1-\lambda)\\
&\quad=0.
\end{aligned}
$$

故(8.2.13)得证. 下面证(8.2.14)式. 由于 $\log x$ 为凹函数，从而 $\forall k=1,2,\cdots,K$，有

$$\log(\lambda p(a_k)+(1-\lambda)q(a_k))\geqslant\lambda\log p(a_k)+(1-\lambda)\log q(a_k).$$

故

$$
\begin{aligned}
D(\boldsymbol{R},\boldsymbol{S})&=\sum_{i=1}^{K}r(a_i)\log\frac{r(a_i)}{s(a_i)}\\
&=\sum_{i=1}^{K}r(a_i)\log r(a_i)-\sum_{i=1}^{K}r(a_i)\log(\lambda p(a_i)+(1-\lambda)q(a_i))
\end{aligned}
$$

$$\leqslant \sum_{i=1}^{K}[\lambda+(1-\lambda)]r(a_i)\log r(a_i)-\lambda\sum_{i=1}^{K}r(a_i)\log p(a_i)$$

$$-(1-\lambda)\sum_{i=1}^{K}r(a_i)\log q(a_i)$$

$$=\lambda\sum_{i=1}^{K}r(a_i)\log\frac{r(a_i)}{p(a_i)}+(1-\lambda)\sum_{i=1}^{K}r(a_i)\log\frac{r(a_i)}{q(a_i)}$$

$$=\lambda D(\boldsymbol{R},\boldsymbol{P})+(1-\lambda)D(\boldsymbol{R},\boldsymbol{Q}).$$ ▌

性质 8.2.3 设 X 为连续随机变量，在两个不同的假设 H_1 和 H_2 下，分别有两个不同的概率分布密度函数 $p_1(x)$和 $p_2(x)$. 对 X 值域中任一非空子集 E，记

$$q_1(E)=\int_E p_1(x)\mathrm{d}x,\quad q_2(E)=\int_E p_2(x)\mathrm{d}x.$$

则对于任意的 X 值域中非空子集 E，有

$$\int_E p_2(x)\log\frac{p_2(x)}{p_1(x)}\,\mathrm{d}x\geqslant q_2(E)\log\frac{q_2(E)}{q_1(E)},\tag{8.2.15}$$

当且仅当$\dfrac{q_2(E)}{q_1(E)}=\dfrac{p_2(x)}{p_1(x)}$时等号成立.

证 当 E 为 X 的整个值域时，有

$$q_1(E)=q_2(E)=1.$$

由性质 8.2.1 (非负性)可知命题成立.

当 E 为整个值域的真子集时，在 E 上重新定义两个密度函数

$$g_1(x)=\frac{p_1(x)}{q_1(E)},\quad g_2(x)=\frac{p_2(x)}{q_2(E)}.$$

由非负性知

$$\int_E g_2(x)\log\frac{g_2(x)}{g_1(x)}\,\mathrm{d}x\geqslant 0,$$

当且仅当 $g_1(x)=g_2(x)$时等号成立. 由此可得

$$\frac{1}{q_2(E)}\int_E p_2(x)\left(\log\frac{p_2(x)}{p_1(x)}-\log\frac{q_2(E)}{q_1(E)}\right)\mathrm{d}x\geqslant 0.$$

故

$$\int_E p_2(x)\log\frac{p_2(x)}{p_1(x)}\,\mathrm{d}x\geqslant\int_E p_2(x)\log\frac{q_2(E)}{q_1(E)}\,\mathrm{d}x=q_2(E)\log\frac{q_2(E)}{q_1(E)}.$$

当且仅当 $g_1(x)=g_2(x)$ 即$\dfrac{p_2(x)}{p_1(x)}=\dfrac{q_2(E)}{q_1(E)}$时，上式等号成立. ▌

性质 8.2.4 在相互独立情况下，多个随机变量的联合鉴别信息等于各随机变量的鉴别信息之和.

证 仅对两个连续随机变量的情形给予证明，其余情况的证明方法一样. 设连续随机变量 X 和 Y 的联合概率密度函数在两个不同假设之下分别为

$$p_1(x,y)=g_1(x)h_1(y),$$
$$p_2(x,y)=g_2(x)h_2(y).$$

则

$$\begin{aligned}D(p_1,p_2;XY)&=\iint p_1(x,y)\log\frac{p_1(x,y)}{p_2(x,y)}\mathrm{d}x\mathrm{d}y\\&=\iint g_1(x)h_1(y)\log\frac{g_1(x)h_1(y)}{g_2(x)h_2(y)}\mathrm{d}x\mathrm{d}y\\&=\iint g_1(x)h_1(y)\log\frac{g_1(x)}{g_2(x)}\mathrm{d}x\mathrm{d}y\\&\quad+\iint g_1(x)h_1(y)\log\frac{h_1(y)}{h_2(y)}\mathrm{d}x\mathrm{d}y\\&=D(g_1,g_2;X)+D(h_1,h_2;Y).\end{aligned}$$ ▌

注意，鉴别信息没有分步可加性，即若随机变量在三个假设之下若有三个不同分布 $p_1(x),p_2(x),p_3(x)$，则下面等式在一般情况下并不成立：

$$D(p_1,p_2)=D(p_1,p_3)+D(p_3,p_2).$$

这一点与 Shannon 信息熵是不一样的.

前面我们曾讨论过 Shannon 信息熵的表达式是唯一的问题. 实际上，R. W. Johnson 于 1979 年证明了在一定条件下鉴别信息函数的形式的唯一性，即如下定理：

定理 8.2.1 设 $F(p_1,p_2)$ 为概率密度函数 $p_1(x),p_2(x)$ 的泛函，有

$$F(p_1,p_2)=\int f(p_1(x),p_2(x))\mathrm{d}x.$$

若要求 F 有如下特性：

(1) 有限性 对任意概率密度函数 $p(x)$，有 $F(p,p)<\infty$；

(2) 可加性 设 $p_1(x,y)=g_1(x)h_1(x)$，$p_2(x,y)=g_2(x)h_2(y)$，则有 $F(p_1,p_2)=F(g_1,g_2)+F(h_1,h_2)$；

(3) 半有界性 设 $p_1(x)\neq p_2(x)$，有 $F(p_1,p_2)>F(p_1,p_1)$，

则 $F(p_1,p_2)$ 必取如下形式：

$$F(p_1,p_2)=B\int p_1(x)\log\frac{p_1(x)}{p_2(x)}\,\mathrm{d}x+C\int p_2(x)\log\frac{p_2(x)}{p_1(x)}\,\mathrm{d}x,$$

其中，B,C 为常数，$B\geqslant 0$，$C\geqslant 0$，以及 $B^2+C^2\neq 0$.

由于定理的证明较长，在此略去. 但由此可知，在上述三个条件之下，鉴别信息函数和散度的形式是唯一的. 这一点与熵函数一样.

8.3 最小鉴别信息原理

前面分别介绍了最大熵原理和鉴别信息. 本节介绍与最大熵原理平行的所谓最小鉴别信息原理.

8.3.1 最小鉴别信息原理

最小鉴别信息原理是在下述情况下提出的：设连续随机变量 X 具有未知的概率分布密度函数 $q^*(x)$，在已知若干函数 $f_m(x)$ 的数学期望

$$\int q^*(x)f_m(x)\mathrm{d}x=C_m,\quad m=1,2,\cdots,M$$

及先验概率分布密度函数 $p(x)$ 的条件下，如何对此未知的概率分布密度函数 $q^*(x)$ 作出估计. 最小鉴别信息原理认为，应该在满足所有下述条件

$$\int q(x)f_m(x)\mathrm{d}x=C_m,\quad m=1,2,\cdots,M,\tag{8.3.1}$$

$$\int q(x)\mathrm{d}x=1\tag{8.3.2}$$

的 $q(x)$ 中选择并能使鉴别信息

$$D(q(x),p(x))=\int q(x)\log\frac{q(x)}{p(x)}\,\mathrm{d}x\tag{8.3.3}$$

取最小值的解作为对 $q^*(x)$ 的估计. 这是因为在所有满足条件(8.3.1)和(8.3.2)的 $q(x)$ 中，使得式(8.3.3)最小的 $q(x)$ 意味着由 $p(x)$ 改变为 $q(x)$ 所需的信息量最少，或者，按照 Kullback 的说法，使鉴别信息最小的分布是满足约束条件下最接近于 $q^*(x)$ 的概率分布.

鉴别信息 $D(q,p)$ 是函数 $q(x)$ 的泛函，因而其极值问题是一个变分问题. 此类问题的一般解法是引入 Lagrange 乘子，并构造新泛函：

$$F=\int\left(q(x)\log\frac{q(x)}{p(x)}-\beta q(x)-\sum_{m=1}^{M}\lambda_m q(x)f_m(x)\right)\mathrm{d}x.$$

取 F 对 $q(x)$ 的变分，并使其为 0. 按欧拉方程，这相当于要求被积函数对 $q(x)$ 的偏导数为 0，即

$$\log \frac{q(x)}{p(x)} + 1 - \beta - \sum_{m=1}^{M} \lambda_m f_m(x) = 0.$$

解之，得

$$q(x) = p(x)\exp\left(\lambda_0 + \sum_{m=1}^{M} \lambda_m f_m(x)\right), \tag{8.3.4}$$

其中 $\lambda_0 = \beta - 1$，λ_0 和 λ_m $(m=1,2,\cdots,M)$原则上由式(8.3.1)和(8.3.2)共 $M+1$ 个约束条件决定.

在此可以看出，当随机变量 X 具有离散分布并且先验概率分布为等概率分布时，最小鉴别信息即为最大熵原理. 这表明最小鉴别信息原理实际上是最大熵原理的一个推广.

8.3.2 独立分量分析

独立分量分析也称为盲分析，是一个适合于用最小鉴别信息原理解决的问题，它在语音识别、无线通信中都有应用. 这类问题的一个数学模型是：有 M 个信源各自独立地产生信号 $s_m(t)$，$m=1,2,\cdots,M$. 这些信号被接收后经过处理重新输出为 $y_n(t)$，$n=1,2,\cdots,N$，它是由 $s_m(t)$，$m=1,2,\cdots,M$ 经过无记忆线性变换得到的，即

$$Y(t) = \boldsymbol{A}S(t) + Z(t). \tag{8.3.5}$$

其中 $Y(t) \in \mathbf{R}^N$，$S(t) \in \mathbf{R}^M$ 是与 $y_n(t), s_m(t)$相对应的随机向量，$Z(t)$为噪声向量，$\boldsymbol{A} \in \mathbf{R}^{N \times M}$ 为 $N \times M$ 矩阵，其值取决于信号的传播途径. 所谓**独立分量分析**或**盲分析**是指在 $\boldsymbol{A}$ 值未知的情况下从 $Y(t)$中分离出 $S(t)$.

为简单起见，我们可进一步简化模型如下：$\boldsymbol{A}$ 为一个方阵(即 $M=N$)，而 $Z(t)=0$，$S(t)$为同一信源在时间顺序上采样所得的数值所组成的向量. 这样，问题中对信号的唯一已知条件是信号相互之间统计独立. 若方程

$$Y(t) = \boldsymbol{A}S(t) \tag{8.3.6}$$

有解 $X(t)$，则 $X(t)$必为 $Y(t)$的一个线性变换，即存在 $\boldsymbol{F}$，使得

$$X(t) = \boldsymbol{F}Y(t), \tag{8.3.7}$$

式中 $X(t)$的各分量之间统计独立，但这样的解不唯一. 因为若$X(t)$的各分量之间统计独立，则由置换矩阵 $\boldsymbol{P}$ 和对角矩阵 $\boldsymbol{D}$ 组成的矩阵 $\boldsymbol{PD}$ 对$X(t)$作变换之后，所得向量 $\boldsymbol{PD}X(t)$各分量之间也统计独立，即 $\boldsymbol{F}$ 只需满足 $\boldsymbol{FA}=\boldsymbol{PD}$ 而并非一定要满足 $\boldsymbol{FA}=\boldsymbol{I}$ (单位矩阵)不可. 因而在 $\boldsymbol{F}$ 的共 N^2 个未知数中实际上有 N 个是不可能根据各信源信号统计独立的条件加以确定的. 这 N 个未知数可以用其他的约束条件加以确定. 下面介绍如何用最小鉴别信息原理来求解.

已知，当向量 $\boldsymbol{y}=(y_1,y_2,\cdots,y_N)$ 中各分量统计独立时，

$$P_Y(y_1,y_2,\cdots,y_N)=P_Y(\boldsymbol{y})=\prod_{i=1}^{N}P_{Y_i}(y_i). \tag{8.3.8}$$

故 $\boldsymbol{y}$ 中各分量独立的程度可以用 $P_Y(\boldsymbol{y})$ 和 $\prod_{i=1}^{N}P_{Y_i}(y_i)$ 之间差异的程度来衡量. 而信息理论已告诉我们，在信息意义上鉴别信息是两种概率密度函数差别的一种理想度量，所以可以取鉴别信息

$$D\left(P_Y(\boldsymbol{y}),\prod_{i=1}^{N}P_{Y_i}(y_i)\right)=\int P_Y(\boldsymbol{y})\log\frac{P_Y(\boldsymbol{y})}{\prod_{i=1}^{N}P_{Y_i}(y_i)}\,\mathrm{d}\boldsymbol{y} \tag{8.3.9}$$

作为独立分量分析的优化准则. 这样，盲分析的求解就变成了最小鉴别信息准则之下的最优化问题. 又由于鉴别信息为凸函数，保证了其解必为全局最优，故最小鉴别信息准则下的优化计算是求解独立分量分析问题的理想方法.

习　题

8.1　设 $p_i(x)\sim N(\mu_i,\sigma_i^2)$. 试求 $D(p_2,p_1)$.

8.2　举例说明鉴别信息的不对称性，即 $D(p,q)\neq D(q,p)$ 可能成立.

8.3　设有随机变量 X 取值于非负整数 $\{0,1,2,\cdots\}$. 已知其均值 $E(X)=K$. 试给出 X 的概率分布的最大熵估计.

8.4　设 $p_1(x)$ 是在给定约束条件式(8.3.1)，(8.3.2)下的最大熵分布，$p_2(x)$ 为满足相同约束条件的任一其他分布. 试证：两者熵的差为

$$H(p_1)-H(p_2)=\int p_2(x)\log\frac{p_2(x)}{p_1(x)}\,\mathrm{d}x.$$

8.5　设有一由无数粒子组成的物理系统，每个粒子所处的状态均可有 N 种，它们分别相应于能量 $E_1,E_2,\cdots,E_N$. 令 p_{nm} 表示系统中有 m 颗粒子处于状态 n 的概率. 现已知

(1)　$\displaystyle\sum_{n=1}^{N}\sum_{m=0}^{\infty}mp_{nm}=M$，　　(2)　$\displaystyle\sum_{n=1}^{N}E_n\sum_{m=0}^{\infty}p_{nm}=E$.

求此系统的最大熵分布.

8.6　已知某离散随机变量的一阶和二阶原点矩. 试求此随机变量在 $\sum_{k=1}^{K}\log p(a_k)$ 取最大值这一条件下的概率分布.

8.7 设 p 为任一概率分布，q 为满足约束条件(8.3.1)，(8.3.2)式的一个概率分布，r 为所有满足相同约束条件下使得$D(r,p)$最小的概率分布.试证明：

$$D(q,p)=D(q,r)+D(r,p).$$

8.8 设随机变量取值于非负整数集合.已知 X 的概率分布为

$$p(n)=A^{n+1},\quad 0<A<1,\ n=0,1,2,\cdots.$$

又经观察知 X 的数学期望为 e. 试用最小鉴别信息准则对 X 的概率分布作出估计.

第 9 章　组合信息与算法信息

在 Shannon 信息理论中，信源信号的产生、传输、处理与接收都被看做是一种随机现象，均用一种统计模型来描述，模型的参数被假定为已知的. 在这种情况下，定义了信息、熵及有关信源编码的具体方法. 但在许多实际应用中，人们很难知道这些统计模型的实际参数（如信源概率分布、转移矩阵）；在一些特定情况下的实际参数可能与一般情况下的参数有较大的出入，甚至无法判断是否为随机的. 如果信号是非随机的，则统计模型就不对，在此基础上建立的相关理论也就失去了意义. 在非随机的现象中，我们能定义信息的概念并对信源信号的冗余度进行压缩吗？1965 年，苏联著名学者 A. N. Kolmogorov 在其论文“关于信息度量定义的三种方法”中给出了肯定的回答. 他指出，除了基于统计学意义上的信息概念以外，还有另外两种重要的定义方法：一种是从计数和枚举，即从组合数学出发来定义信息，我们可称之为**组合信息**；另一种是从计算机算法理论出发来定义信息，我们称之为**算法信息**. Kolmogorov 的论文开辟了信息理论研究的新领域. 随后，有人分别提出基于这二者的信源编码方法，即 Fitingof 通用编码和 Lewpel-Ziv 通用编码.

9.1　自适应统计编码

在第 4 章我们对信源的冗余度压缩问题进行过讨论，并且详细介绍了几种冗余度压缩编码的方法，如 Huffman 编码等. 这类编码的主要特点是以信源的统计特性作为编码的依据，故有时我们称之为**统计编码**.

在实际应用中，统计编码的一个主要问题是信源统计特性的不确定性，即在对信源进行编码时，我们并不知道信源确定的统计特征，或有时由于信源并不平稳而根本就没有确定的统计特性. 无论是这两种情况中的哪一种，其结果都导致统计特性的失配，即构造最优编码时所基于的信源统计特性与信源的实际特性不一致. 这种失配导致编码实际达到的压缩性能大大低于适配时的压缩性能，从而达不到压缩的效果.

为了说明这一问题，我们以离散无记忆信源的 Huffman 编码为例，对统计失配时的压缩性能作一估计. 根据第 4 章所讨论的，假设信源

$$X=\begin{pmatrix} a_1 & a_2 & \cdots & a_n \\ p(a_1) & p(a_2) & \cdots & p(a_n) \end{pmatrix},$$

并且假设 $\log p(a_i)$ 均为整数. 对 Huffman 编码，在理想情况下信源字母 a_k 对应的码字长度为 $l_k=-\log p(a_k)$. 此时编码后其平均码长是理论上可达到的最短平均码长 $\bar{l}_{\text{opt}}$，它等于信源的熵率 $H_\infty(X)$，即

$$\bar{l}_{\text{opt}}=\sum p(a_k)l_k=-\sum p(a_k)\log p(a_k)=H(X). \tag{9.1.1}$$

此时信源得到了理想的压缩.

如果在某一个实际应用中，信源字母的实际概率分布为 $\{q(a_k)\}$，还按照上面的码书对信源进行编码，则其所得的平均码长为 $\bar{l}$，

$$\bar{l}=\sum_k q(a_k)l_k=-\sum_k q(a_k)\log p(a_k). \tag{9.1.2}$$

它与最短平均码长的差为

$$\bar{l}-\bar{l}_{\text{opt}}=\sum_k (p(a_k)-q(a_k))\log p(a_k). \tag{9.1.3}$$

如果以实际信源字母的概率分布来进行 Huffman 编码，则此时最优编码的最短平均码长为 $\bar{\bar{l}}$，

$$\bar{\bar{l}}=-\sum_k q(a_k)\log q(a_k). \tag{9.1.4}$$

它与(9.1.2)之间的差为

$$\bar{l}-\bar{\bar{l}}=-\sum_k q(a_k)\log\frac{p(a_k)}{q(a_k)}=\sum_k q(a_k)\log\frac{q(a_k)}{p(a_k)}. \tag{9.1.5}$$

它是 $\{q(a_k)\}$ 的非负下凸函数，且仅在 $q(a_k)=p(a_k)$ 时才可取到 0 值. 这表明，随着统计失配程度的增加，实际平均码长与理论上可达到的最短平均码长 $\bar{\bar{l}}$ 之间的差异呈单调增长势头.

为了解决统计编码在统计特性失配时性能下降的问题，最直接的方法是使编码所依据的统计特性能始终适应信源的实际统计特性，如用公式

(9.1.4)，而不要使用固定的统计特性，如公式(9.1.2). 一般把使用固定统计特性的编码称为**静态统计编码**，而对统计特性能随信源情况变化而自动调整的统计编码称为**自适应统计编码**.

自适应统计编码中，最早出现的一种现在被称为**半自适应统计编码**. 其原理很简单：对将要发送的消息扫描两次，第一次扫描时编码器对消息进行统计以取得实际统计特性，然后依此构造码书；第二次扫描时编码器根据码书对消息进行编码并输出信号. 我们从此可看出，半自适应统计编码在使用时除了要输出消息编码后的结果，还要附上构造码书时所使用的信源统计特性或编码器所用码书. 它导致两个很大的缺点，一是两次扫描带来的编译码延时，第二是码书随消息的更新而全部更新. 这样不仅效率低，信道利用率下降，而且延时，使得在实际通信时很难使用.

自适应统计编码技术综合了静态编码与半自适应编码的优点，它只需一次扫描并在一次扫描中同时完成统计特性与编码两项工作. 在编码过程中的每一步，新的一段消息是根据以往消息的统计特性进行编码. 因为在收发两地都有以往消息的数据，这样可以独立地构造码书来对下一段消息进行编码. 无论是 Huffman 编码还是算术编码，在设计有效的自适应技术中的核心问题是找到一种适当的数据结构，它可以十分方便地不断对码书进行逐步的更新.

我们只能说，自适应统计编码与静态统计编码各有优缺点. 但可以证明的是，自适应统计编码可以在任何情况下只略差于最佳的静态统计编码，而静态统计编码在统计失配时其性能将远劣于自适应统计编码.

9.2 组合信息

对信源统计特性之不确定给信源编码带来的困难可以从另一种完全不同的途径加以解决，即根本不利用统计特性进行编码. 本节将介绍其中的一种.

9.2.1 基于组合的信息度量

1965 年，A. N. Kolmogorov 在其论文《关于信息长度的三种方法》中，提出了一种全新的信息度量方法：基于组合的信息度量.

在组合数学中，有一个重要的数学公式即 Stirling 公式：

$$n! \approx \sqrt{2\pi n}\left(\frac{n}{\mathrm{e}}\right)^n \quad (n\text{ 充分大时}). \tag{9.2.1}$$

它在本节中起关键作用.

设变量 X 取值于集合 $\{a_1,a_2,\cdots,a_N\}=A$. 无论 A 的分布如何, X 的**组合信息熵**定义为

$$H_C(X)=\log N, \tag{9.2.2}$$

其中下标 C 为 Combination（组合）之意，以区别于统计信息熵，而对于 $\log N$，一般取其底为 2. 此时有关 X 的信息为

$$I_C=\log_2 N. \tag{9.2.3}$$

当变量 $X_1,X_2,\cdots,X_K$ 分别取自于由 $N_1,N_2,\cdots,N_K$ 个元素组成的 K 个集合时，其**联合熵**定义为

$$\begin{aligned}H_C(X_1,X_2,\cdots,X_K)&=H_C(X_1)+H_C(X_2)+\cdots+H_C(X_K)\\&=\log_2 N_1+\log_2 N_2+\cdots+\log_2 N_K.\end{aligned} \tag{9.2.4}$$

在已知 $X=a$ 时，Y 的**条件熵**为

$$H_C(Y|X=a)=\log_2 N(Y|a), \tag{9.2.5}$$

其中 $N(Y|a)$ 表示在 $X=a$ 时由 Y 可能取的值所构成的集合的大小. 而 X 提供的关于 Y 的信息为

$$I_C(X;Y)=H_C(Y)-H_C(Y|X). \tag{9.2.6}$$

例如，若 X 和 Y 的取值及可能组合如表 9.1 所示，其中"√"表示存在这种组合，"×"表示不存在这种组合，则有

$$\begin{aligned}I_C(X=1;Y)&=H(Y)-H_C(Y|X=1)\\&=\log_2 4-\log_2 4=2-2=0,\\I_C(X=2;Y)&=2-\log_2 3,\\I_C(X=3;Y)&=2-\log_2 2=2-1=1,\\I_C(X=4;Y)&=2-\log_2 1=2.\end{aligned}$$

表 9.1 **变量 X 和 Y 的取值及其组合**

X \ Y	1	2	3	4
1	√	√	√	√
2	√	√	×	√
3	√	×	√	×
4	√	×	×	×

注意，组合信息与统计信息在许多地方性质不太一样，不可套用统计

信息的许多性质或公式.

9.2.2 Fitingof 通用编码

Kolmogorov 不仅明确了组合信息的数学基础及其意义，更重要的是他提出了基于组合概念的信源编码方法，并把这种方法称为**通用编码**. 其思想是：设信源字母表 A 的大小为 K，信源字母序列的长度为 N，其中第 k 个字母在序列中出现的次数为 N_k，则其出现的频率为

$$f_k=\frac{N_k}{N},\quad k=1,2,\cdots,K.$$

若 $\{f_k\}_{k=1}^{K}$ 满足

$$\sum_{k=1}^{K}(-f_k\log f_k)\leqslant h, \tag{9.2.7}$$

其中 h 为一个正常数. 当 N 充分大时，满足字母出现次数为 N_k, $k=1,2,\cdots,K$ 的所有长为 N 的信源字母序列的总个数为

$$W=\frac{N!}{\prod_{k=1}^{K}N_k!}. \tag{9.2.8}$$

它的渐近值为

$$\log_2 W\approx Nh. \tag{9.2.9}$$

这样，信源字母序列可用 Nh 位二元码字母进行编码.

在 Kolmogorov 提出上述编码方法的基本思想后不久，B. M. Fitingof 对其细节进行了研究，并提出了一种具体的编码方法，即 Fitingof 编码方法. 其过程如下：

(1) 将输入的信源字母序列分成长为 N 的若干组，N 应当充分大.

(2) 对每组字母序列计算每个信源字母出现的次数 N_k 及频率 f_k，$k=1,2,\cdots,K$，由此得到一个频率分布 $F=(f_1,f_2,\cdots,f_K)$. 设 $W(K,N)$ 为所有不同频率分布的总数. 然后对频率分布进行编码，共需 $[\log_2 W(K,N)]$ bit.

(3) 在相同的频率分布 F 下信源字母序列仍会不同，设此时不同的信源字母序列的总数为 $W(F)$，则区别这 $W(F)$ 种不同的序列需用 $[\log_2 W(F)]$ bit 对给定的这组字母序列进行编码.

这样，信源字母序列经过编码后相应码字长度为 L，

$$L=[\log_2 W(F)]+[\log_2 W(K,N)]. \tag{9.2.10}$$

利用组合数学知识，易求出

$$W(F)=\frac{N!}{\prod\limits_{k=1}^{K}N_k!} \tag{9.2.11}$$

及

$$W(K,N)=C_{N+K-1}^{N}=\frac{(N+K-1)!}{N!\ (K-1)!}.$$

故

$$L=\left[\log_2\frac{N!}{\prod\limits_{k=1}^{K}N_k!}\right]+[\log_2 C_{N+K-1}^{N}]. \tag{9.2.12}$$

在 Fitingof 通用编码中，没有用到信源的统计特性. 但它对不同统计特性的随机信源字母序列都进行了理想的压缩，即有如下定理：

定理 9.2.1 设离散无记忆信源输出的字母序列为$\{X_1,X_2,\cdots,X_N\}$，信源分布为 $P=(p_1,p_2,\cdots,p_K)$，$L(X_1,X_2,\cdots,X_N)$是 $X_1,X_2,\cdots,X_N$ 经过 Fitingof 通用编码后所得的码字长度，则 $\forall\varepsilon>0$，$\exists N_0$，当 $N>N_0$ 时，平均每个符号所需码长为

$$\frac{E\{L(X_1,X_2,\cdots,X_N)\}}{N}<H(P)+\varepsilon. \tag{9.2.13}$$

证 由(9.2.12)，有

$$L(X_1,X_2,\cdots,X_N)<\log_2\frac{N!}{\prod\limits_{k=1}^{K}N_k!}+\log_2 C_{N+K-1}^{N}+2.$$

由 Stirling 公式，

$$\begin{aligned}C_{N+K-1}^{N}&=\frac{(N+K-1)!}{N!\ (K-1)!}\\&\approx\frac{\sqrt{2\pi(N+K-1)}\,(N+K-1)^{N+K-1}\mathrm{e}^{N}\mathrm{e}^{K-1}}{\sqrt{2\pi N}\sqrt{2\pi(K-1)}\ N^{N}(K-1)^{K-1}\mathrm{e}^{N+K-1}}\\&=\sqrt{\frac{N+K-1}{2\pi N(K-1)}}\cdot\frac{(N+K-1)^{N+K-1}}{N^{N}(K-1)^{K-1}}\\&\leqslant\frac{(N+K-1)^{N+K-1}}{N^{N}(K-1)^{K-1}}.\end{aligned}$$

故

$$\log_2 C_{N+K-1}^{N}\leqslant\log_2\frac{(N+K-1)^{N+K-1}}{N^{N}(K-1)^{K-1}}$$

$$= N\log_2\left(1+\frac{K-1}{N}\right)+(K-1)\log_2\left(1+\frac{N}{K-1}\right). \tag{9.2.14}$$

同样

$$\frac{N!}{\prod_{k=1}^{K} N_k!} \approx \frac{\sqrt{2\pi N}\cdot N^N/\mathrm{e}^N}{\prod_{k=1}^{K}\sqrt{2\pi N_k}\left(\frac{N_k}{\mathrm{e}}\right)^{N_k}} = (\sqrt{2\pi})^{1-K}\sqrt{\frac{N}{\prod_{k=1}^{K} N_k}}\cdot\frac{N^N}{\prod_{k=1}^{N} N_k{}^{N_k}}.$$

而

$$(\sqrt{2\pi})^{1-K}\sqrt{\frac{N}{\prod_{k=1}^{K} N_k}} \leqslant (\sqrt{2\pi})^{1-K}\sqrt{\frac{N}{\frac{N}{K}}} = \frac{\sqrt{2\pi K}}{(\sqrt{2\pi})^K} \leqslant 1,$$

故

$$\log_2\frac{N!}{\prod_{k=1}^{K} N_k!} \leqslant \log_2\frac{N^N}{\prod_{k=1}^{K} N_k{}^{N_k}} = -\log_2\prod_{k=1}^{K}\left(\frac{N_k}{N}\right)^{N_k}$$

$$= -N\sum_{k=1}^{K}\frac{N_k}{N}\log_2\frac{N_k}{N}.$$

取统计平均，有

$$E\{L(X_1,X_2,\cdots,X_N)\} < E\left(\log_2 C_{N+K-1}^{N} + \log_2\frac{N!}{\prod_{k=1}^{K} N_k!}\right)+2$$

$$= E(\log_2 C_{N+K-1}^{N}) + E\left(\log_2\frac{N!}{\prod_{k=1}^{K} N_k!}\right)+2. \tag{9.2.15}$$

而

$$E\left(\log_2\frac{N!}{\prod_{k=1}^{K} N_k!}\right) \leqslant -NE\left(\sum_{k=1}^{K}\frac{N_k}{N}\log_2\frac{N_k}{N}\right)$$

$$\leqslant -N\sum_{k=1}^{K}E\left(\frac{N_k}{N}\right)\log_2 E\left(\frac{N_k}{N}\right)$$

$$= -N\sum_{k=1}^{K} p_k\log_2 p_k = NH(p_1,p_2,\cdots,p_K)$$

$$= NH(P). \tag{9.2.16}$$

上面不等号是由于 $x\log x$ 之凸性质即 Janson 不等式所致. 因此

$$\frac{E\{L(X_1,X_2,\cdots,X_N)\}}{N}<\log_2\left(1+\frac{K-1}{N}\right)+\frac{K-1}{N}\log_2\left(1+\frac{N}{K-1}\right)+H(P). \tag{9.2.17}$$

令 $N\to\infty$, 可知定理成立. ∎

尽管通用编码有如此性质, 但目前还没有一种具体的方法在工程上得到广泛应用. 从 (9.2.17) 可看出, 组合编码的平均码长与熵率的差值随信源码字长 N 的增加按 $\frac{\log N}{N}$ 的速率下降, 而在统计编码中, 则按 $\frac{1}{N}$ 的速率下降. 故在有限码字长的情况下, 统计编码仍具较好的性能.

9.3 算法信息

前面已经看到, 统计信息的定义是针对随机变量的, 它需要有随机场作为基础, 而对于某一确定的数或事件就无法定义其信息量, 同时也使得统计编码在实际应用中受到很大限制. 随着计算机理论的发展, 这一矛盾就显得更加突出. 考虑下面三个序列:

$$\boldsymbol{s}_1=01\ 01\ 01\ 01\ 01\ 01\ 01\ 01\ 01\ 01\ 01\ 01\ 01\ 01\ 01\ 01,$$

$$\boldsymbol{s}_2=011\ 010\ 100\ 000\ 100\ 111\ 100\ 110\ 0110\ 01111,$$

$$\boldsymbol{s}_3=110\ 111\ 100\ 111\ 01\ 001\ 101\ 01\ 1111\ 010\ 011.$$

从直观上看应该具有不同的信息量. 前者简单, 有规律, 所提供的信息量较少, 后者复杂, 无规律, 有较多的信息量. 对于多元的字符串也有完全相同的问题.

对于非随机变量情况下如何定义数据的复杂性, 如何定义信息量呢? A. N. Kolmogorov 提出了一种关于数据串复杂性的理论. 他把数据串的**复杂性**定义为计算机产生这个数据串所需的最短二元程序的长度. Kolmogorov 及其后继的一些研究者发现, 这种复杂性定义是通用的, 它与计算机本身无关, 而且这种复杂性和随机变量的熵(Shannon)也近似等价, 因而 Kolmogorov 复杂性理论和信息论有密切的联系. Kolmogorov 的复杂性理论可看做是一种算法复杂性, 它对应于程序的长度. 而现行的计算复杂性是一种时间复杂性, 它对应程序运行的时间.

再回过头来看上述 3 个序列, 能产生上面 3 个序列的最短二元计算机程序是什么呢? 对于 $\boldsymbol{s}_1$ 来说, 它由 16 个"01"组成. 第 2 个序列看上去很随机, 它也可以通过大多数关于随机性的测试, 但它只是 $\sqrt{2}-1$ 的二进展开. 这两个序列其实都很简单，它的复杂性与长度 n 无关. s_3 看上去也是随机的. 对于这个长度为 32 的序列，首先数出其中“1”的数目 k，然后找出这个序列在所有 32 位长、有 k 个 1 的序列中按字典顺序排列的序号. 因而这个序列 s_3 完全由数“k”及这个“序号”确定. 这约需 $\log n + nH\left(\frac{k}{n}\right)$ bit. 这表明 s_3 比 s_1 和 s_2 要复杂，其复杂性和长度 n 成正比.

9.3.1 Kolmogorov 算法熵

由于越有规律的字符序列所用程序的长度越短，规律越复杂则所用程序的长度越长，表明 Kolmogorov 算法复杂性与字符串提供的信息量等价. Kolmogorov 提出的基于算法意义下的信息熵如下：

定义 9.3.1 设有计算机 u 和数据 x,y，而 p 是在给定 y 的条件下能使计算机输出 x 数据的程序，p 用二元序列表示. $l(p)$表示此程序的长度. 则在这些程序中，最短长度的程序，其长度即为 x 在条件 y 下的**条件算法熵**，表示为

$$K(x|y) = \min_{u(p,y)=x} l(p). \tag{9.3.1}$$

一般来讲，不同计算机为输出相同的 x 所需程序的长度是不一样的，故上述信息度量与计算机有关. 然而由计算机算法理论，在任一通用 Turing 机 u 上执行的程序都可在另一个通用 Turing 机 v 上执行并有相同的输出，条件是当程序输入任一计算机 v 时，在原程序上加上前缀程序 τ_{uv}，告诉计算机 v 如何仿真计算机 u，因而此前缀程序 τ_{uv} 只与计算机 u 和 v 有关，而与 p 和 x,y 无关. 这样，按两台计算机定义得到的熵值将只差一个固定的值，即程序 τ_{uv} 的长度. 这一差值在数学上一般没有意义，因为随着计算机程序长度的增加，这一差值的影响将越来越小，故在上述定义中所用计算机只需理解为某一通用的 Turing 机就可以了.

在定义了算法信息中的条件算法熵以后，利用空集$\varnothing$或某一特定的值就可以推广到**无条件算法熵** $K(x)$，即

$$K(x) = K(x|\varnothing). \tag{9.3.2}$$

而由 y 给出的关于 x 的**信息量**可以定义为

$$I(x|y) = K(x) - K(x|y). \tag{9.3.3}$$

由于 $K(x|x)=0$，从而 $I(x|x)=K(x)$.

值得注意的是，对统计信息论中的某些关系式，在算法信息论中是找不到相应的关系式的. 例如在统计信息论中有

$$I(X;Y) = I(Y;X),$$

$$H(XY)=H(X)+H(Y|X).$$

但在算法信息论中没有相应的等式关系，类似的关系式只能在渐近相等的意义下近似成立，即

$$|I(x|y)-I(y|x)|=O(\log I(x,y)),$$
$$K(x,y)=K(x)+K(y|x)+O(\log I(x,y)).$$

例 9.3.1 e 的平方根中前 31 239 872 948 332 位比特构成一个极其长的二元字符串，但我们可以用如下方式来精确地描述：

"Print out the first 31,239,872,948,332 bits of the squart root of e."

总共 70 个字符. 如用 8 bit 的 ASCII 码表示每个字符，只要 $8\times 70=560$ (bit). 表明表示这个非常长的序列的 Kolmogorov 复杂性不大于 560 bit.

下面讨论 Kolmogorov 复杂性的一些基本性质.

定理 9.3.1 字符串 $\boldsymbol{x}$ 的条件复杂性小于该字符串的长度 $l(\boldsymbol{x})$，即

$$K(\boldsymbol{x}|l(\boldsymbol{x}))\leqslant l(\boldsymbol{x})+C, \tag{9.3.4}$$

其中 C 为一常数.

证 设 $\boldsymbol{x}=x_1x_2\cdots x_{l(x)}$. 由于计算机已知 $l(\boldsymbol{x})$，故可以用一个明确的程序来打印 $\boldsymbol{x}$：

"Print the following 1-bits sequence: x1, x2, ⋯, xl(x)."

由于 $l(\boldsymbol{x})$是给定的，所以不需要用 bit 来描述"l". 上述程序长度为 $l(\boldsymbol{x})+C$. ▌

如果计算机不知道字符串长度，则我们需要向计算机提供关于 $l(\boldsymbol{x})$的信息. 下面的定理提供了一种描述 $l(\boldsymbol{x})$的方法.

定理 9.3.2 (Kolmogorov 复杂性的上限)

$$K(\boldsymbol{x})\leqslant K(\boldsymbol{x}|l(\boldsymbol{x}))+2\log l(\boldsymbol{x})+C. \tag{9.3.5}$$

证 由于计算机不知道 $l(\boldsymbol{x})$，则要设法将 $l(\boldsymbol{x})$告诉计算机，使计算机在打印出 $l(\boldsymbol{x})$ bit 后停机. 我们可用如下方法来实现：

设 $l(\boldsymbol{x})=n$，我们将 n 的二进制展开中每个 bit 重复两次，然后用"01"来结束对 n 的描述. 这样就可以用 $2\log n+2$ bit 来描述 n，将 $l(\boldsymbol{x})$告诉计算机. 再加上原来的条件复杂性，得到

$$K(\boldsymbol{x})\leqslant K(\boldsymbol{x}|l(\boldsymbol{x}))+2\log l(\boldsymbol{x})+C,$$

其中 C 中已含 2，仍为一个常数. ▌

下面证明只有少数字符串具有低复杂性.

定理 9.3.3 具有复杂性 $K(\boldsymbol{x})$ 小于 k 的字符串数目满足

$$|\{\boldsymbol{x}\in\{0,1\}^*\,|\,K(\boldsymbol{x})<k\}|<2^k, \tag{9.3.6}$$

其中 $\{0,1\}^*$ 表示由 0,1 组成的有限长字符串的全体的集合.

证 我们列出所有长度小于 k 的二元程序:

$$\boldsymbol{\theta},0,1,00,01,10,11,\cdots,\underbrace{11\cdots1}_{k-1\text{个}},$$

其中 $\boldsymbol{\theta}$ 表示空串. 这些程序的总数为

$$1+2+4+\cdots+2^{k-1}=2^k-1<2^k.$$

因为每个程序至多只能产生一个可能的序列, 所以复杂性小于 k 的序列数目小于 2^k.

例 9.3.2 求 π 的 Kolmogorov 复杂性.

由于 π 的前 n bit 可以用简单的级数展开求出, 所以如果计算机已知 n, 则打印出 π 的前 n 位比特的程序的长度为常数, 与 n 无关, 即

$$K(\pi_1\pi_2\cdots\pi_n\,|\,n)=C.$$

定理 9.3.4 长为 N 的二元字符序列 $\boldsymbol{x}$ 的算法熵满足如下不等式:

$$K(x_1x_2\cdots x_N\,|\,N)\leqslant nH\left(\frac{1}{N}\sum_{n=1}^{N}x_n\right)+\log N+C, \tag{9.3.7}$$

其中 C 为常数, $\boldsymbol{x}=x_1x_2\cdots x_N$, $x_i\in\{0,1\}$, 熵函数

$$H(p)=-p\log p-(1-p)\log(1-p).$$

证 根据条件, 长为 N 的不同二元序列的总数为 2^N. 这些不同的序列可以先按照序列中"1"的数目 k 进行排序, $k\in\{0,1,2,\cdots,N\}$, 然后对相同的 k 值下的序列按照字典顺序排序. 具有 k 个"1"的序列共有 C_N^k 个. 要打印一个所要求的序列, 在程序中只需指定 k 及 i 两个参数即可, 其中 i 表示该序列在所有只有 k 个 1、长度为 N 的序列中的排序(第 i 位). 这样的程序用二元字符 k ($k\in\{0,1,2,\cdots,N\}$)和 i ($i=1,2,\cdots,C_N^k$)值共需

$$\log_2 k+\log_2 C_N^k\leqslant\log_2(N+1)+NH\left(\frac{k}{N}\right). \tag{9.3.8}$$

上面不等式中我们利用了不等式:

$$\frac{1}{N+1}2^{NH\left(\frac{k}{N}\right)}\leqslant C_N^k\leqslant 2^{NH\left(\frac{k}{N}\right)},$$

或(9.2.14)的结果.

因为 $k=\sum\limits_{i=1}^{N}x_i$, 代入(9.3.8), 得

$$K(\boldsymbol{x}\mid N)\leqslant \log_2 N+NH\left(\frac{1}{N}\sum_{i=1}^{N}x_i\right)+C,$$

其中 C 为实现上述程序功能所需其他程序语言的二元字符的表示长度，它与 $\boldsymbol{x}$ 和 N 无关. ▌

定理 9.3.5 设 $\boldsymbol{x}=x_1x_2\cdots x_N$ 取自 Bernoulli 过程，$\{0,1\}^N$ 表示长为 N 的这些二元字符序列的集合，则此集合中各序列的算法熵的数学期望满足

$$NH(X)\leqslant E\{K(\boldsymbol{x}\mid N)\}\leqslant NH(X)+\log N+C, \tag{9.3.9}$$

式中 $H(X)$表示两点分布的熵，也即 Bernoulli 序列的 Shannon 熵率.

证 右边不等式可由定理 9.3.4 和熵函数凸性直接得到. 下面只证明左边不等式. 按照算法熵之定义，计算机在执行任一程序 p 后若能输出所要的结果则立即停机. 所以所有这些能使计算机最终停机的程序的集合组成一个前缀码的码字集合，其长度 $l(p)$满足 Kraft 不等式，即

$$\sum_{p:\,u(p)\text{停机}} 2^{-l(p)}\leqslant 1. \tag{9.3.10}$$

由信源编码理论可知，平均码长必须大于或等于熵，故左边不等式成立. ▌

定理 9.3.6 设 $\boldsymbol{x}=x_1x_2\cdots x_N$ 为 Bernoulli $\left(\frac{1}{2}\right)$过程中取得的一个序列，则

$$P(K(\boldsymbol{x}\mid N)<M)<2^{-(N-M)}. \tag{9.3.11}$$

证 由于 $p=\frac{1}{2}$，实际上每个序列 $\boldsymbol{x}=x_1x_2\cdots x_N$ 产生的概率均为 2^{-N}，由定理 9.3.3，知

$$\begin{aligned}P(K(\boldsymbol{x}\mid N)<M)&=\sum_{\boldsymbol{x}:\,K(\boldsymbol{x}\mid N)<M}p(\boldsymbol{x})=\sum_{\boldsymbol{x}:\,K(\boldsymbol{x}\mid N)<M}2^{-N}\\&=2^{-N}\left|\{\boldsymbol{x}\mid K(\boldsymbol{x}\mid N)<M\}\right|\\&<2^{-N}\cdot 2^{M}=2^{-(N-M)}.\end{aligned}$$ ▌

上述定理表明，算法熵小的序列不但数量少而且在 Bernoulli 过程中所占比例也随着算法熵的减少而指数下降，大部分长度为 N 的序列其算法熵满足：

$$\lim_{N\to\infty}\frac{K(\boldsymbol{x}\mid W)}{N}=1. \tag{9.3.12}$$

对于算法熵满足(9.3.12)式的序列程序 p 没有压缩的作用，所以这样的序列被称为**不可压缩序列**. 从这种意义上讲，不可压缩序列是真正的随机序列，因为在这样的序列中已没有任何形式的规律可以被利用来简化生成它所用的程序. 所以序列的算法熵的大小可以作用序列随机程度的度量. 由于此原因，算法熵也被称为**算法随机度**(randomness).

9.3.2 算法熵的不可计算性

根据定义，统计信息熵与组合信息熵很容易计算. 当算法熵的定义提出以后，如何计算算法熵却引起不少的讨论和探索. 直到 1970 年，算法信息论的奠基人之一 G. Chaitin 利用数理逻辑的理论证明了算法熵的不可计算性. 在这里，所谓不可计算性是指在数学上不可能找到一种一般的办法使我们能够对任一特定字符序列算出其算法熵. 虽然前面我们已对二元字符序列的算法熵和统计平均值作出了一些估计，并且对于算法熵较小的序列我们总可以用这种或那种方法算出其算法熵，但对于算法熵较大的那些序列，除了一个个地试算以外，我们不可能有其他有效的方法得到它们的算法熵的确切值，即对于一般序列来说，其算法熵是不可计算的.

考虑如下悖论："没有一句话是对的." 要判定这句话的对错会导致矛盾. 造成这种悖论的原因是由于判定时包含了自参考. 1931 年数学家 Gödel 利用自参考思想，提出了著名的不完备定理，说明任何一个有意义的数学系统是不完备的，也就是说在这个系统中总存在不能在该系统中加以判定对错的命题. 这一定理对数学中的许多悖论作出了解释.

Kolmogorov 复杂性 $K(x)$ 的不可计算性是 Perry 悖论的一个例子，而 Perry 悖论也就是 1906 年罗素发表的单词悖论，这一悖论是 Perry 告诉罗素的. Perry 是英国国家图书馆的管理员，他向罗素描述了如下一个矛盾的事情：英语中只有有限个单词，因此也只有有限个英语表达式包含有少于 30 个英语单词，一个英语表达式只能最多描述一个正整数，故用小于 30 个英语单词的表达式来描述的正整数的数目只有有限个. Perry 问："不能用由少于 30 个英文单词构成的英语表达式表示的最小正整数是什么?"（"The least positive integer which is not denoted by an expression in the English language containing fewer than thirty words"），但 Perry 写这句英语句子时只包含了 20 个单词，这自然产生了一个矛盾. 现在回到算法熵上来. 如果 Kolmogorov 算法熵是可以计算的，则我们可以用"给出算法熵$\geqslant 10^{10}$的第一个二元字符序列"这样短的程序来代替本应有 10^{10} 个二元字符的程序，这显然是一个矛盾，但我们在上述推理中没有不合理的地方. 产生这种悖论的原因是公理化系统的局限性. 按 Gödel 的不完备性定理，任何公理化系统都有一些本系统内合理的命题，其正确性不能在系统内得到证明.

Kolmogorov 复杂性理论的目的不在于去寻找产生给定序列的最短程序，因为这是不可计算的，但它提供了一个理论框架，从不同的角度来研究随机性和判定问题.

9.3.3 Lewpel-Ziv 通用编码

算法熵的不可计算性对于信源编码的研究是一个较大的打击. 因为算法熵的计算有可能为信源编码提供一种有效的通用编码方法，而 Chaitin 证明的算法熵的不可计算性表明这样一种理想的通用编码方法是不可能得到的. 庆幸的是，算法熵的定义和 Chaitin 的分析都是在通用 Turing 机作为计算模型的前提下得到的，如果对计算模型加以限制，就可以得到局部情况下适用的且仍有价值的理论和编码方法.

1978 年，J. Ziv 和 A. Lewpel 在有限状态自动机理论的基础上提出了有限状态压缩编码器的概念，进而提出序列的有限状态可压缩度和有限状态熵，推导了编码定理. Lewpel-Ziv 编码（简称 L-Z 编码）就是他们提出的利用有限状态编码器进行信源编码的方法，这一方法也可同时看成是具体实现序列有限状态可压缩度的一个构造性证明. 本文不想对此作过多的展开，我们对该方法作如下描述.

首先将信源输出序列分解成字符片段或短语，这种分解方法是迭代式的. 在第 i 步（$i\geqslant 1$），编码器从 w_{i-1} 短语后的第一个字母开始向后搜索在此之前尚未出现过的最短短语 w_i. 由于 w_i 是此时最短的新短语，所以 w_i 在去掉最后一个字母后所得到的前缀必定是在此之前已经出现过的. 若设此前缀是在第 $j<i$ 步时出现，则 w_j 为 w_i 的前缀，对 w_i 的编码就可以利用 j 和 w_i 的最后一位所取字母来表示. 对于前者，只需$\lceil \log i \rceil$ bit，而对于后者，则需$\lceil \log M \rceil$ bit，其中 M 为源字母表的大小. 例如，若输入字母序列为 $ababbbabaabab\cdots$，可迭代地分解成 $a, b, ab, bb, aba, abab, \cdots$，各短语被编码成：

$$(0,0),(0,1)(01,1),(10,1),(011,0)(101,1),\cdots.$$

总的编码输出由这些短语对应的编码输出级联而成，即成为

$$0001011101011010 11\cdots.$$

现在设输入为 $\boldsymbol{x}_N=x_1x_2\cdots x_N$，经过这种分解后得到 $d(\boldsymbol{x}_N)=d$ 个短语. 因为各短语互不相同（这样的分解称为**相互分解**），编码输出的总长

度为

$$L=\sum_{i=1}^{d}(\lceil\log i\rceil+\lceil\log M\rceil).$$

LZ 编码所得的压缩比为(每个 x_i 用$\lceil\log M\rceil$位表示)

$$\rho(\boldsymbol{x}_N)=\frac{L}{N\log M}=\frac{\sum_{i=1}^{d}(\lceil\log i\rceil+\lceil\log M\rceil)}{N\log M}.$$

在 $N\to\infty$时可对 $\rho(\boldsymbol{x}_N)$作一估计. 在上式中，由于每个 $i<d$，而$\lceil y\rceil$表示大于或等于 y 的最小整数，故设 $r=2+\log M$，可得

$$\rho(\boldsymbol{x}_N)\leqslant\frac{d\log d+rd}{N\log M}.$$

对于平稳遍历序列 $X_1,X_2,\cdots,X_N,\cdots$，可以证明当 N 充分大时，有

$$H(X)\leqslant\lim_{N\to\infty}\sup\rho(\boldsymbol{x}_N)\leqslant H(X)+\varepsilon,$$

其中 ε 为任一正数，而 $H(X)$表示该平稳遍历信源的熵率.

上式表明 LZ 算法的编码速率渐近于 $H(X)$，因而是一个有效的算法. 由于它没有用到信源的统计特性，故而也是一种通用信源编码算法. LZ 算法现已成为文件压缩的标准算法，通常可以将 ASCII 的文本文件压缩到原来的一半，已被应用于 UNIX 等操作系统中标准的压缩程序和 PC 中的 arc 程序，在其他地方也获得广泛的应用.

9.3.4 Kieffer-Yang 通用编码

Kieffer-Yang 编码(简称 K-Y 编码，2000 年提出)也是一种基于语法的通用编码方法. 我们用一个例子来说明编程过程.

假设信源发出的序列为(用 x_i 表示第 i 个信号)：

$$x_1x_2x_3x_4x_5x_6x_7x_8x_9x_{10}x_{11}x_{12}x_{13}x_{14}x_{15}x_{16}x_{17}x_{18}x_{19}x_{20}x_{21},$$

$$X=0\ 0\ 1\ 1\ 0\ 0\ 1\ 1\ 1\ 0\ 0\ 1\ 1\ 1\ 0\ 0\ 1\ 1\ 0\ 0\ 1.$$

$t=1$ 时，读 $x_1=0$，编码为 $S_0=0$.

$t=2$ 时，读 $x_1x_2=00$，编码为 $S_0=00$ (0 重复出现，但是只有一个字母无须压缩).

$t=3$ 时，读 $x_1x_2x_3=001$，编码为 $S_0=001$.

$t=4$ 时，读 $x_1x_2x_3x_4=0011$，编码为 $S_0=0011$ (1 重复出现，但也无须压缩).

$t=5$ 时，读 $x_1x_2x_3x_4x_5=00110$，编码为 $S_0=00110$.

$t=6$ 时，读 $x_1x_2x_3x_4x_5x_6=\underline{00}11\underline{00}$，此时 $\underline{00}$ 重复出现，将其定义

为 $S_1=00$，于是 $x_1x_2x_3x_4x_5x_6$ 编码为 $S_0=S_1 11S_1$.

$t=7$ 时，读 $x_1x_2x_3x_4x_5x_6x_7=S_1 11S_1 1$，此时 $S_1 1$ 重复出现，定义为 $S_2=S_1 1=001$，于是 $x_1x_2x_3x_4x_5x_6x_7$ 的编码为 $S_0=S_2 1S_2$，把新的 S_2 记为 $S_1=001$.

$t=8$ 时，读 $x_1x_2x_3x_4x_5x_6x_7x_8=S_1 1S_1 1$，此时 $S_1 1$ 重复出现，定义新的 $S_1=0011$，于是 $x_1x_2x_3x_4x_5x_6x_7x_8$ 编码为 $S_0=S_1S_1$，其中 $S_1=0011$.

……

$t=14$ 时，读 $x_1x_2\cdots x_{14}=S_1S_1 1S_1 1$，其中 $S_1=0011$，这时 $S_1 1$ 又重复出现，但因为第一个是 S_1，需保留，因此定义 $S_2=S_1 1=00111$. 于是 $x_1x_2\cdots x_{14}=S_1S_2S_2$，其中 $S_1=0011$，$S_2=S_1 1$.

……

$t=20$ 时，读 $x_1x_2\cdots x_{20}=S_1S_2S_2S_1 00$，最后的 00 与 S_1 中前两个 00 重复出现，故定义 $S_3=00$，则 $S_1=S_3 11$，于是 $x_1x_2\cdots x_{20}=S_1S_2S_2S_1S_3$，其中 $S_1=S_3 11$，$S_2=S_1 1$，$S_3=00$.

$t=21$ 时，读 $x_1x_2\cdots x_{21}=S_1S_2S_2S_1S_3 1$，其中 $S_3 1=001$ 与 S_1 中的 $S_3 1$ 重复，于是定义新的 $S_3=001$，$x_1x_2\cdots x_{21}=S_1S_2S_2S_1S_3$，其中 $S_1=S_3 1$，$S_2=S_1$，$S_3=001$.

若信源序列到此为止，则只需对 S_1,S_2,S_3 进行编码，然后把 $x_1x_2\cdots x_{21}$对应的码字写出，通过信道传输时，只需把 S_1,S_2,S_3 的编码及 $x_1x_2\cdots x_{21}$的码字传输给接收方. 接收方收到编码后的序列 S_1,S_2,S_3 与码字的对应关系就可以将原来的信源序列 $x_1x_2\cdots x_{21}$ 无失真地复制出来.

Kieffer-Yang 方法将 LZ 方法中的字符串匹配的方法和算术码的结构的优点结合在一起，因此优于 LZ 方法和算术码. 其计算复杂性是信源序列长度的线性函数，同时可以证明如果信源是平稳遍历的，当信源序列长度$\to\infty$时，算法的压缩率(即码率)趋于信源的熵率 $H(X)$.

9.4 近似熵与样本熵

1991 年，Pincus 从衡量时间序列复杂性的角度提出并发展了近似熵(ApEn，Approximate Entropy)的概念，并将它成功地应用于生理性时间序列的分析，如心率信号、血压信号等时间序列的复杂性研究. 后来许多研究者在经济、物理、化学等领域使用近似熵也取得了很好的效果.

近似熵的计算公式：

(1) 对于给定的 m，计算所有的 m 长连续片段之间的距离：

$$d(x_{m(i)},x_{m(j)})=\max\{|u_{i+k}-u_{j+k}|\,|\,0\leqslant k\leqslant m-1,\\ i,j=1,2,\cdots,N-m+1\}.$$

(2) 给定阈值 r，对于每个 i $(1\leqslant i\leqslant N-m+1)$，计算所有 m 长连续片段与 $x_{m(i)}$ 的距离小于 r 的数目(称之为模板匹配数)以及此数目在所有连续片段中所占的比重，分别记为 $N^m(i)$，以及 $B_r^m(i)=\dfrac{N^m(i)}{N-m}$.

(3) 计算 $B_r^m(i)$ 的自然对数的平均值，记为

$$\varphi^m(r)=\frac{\sum\limits_{i=1}^{N-m+1}\ln B_r^m(i)}{N-m+1}.$$

(4) 对于 $m+1$，重复上述记号和过程，最后同样可以得到

$$\varphi^{m+1}(r)=\frac{\sum\limits_{i=1}^{N-m}\ln B_r^{m+1}(i)}{N-m}.$$

当然，在实际应用中，N 是有限值，按照上述步骤得出的是序列长度为 N 时的近似熵：

$$\mathrm{ApEn}(m,r,N)=\varphi^m(r)-\varphi^{m+1}(r).$$

近似熵相当于维数 m 变化时新模式出现的条件概率的自然对数的均值，在衡量时间序列的复杂性方面具有一般意义，能够反映时间序列在结构上的复杂性，对随机过程和确定性过程都适用. 近似熵大致相当于维数发生变化时新模式出现的对数条件概率的均值.

近似熵越大，产生新模式的概率越大，序列越复杂. 例如，周期信号的近似熵值就很小，而随机信号的近似熵值就较大. 另外，近似熵与信号频率成分自身的复杂性有关，而与其幅值和相位无关，这为分析实测数据提供了有利途径，而不用因信号消噪或去除趋势项致使丧失部分有用信息. 但是，近似熵也有偏差和结果不恒定等缺陷，它严重依赖于时间序列长度及其弱的自我一致性，即对一个给定的 m 和 r，同一测点测试的一段数据的近似熵值与另一数据段的近似熵值可能不同，这就为特征提取与故障诊断带来不便. 为此，如何选取合适的测试数据也就至关重要.

为了克服这些缺陷，Richman 等于 2000 年提出了新的时间序列复杂性测度方法——样本熵. 样本熵旨在降低 ApEn 的误差，与已知的随机部分有更加紧密的一致性. 样本熵是与近似熵相似但精度更好的方法.

对于给定的一个 N 长序列 $U=u_1u_2\cdots u_N$，我们是这样来计算其样本熵的：

首先引入记号：取定一个正整数 m，$1\leqslant m\leqslant N-1$，则在 U 中存在 $N-m+1$ 个长度为 m 的连续片段，其中第 i 个片段

$$x_{m(i)}=u_iu_{i+1}\cdots u_{i+m-1}\quad(1\leqslant i\leqslant N-m+1).$$

下面结合计算过程来说明序列 U 的样本熵的含义.

(5) 对于给定的 m，计算所有的 m 长连续片段之间的距离：

$$d(x_{m(i)},x_{m(j)})=\max\{|u_{i+k}-u_{j+k}|\,|\,0\leqslant k\leqslant m-1,\ i,j=1,2,\cdots,N-m+1,\ i\neq j\}.$$

(6) 给定阈值 r，对于每个 i $(1\leqslant i\leqslant N-m+1)$，计算其余 $N-m$ 个 m 长连续片段与 $x_{m(i)}$ 的距离小于 r 的数目(称之为模板匹配数)以及此数目在所有连续片段中所占的比重，分别记为 $N^m(i)$，以及 $B_r^m(i)=\dfrac{N^m(i)}{N-m}$，然后对所有的 i，计算平均值：

$$B^m(r)=\frac{\sum\limits_{i=1}^{N-m+1}B_r^m(i)}{N-m+1}.$$

(7) 对于 $m+1$，重复上述记号和过程，最后同样可以得到

$$B^{m+1}(r)=\frac{\sum\limits_{i=1}^{N-m}B_r^{m+1}(i)}{N-m}.$$

理论上，此序列的样本熵为

$$\mathrm{SampEn}(m,r)=\lim_{N\to\infty}\left(-\ln\frac{B^{m+1}(r)}{B^m(r)}\right).$$

当然，在实际应用中，N 是有限值，按照上述步骤得出的是序列长度为 N 时的样本熵：

$$\mathrm{SampEn}(m,r,N)=-\ln\frac{B^{m+1}(r)}{B^m(r)}.$$

样本熵的物理意义与近似熵的物理含义相近. 样本熵值越低，序列自我相似性也就越高. 反之，样本熵值越高，序列越复杂. 样本熵与近似熵主要的不同点在于：近似熵算法比较数据与自身，通过计算每一个与其自身匹配的模板的个数来避免计算中出现 ln 0，会产生误差，而样本熵不计数自身匹配值，因为熵是新信息产生率的测度，所以比较数据和其自身毫无意义.

样本熵的值显然与 m，r 的取值有关，不同的维数 m 和相似容限 r 所对应的样本熵是不一样的，m 和 r 的具体取值还没有一个最佳标准，在样本熵中，m 一般取 2～10，实际的维数由数据的结构来定，而 r 一般取 0.1 D～0.5 SD (SD 是原始数据 $U=u_1u_2\cdots u_N$ 中$\{u_i\}$的标准差).

很多情况下，样本熵具备相对一致性，比近似熵更加符合实际，样本熵统计量的准确性使其更适于分析各种复杂信号.

习　题

9.1　试用 Kraft 不等式证明：存在无穷多个整数 n，其 Kolmogorov 复杂性大于 $\log n$，即有无穷多个 n，使得 $K(n)>\log n$.

9.2　试对字母序列 *ababbbabaababababaababbababa* 进行 Lewpel-Ziv 编码.

9.3　设信源发出的信号序列为

0000 1011 00111 0000 1011 00111 0001111.

试用 LZ 方法及 Kieffer-Yang 方法分别对其进行编码.

第 10 章　密码学引论

与信息传输和处理过程密切相关的是信息安全问题，这是密码学所研究的基本问题. 密码学是一门古老而又年轻的科学，它用于保护军事和外交通信可追溯到几千年前. 而现代密码学的应用已不再局限于军事、政治和外交，由于大量的敏感信息如资金转移、法庭记录、私人财产等常通过公共通信设施或计算机网络来进行交换，而这些信息的秘密性和安全性又是人们迫切需要的，故密码学的商用价值和社会价值也日益得到充分的肯定.

然而在信息论诞生之前，密码技术只能说是一种艺术，而不是一种科学，密码学家常常是凭直觉和信念来进行密码设计和分析，而不是推理和证明. 直到 Shannon 信息论的奠基性工作之后，才产生了基于信息论的密码理论. 本章将简单地介绍密码学理论.

10.1　古典密码学

古代人隐蔽信息的方法可以分成两种基本方式：一种是隐蔽信息的载体，如隐写术等；另一种是将信号进行各种变化，使它们不易被他人所理解. 古典密码术主要研究后者. 我们先引入一些基本概念.

信源产生的消息或经过信源编码的数字消息称为**明文**，也指被隐蔽的消息. 加密编码是将明文变换成密文，解密变换是加密变换的逆变换，即将密文恢复出原来的明文. 对明文进行加密操作的人员称为加密员或密码员. 密码员对明文进行加密时所采用的一组规则称为**加密算法**，传递消息的预定对象称为接收者，他对密文进行解密时所采用的一组规则称为**解密算法**. 加密算法和解密算法的操作通常是在一组密钥控制下进行的，分别称为**加密密钥**和**解密密钥**.

明文全体组成的集合记为 M，密文全体组成的集合记为 B. M 和 B 分别称为密码系统的**明文空间**和**密文空间**. 密钥实际上是用于确定具体加密编码的参数，全体密钥组成的集合称为**密钥空间** K. 对于 $k\in K$，记 E_k 为由 k 确定的一个加密变换，D_k 为 E_k 的逆变换，于是对于明文 $m\in M$ 的加密过程是

$$c=E_k(m),$$

其中 c 为明文 m 在 E_k 加密编码后所得的密文，解密过程可以表示为

$$D_k(c)=D_k(E_k(m))=m.$$

加密和解密刚好体现出密码学的两个主要分支：密码编码学和密码分析学. 密码编码学的目的是寻求保证消息保密性或认证性的方法，而密码分析学的目的是研究加密消息的破译或消息的伪造.

10.1.1 古典密码举例

设 A 为含有 N 个字母或数字或字符的明文字母表，例如，可以为英文的 26 个字母，也可以为数字、空格、标点符号或任何可以表示明文消息的符号. 一般将 A 抽象地表示为一个整数集 $\mathbf{Z}_N=\{0,1,2,\cdots,N-1\}$. 在加密时通常将明文消息划分成长为 L 的消息单元，称为**明文组**，以 $\boldsymbol{m}$ 表示，如

$$\boldsymbol{m}=m_0m_1\cdots m_{L-1},\quad m_l\in\mathbf{Z}_N=A,\quad 0\leqslant l\leqslant L-1.$$

$\boldsymbol{m}$ 也称为 **L-报文**，它是定义在 $\mathbf{Z}_N^L$ 上的一个随机变量，其中

$$\begin{aligned}\mathbf{Z}_N^L&=\mathbf{Z}_N\times\mathbf{Z}_N\times\cdots\times\mathbf{Z}_N\ (\text{共 } L \text{ 个})\\&=\{\boldsymbol{m}=m_0m_1\cdots m_{L-1}\mid m_l\in\mathbf{Z}_N,\ 0\leqslant l\leqslant L-1\}.\end{aligned}$$

$L=1$ 时称为**单字母报**(1-gram)，$L=2$ 时为**双字母报**(digrams). 明文空间 $M=\mathbf{Z}_N^L$.

同样可设 A' 为含有 N' 个字母的密文字母表，也可抽象地用整数集 $\mathbf{Z}_{N'}=\{0,1,2,\cdots,N'-1\}$ 来表示. 密文单元或组为 $\boldsymbol{c}=c_0c_1\cdots c_{L'-1}$（共 L' 个），$c_{l'}\in\mathbf{Z}_{N'}$，$0\leqslant l'\leqslant L'-1$. $\boldsymbol{c}$ 为定义在 $\mathbf{Z}_{N'}^{L'}$ 上的随机变量，密文空间 $B=\mathbf{Z}_{N'}^{L'}$.

若 $A'=A$，π_k 为从 A 到 A' 的一个一一映射，其逆映射为 π_k^{-1}. 若 $|A|=N$，则 A 到 A' 的全体一一映射共有 $|A|!=N!$ 个.

对于单字符单表代换密码来说，此时 $A=A'$，$N=N'$，$L=1=L'$，K 为由所有 $A\to A'$ 的一一映射组成的集合. 对每个给定的密钥 $k=\pi_k\in K$ 来

说，明文 $\boldsymbol{m}=m_0m_1m_2\cdots$ 的加密编码为

$$\boldsymbol{c}=E_k(\boldsymbol{m})=\pi_k(m_0)\pi_k(m_1)\pi_k(m_2)\cdots.$$

而解密译码过程为

$$\boldsymbol{m}=D_k(\boldsymbol{c})=\pi_k^{-1}(c_0)\pi_k^{-1}(c_1)\pi_k^{-1}(c_2)\cdots.$$

例 10.1.1 恺撒密码

$$A=\{a,b,c,\cdots,z,空格\},$$

$$\varphi: A\rightarrow \mathbf{Z}_{27}=\{0,1,2,\cdots,26\},$$

其中

$$\varphi(a)=0,\ \varphi(b)=1,\ \cdots,\ \varphi(z)=25,\ \varphi(空格)=26,$$

φ 为一个一一映射，φ^{-1} 为 φ 的逆映射. $\forall k\in \mathbf{Z}_{27}$，定义 π_k 为

$$\pi_k(x)=\varphi^{-1}((\varphi(x)+k) \bmod 27),\quad \forall x\in A.$$

由 $K=\mathbf{Z}_{27}$ 及 π_k 所确定的密码称为恺撒密码.

例 10.1.2 仿射密码(affine cipher)

对于整数 $a,b\in \mathbf{Z}_{27}$，当 $(a,27)=1$ 时，定义

$$\pi_{a,b}(x)=\varphi^{-1}((a\cdot\varphi(x)+b) \bmod 27),\quad \forall x\in A,$$

$\pi_{a,b}(x)$ 为 $A\rightarrow A$ 的一个一一映射，其逆映射为

$$\pi_{a,b}^{-1}(y)=\varphi^{-1}((a'\cdot\varphi(y)+b') \bmod 27),\quad \forall y\in A,$$

其中 a',b' 满足

$$a\cdot a'=1 \bmod 27,\quad b'=27-b.$$

下面介绍多表代换密码.

多表代换密码是以一系列(两个以上)一一变换依次对明文消息字母进行代换的加密. 设 T 为 $A\rightarrow A$ 的所有一一映射所构成的变换集，$E_k=(\pi_0,\pi_1,\cdots)$ 是由 $k\in K$ 所确定的一个至少由 T 中两个不同元素所组成的变换序列，$D_k=\pi_0^{-1}\pi_1^{-1}\cdots$，对明文 $\boldsymbol{m}=m_0m_1m_2\cdots$，加密编码为

$$\boldsymbol{c}=E_k(\boldsymbol{m})=\pi_0(m_0)\pi_1(m_1)\pi_2(m_2)\cdots,$$

解密译码为

$$D_k(\boldsymbol{c})=\pi_0^{-1}(c_0)\pi_1^{-1}(c_1)\pi_2^{-1}(c_2)\cdots.$$

例 10.1.3 维吉尼亚密码(Vigenère Cipher)

1858 年，法国密码专家 Blaise de Vigenère 提出如下密码：

令 $K=\mathbf{Z}_{27}^d$，$\boldsymbol{k}=(k_1,k_2,\cdots,k_{d-1})\in K$，$\forall x\in A$，

$$\pi_{k_i}(x)=\varphi^{-1}((\varphi(x)+k_i) \bmod 27),$$

其中 φ 与 φ^{-1} 前面已作描述. $k_i\ (i=1,2,\cdots,d-1)$ 确定明文的第 $i+td$ (t 为正整数)个字母的移位数. k 称为**用户密钥**或**密钥字**.

例 10.1.4 希尔密码(Hill Cipher)

希尔密码为多字母代换密码，其优点是容易将字母的自然频率隐蔽或均匀化而有利于抵抗统计分析.

设 $A=\mathbf{Z}_q$，π_k 为 $\mathbf{Z}_q$ 上由一个 $L\times L$ 非奇异矩阵 $\boldsymbol{T}_k$ 定义的 $\mathbf{Z}_q^L\to\mathbf{Z}_q^L$ 的线性变换. 这时若将明文写成 $\boldsymbol{m}=\boldsymbol{b}_1\boldsymbol{b}_2\cdots$，其中 $\boldsymbol{b}_i$ 为 A 上长度为 L 的序列，即 $\boldsymbol{b}_i=m_{(i-1)L}m_{(i-1)L+1}\cdots m_{iL-1}$，则

$$\pi_k(\boldsymbol{m})=\boldsymbol{T}_k(\boldsymbol{b}_1)\boldsymbol{T}_k(\boldsymbol{b}_2)\boldsymbol{T}_k(\boldsymbol{b}_3)\cdots.$$

例如当 $L=4$，$q=26$ 时，可取

$$\boldsymbol{T}_k=\begin{pmatrix}8&6&5&10\\6&9&8&6\\9&5&4&11\\5&10&9&4\end{pmatrix}.$$

10.1.2 古典密码分析

在消息处理和传输中，除了预定的接收者外，还有非授权者，他们通过各种办法如搭线窃听等来窃取机密信息，我们称之为截收者. 他们虽然不知道系统所使用的密钥，但通过分析可能从截获的密文推断出原来的明文，这一过程称为**密码分析**. 从事这一工作的人称为密码分析员. 对一个密码系统采取截获密文进行分析的这类攻击称为被动攻击. 密码系统还可能遭受的另一类攻击是主动攻击. 非法入侵者主动向系统窜扰，采取删除、更改、增添、伪造等手段向系统注入假消息，以达到损人利己的目的. 所谓一个密码是**可破的**，是指如果通过密文能够迅速地明确明文或密钥，或通过明文-密文对能迅速地确定密钥. 通常假定密码分析者知道所使用的密码系统，这个假设称为 **Kerckhoff 假设**. 当然，如果密码分析者或敌手不知所使用的密码系统，那么破译将更加困难. 但是一般来讲，不应该把密码系统的安全性建立在敌手不知道所使用的密码系统的前提下. 因此，在设计一个密码系统时，我们的目的就是在 Kerckhoff 假设之下达到安全性.

根据密码分析者破译时已具备的前提条件，人们将攻击类型分为 4 种：

(1) 唯密文攻击. 密码分析者有一个或更多的用同一个密钥加密的密文，通过对这些截获的密文进行分析得出明文或密钥.

(2) 已知明文攻击. 除待解的密文外，密码分析者有一些明文和用同一密钥加密这些明文所对应的密文.

（3）选择明文攻击．破译者可得到所需要的任何明文所对应的密文，这些密文与待解的密文是用同一个密钥加密得来的．

（4）选择密文攻击．破译者可以得到所需密文所对应的明文（这些明文可能是不太明了的），解密这些密文所使用的密钥与待解密的密文的密钥是一样的．

显然，唯密文攻击最难，其余攻击依序难度递减．选择密文攻击主要用于分析公钥密码体系．

简单的单表代换密码容易被破译，它仅需统计出最高频度字母再与明文字母表字母对应决定出位置量，就差不多可以得到正确的解了，如恺撒密码等．一般的仿射密码要复杂些，但是多考虑几个密文字母统计表与明文字母统计表的匹配关系也不难解出．另外，单表代换密码由于其密钥量较小（在移位密码中，密钥量仅为 N），很容易用穷举密钥搜索来破译．

对大量的英文明文消息进行统计可以得出字母依据出现频率的分类：

极高频率字母：e

次高频率字母：t, a, o, i, n, s, h, r

中等频率字母：d, l

次低频率字母：$c, u, m, w, f, g, y, p, b$

极低频率字母：v, k, j, x, q, z

我们还可以进行双字母、三字母出现频率的统计，得到进一步的统计特性．

在例 10.1.1 中，我们知道，恺撒密码的密钥空间元素个数为 $N=27$，它很小，可以用穷举法来破译．如，用恺撒密码加密后的密文

$$hwxgoqcczoxgoxborcst$$

当 $k=15$ 时，可译出

$$this\ book\ is\ in\ code$$

其余情况的译码均无意义．恺撒密码的破译不难．所以设计密码时，密钥空间要大，以抗穷举搜索．

而多表代换密码的破译要比单表代换密码的破译困难得多，一般多采用已知明文攻击法．例如在分析维吉尼亚密码时，常采用 Kasiski 测试法和重合指数法（index of coincidence）以及重合互指数（mutual index of coincidence）法来确定密钥．

10.2 基于信息论的密码学

1949 年，Shannon 发表了题为“保密系统的通信理论”的论文，把信息论引入到密码学中，使信息论成为研究密码学的一个重要理论基础，并把已有数千年历史的密码学推上了科学的轨道，形成了科学的私钥（秘密钥）密码学理论.

Shannon 从概率统计的观点出发研究了信息的保密问题，将保密系统归纳为图 10.1. 我们知道，通信系统设计的目的是在信道有干扰的情况下，使接收的信息无差错或差错尽可能地小，而保密系统设计的目的却是使窃听者即使在完全准确地接收到信号的情况下也无法恢复出原始消息.

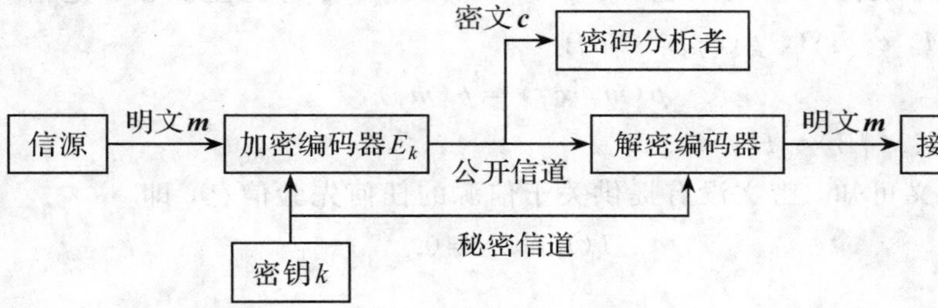

图 10.1 密钥密码系统模型

密码系统有两种安全性标准：一是理论安全性，指破译者具有无限时间和无限计算资源下的抗破译能力；二是实用安全性，指在破译者仅有一定计算资源及其他实际限制下的抗破译能力. 一个安全的密码系统通常应满足如下条件：

（1）系统即使不是理论上不可破译，至少也应当是实用上不可破译；

（2）系统保密性不是依赖于加密算法与解密算法，而是依赖于密钥的保密性；

（3）加密运算、解密运算简单快速，易于实现；

（4）密钥量适中，密钥的分配、管理方便.

10.2.1 完全保密

前面已提到密码系统的两种安全性标准. 实际上，保密系统的安全性是针对某种攻击而言的. 本节我们针对唯密文攻击来研究保密系统的理论安全性（或称为完善保密性），即指无条件安全性. 当然，它不一定能够保证在已知明文攻击或选择明文攻击下也是完善保密的.

令 M 为信源的明文空间，B 为密文空间，K 为密码系统的密钥空间. 对于给定的密钥 $\boldsymbol{k}\in K$，加密编码 $E_{\boldsymbol{k}}$ 是从 M 到 B 的一个一一对应变换，而解密译码 $D_{\boldsymbol{k}}$ 是 $E_{\boldsymbol{k}}$ 的逆变换，于是一个密码系统就由 $(M,B,K,E_{\boldsymbol{k}},D_{\boldsymbol{k}})$ 表示就可以了.

假设某一密码系统 $(M,B,K,E_{\boldsymbol{k}},D_{\boldsymbol{k}})$，其中明文空间 $M=\{\boldsymbol{m}_1,\boldsymbol{m}_2,\cdots,\boldsymbol{m}_n\}$，密文空间 $B=\{\boldsymbol{c}_1,\boldsymbol{c}_2,\cdots,\boldsymbol{c}_N\}$. 明文 $\boldsymbol{m}_i$ 出现的概率为 $p(\boldsymbol{m}_i)$，密钥 $\boldsymbol{k}\in K$ 出现的概率为 $p(\boldsymbol{k})$，密文 $\boldsymbol{c}_j$ 出现的概率为 $p(\boldsymbol{c}_j)$. 在实际密码系统中，使用的密钥独立于明文，是随机选取的. 在收到密文 $\boldsymbol{c}_j$ 的条件下，明文为 $\boldsymbol{m}_i$ 的条件概率是 $p(\boldsymbol{m}_i|\boldsymbol{c}_j)$，其余的条件概率类似定义.首先我们定义何谓完全保密系统.

定义 10.2.1 密码系统 $(M,B,K,E_{\boldsymbol{k}},D_{\boldsymbol{k}})$ 称为**完全保密**，是指对一切 $\boldsymbol{m}_i\in M$，$\boldsymbol{c}_j\in B$，$p(\boldsymbol{c}_j)>0$，有

$$p(\boldsymbol{m}_i|\boldsymbol{c}_j)=p(\boldsymbol{m}_i),$$

即表示 $H(M|B)=H(M)$.

由定义可知，密文没有提供关于信源的任何先验信息，即

$$I(B,M)=0.$$

定理 10.2.1 一个密码系统 $(M,B,K,E_{\boldsymbol{k}},D_{\boldsymbol{k}})$ 完全保密的充要条件是：$\forall\,\boldsymbol{m}_i\in M$，$\boldsymbol{c}_j\in B$，有

$$p(\boldsymbol{c}_j|\boldsymbol{m}_i)=p(\boldsymbol{c}_j). \tag{10.2.1}$$

证 因为

$$p(\boldsymbol{m}_i,\boldsymbol{c}_j)=p(\boldsymbol{m}_i)p(\boldsymbol{c}_j|\boldsymbol{m}_i)=p(\boldsymbol{c}_j)p(\boldsymbol{m}_i|\boldsymbol{c}_j),$$

故

$$p(\boldsymbol{c}_j|\boldsymbol{m}_i)=p(\boldsymbol{c}_j)\Leftrightarrow p(\boldsymbol{m}_i|\boldsymbol{c}_j)=p(\boldsymbol{m}_i)\quad(\text{当 } p(\boldsymbol{c}_j)>0\text{ 时}).\ \blacksquare$$

定理表明，对于每个密文 $\boldsymbol{c}_j$，只要 $p(\boldsymbol{c}_j)>0$，则对任意的 $\boldsymbol{m}_i$，总存在一个密钥 $\boldsymbol{k}$，使得

$$E_{\boldsymbol{k}}(\boldsymbol{m}_i)=\boldsymbol{c}_j.$$

因为此时有 $p(\boldsymbol{c}_j|\boldsymbol{m}_i)=p(\boldsymbol{c}_j)>0$.

定理 10.2.2 在一个完全保密的密码系统中，不同的密钥数不会少于不同明文的数目.

证 首先，$\forall\,\boldsymbol{k}\in E_{\boldsymbol{k}}$，由于加密变换为一一映射，故 $\forall\,\boldsymbol{m}_i,\boldsymbol{m}_j\in M$，

$\boldsymbol{m}_i \neq \boldsymbol{m}_j$，都有

$$E_{\boldsymbol{k}}(\boldsymbol{m}_i) \neq E_{\boldsymbol{k}}(\boldsymbol{m}_j).$$

从而密文数目不会少于明文数目.

任意选定一个密文 $\boldsymbol{c}$，$p(\boldsymbol{c}) > 0$. 由定理 10.2.1，$\forall \boldsymbol{m}_i \in M$，$\exists \boldsymbol{k}_i \in K$，有 $E_{\boldsymbol{k}_i}(\boldsymbol{m}_i) = \boldsymbol{c}$. 并且若 $i \neq j$，则 $\boldsymbol{k}_i \neq \boldsymbol{k}_j$，否则 $E_{\boldsymbol{k}_i} = E_{\boldsymbol{k}_j}$，将两个不同明文 $\boldsymbol{m}_i, \boldsymbol{m}_j$ 变换成同一密文 $\boldsymbol{c}$，这与编码变换是一一对应的相矛盾. 从而加密变换数不会少于明文的数目，即密钥数至少同明文数目相等. ▌

定理 10.2.3 设一个密码系统的明文数目、密文数目和密钥数目均相等，即 $|M| = |B| = |K| = n$，则该密码为完全保密的充要条件是：

(1) $\forall \boldsymbol{m}_i \in M$，$\forall \boldsymbol{c}_j \in B$，$\exists$ 唯一一 $\boldsymbol{k} \in K$，使得 $E_{\boldsymbol{k}}(\boldsymbol{m}_i) = \boldsymbol{c}_j$；

(2) $\forall \boldsymbol{k} \in K$，$p(\boldsymbol{k}) = \dfrac{1}{n}$.

证 必要性. 若该密码系统是完全保密的，由于 $|M| = |B|$，而每个 $E_{\boldsymbol{k}}$ 为一一变换，故 $\forall \boldsymbol{c}_j \in B$，有 $p(\boldsymbol{c}_j) > 0$. 再由定理10.2.1，$\forall \boldsymbol{m}_i$，至少存在一个 $\boldsymbol{k} \in K$，使得 $E_{\boldsymbol{k}}(\boldsymbol{m}_i) = \boldsymbol{c}_j$. 又若有两个不同的 $\boldsymbol{k}_1, \boldsymbol{k}_2 \in K$，而 $E_{\boldsymbol{k}_1}(\boldsymbol{m}_i) = E_{\boldsymbol{k}_2}(\boldsymbol{m}_i) = \boldsymbol{c}_j$，则由于 $\forall \boldsymbol{m} \in M$，均可对应为任一个 $\boldsymbol{c} \in B$，此时对于不同的 $\boldsymbol{c}$ 需要不同的 $E_{\boldsymbol{k}}$，故至少有 $|B|$ 个不同的 $E_{\boldsymbol{k}}$，使得 $\boldsymbol{m}$ 在它们的映射之下互不相同. 而 $|K| = |B|$，故不可能有 $\boldsymbol{k}_1 \neq \boldsymbol{k}_2$ 且 $E_{\boldsymbol{k}_1}(\boldsymbol{m}_i) = E_{\boldsymbol{k}_2}(\boldsymbol{m}_i) = \boldsymbol{c}_j$ 的情况发生，与假设相矛盾. 从而(1) 成立.

又 $\forall j$，有

$$p(\boldsymbol{c}_j | \boldsymbol{m}_1) = p(\boldsymbol{c}_j | \boldsymbol{m}_2) = \cdots = p(\boldsymbol{c}_j | \boldsymbol{m}_n) = p(\boldsymbol{c}_j),$$

而 $p(\boldsymbol{c}_j | \boldsymbol{m}_i)$表明将明文 $\boldsymbol{m}_i$ 加密成密文 $\boldsymbol{c}_j$ 的概率，它当然等于将明文 $\boldsymbol{m}_i$ 加密成密文 $\boldsymbol{c}_j$ 的所有密钥的概率之和，即

$$p(\boldsymbol{c}_j | \boldsymbol{m}_i) = \sum_{\boldsymbol{k}:\, E_{\boldsymbol{k}}(\boldsymbol{m}_i) = \boldsymbol{c}_j} p(\boldsymbol{k}).$$

由(1)可知，满足 $E_{\boldsymbol{k}}(\boldsymbol{m}_i) = \boldsymbol{c}_j$ 的 $\boldsymbol{k}$ 只有一个，记为 $\boldsymbol{k}_{ij}$，所以

$$p(\boldsymbol{k}_{ij}) = p(\boldsymbol{c}_j | \boldsymbol{m}_i) = p(\boldsymbol{c}_j).$$

当 $\boldsymbol{m}_i$ 跑遍明文空间时，$\boldsymbol{k}_{ij}$ 跑遍密钥空间，所以密钥等概率.

充分性. 若(1),(2)成立，则对一切 $\boldsymbol{m}_i, \boldsymbol{c}_j$，有

$$p(\boldsymbol{c}_j | \boldsymbol{m}_i) = \frac{1}{n}.$$

而

$$p(\boldsymbol{c}_j) = \sum_{i=1}^{n} p(\boldsymbol{m}_i) p(\boldsymbol{c}_j | \boldsymbol{m}_i) = \frac{1}{n} \sum_{i=1}^{n} p(\boldsymbol{m}_i) = \frac{1}{n} = p(\boldsymbol{c}_j | \boldsymbol{m}_i),$$

故由定理 10.2.1 知，该密码系统为完全保密系统. ▍

讨论了这么多的完全保密系统的性质，那么完全保密系统是否存在呢？下面的定理肯定地回答了这一问题.

定理 10.2.4 完全保密系统存在.

证 我们用构造法来证明它. 回忆一下，可知 $\mathbf{Z}_2=\{0,1\}$，取 N 为某一固定正整数，记

$$M=\{\boldsymbol{m}=(m_1,m_2,\cdots,m_N)\mid m_i\in\mathbf{Z}_2,\ 1\leqslant i\leqslant N\},$$
$$K=\{\boldsymbol{k}=(k_1,k_2,\cdots,k_N)\mid k_i\in\mathbf{Z}_2,\ 1\leqslant i\leqslant N\},$$
$$B=\{\boldsymbol{c}=(c_1,c_2,\cdots,c_N)\mid c_i\in\mathbf{Z}_2,\ 1\leqslant i\leqslant N\}.$$

我们还设定 M 与 K 之间相互独立，且 $\forall\,\boldsymbol{k}\in K$，$p(\boldsymbol{k})=\frac{1}{2^N}$.

$\forall\,\boldsymbol{k}\in K$，我们定义加密变换 $E_{\boldsymbol{k}}:M\to B$ 为

$$\boldsymbol{c}=E_{\boldsymbol{k}}(\boldsymbol{m})=\boldsymbol{m}\oplus\boldsymbol{k}=(m_1\oplus k_1,\cdots,m_N\oplus k_N),$$

其中运算 $\oplus$ 为模 2 加法，易知 $E_{\boldsymbol{k}}$ 为一个一一映射.

同样，$\forall\,\boldsymbol{k}\in K$，我们定义解密译码变换为

$$D_{\boldsymbol{k}}:B\to M,$$
$$\boldsymbol{m}=D_{\boldsymbol{k}}(\boldsymbol{c})=\boldsymbol{c}\oplus\boldsymbol{k}=(c_1\oplus k_1,\cdots,c_N\oplus k_N),$$

其中 $\oplus$ 为模 2 加法运算，易知 $D_{\boldsymbol{k}}$ 也是一个一一映射.

$\forall\,\boldsymbol{m}=(m_1,\cdots,m_N)\in M$，$\forall\,\boldsymbol{c}=(c_1,\cdots,c_N)\in B$，存在唯一的 $\boldsymbol{k}=\boldsymbol{m}\oplus\boldsymbol{c}=(m_1\oplus c_1,\cdots,m_N\oplus c_N)$，使得

$$E_{\boldsymbol{k}}(\boldsymbol{m})=\boldsymbol{c}.$$

而 $|B|=|K|=|M|=2^N$，故由定理 10.2.3 知，密码系统 $(M,B,K,E_{\boldsymbol{k}},D_{\boldsymbol{k}})$ 为一完全保密系统. ▍

定理 10.2.4 中构造的密码系统在唯密文攻击下是安全的，但易受已知明文攻击，这是因为密钥 $\boldsymbol{k}$ 可以由明文 $\boldsymbol{m}$ 和密文 $\boldsymbol{c}$ 进行模 2 加法获得. 这就要求每发送一条消息都要产生一个新的密钥并在一个安全的信道上传送，这同时也给密钥的管理带来了极大的困难. 因此，无条件安全保密系统是很不实用的，它有很大的局限性. 但它在军事上和外交上很早就派上了用场，而且至今仍在某些场合得到使用. 传统上，人们称这种系统为“一次一密”. 在实际中，人们设计一个密码系统的目的是希望一个密钥能用来加密一条相对长的明文（即用一个密钥来加密许多消息）并且至少在计算上是安全的，如后面要介绍的 DES 系统.

10.2.2 唯一解距离

本小节讨论在唯密文攻击下破译一个密码系统时密码分析者必须处理的密文量的理论下界. Shannon 从密钥含糊度（疑义度）$H(K|C)$出发研究了这一问题，$H(K|C)$给出了在给定密文下密钥的不确定性. 首先，我们引入如下定义：

定义 10.2.2 对密码系统$(M,B,K,E_{\boldsymbol{k}},D_{\boldsymbol{k}})$，**明文熵**定义为

$$H(M)=-\sum_{\boldsymbol{m}\in M}p(\boldsymbol{m})\log p(\boldsymbol{m}); \tag{10.2.2}$$

密钥熵定义为

$$H(K)=-\sum_{\boldsymbol{k}\in K}p(\boldsymbol{k})\log p(\boldsymbol{k}). \tag{10.2.3}$$

令 X^t 表示 M 中所有长度为 t 的明文所构成的集合，Y^n 表示 B 中所有长度为 n 的密文所构成的集合，则在已知密文下对明文和对密钥的**含糊度**分别定义为

$$H(X^t|Y^n)=-\sum_{\boldsymbol{m}\in X^t,\ \boldsymbol{c}\in Y^n}p(\boldsymbol{c},\boldsymbol{m})\log p(\boldsymbol{m}|\boldsymbol{c}) \tag{10.2.4}$$

和

$$H(K|Y^n)=-\sum_{\boldsymbol{k}\in K,\ \boldsymbol{c}\in Y^n}p(\boldsymbol{c},\boldsymbol{k})\log p(\boldsymbol{k}|\boldsymbol{c}). \tag{10.2.5}$$

$H(X^t|Y^n)$和 $H(K|Y^n)$分别给出了截获到长度为 n 的密文后，关于长度 t 的明文和密钥的不确定程度. 显然，若 $N\geqslant n$，则有

$$H(X^t|Y^n)\geqslant H(X^t|Y^N),$$
$$H(K|Y^n)\geqslant H(K|Y^N).$$

由此可知，随着截获密文的增加，获得关于明文或密钥的信息量就会增加. 若 n 充分大，使得 $H(K|Y^n)=0$，则可唯一确定密钥. 因此，使得 $H(K|Y^n)=0$ 的最小 n 是密码学中有非常重要意义的量.

定义 10.2.3 一个密码系统的**唯一解距离** N_0 定义为使$H(K|Y^n)=0$的最小正整数 n.

一般来讲，要计算 $H(K|Y^n)$或求出 N_0 是非常困难的. Shannon 提出利用随机密码的模型来估计 $H(K|Y^n)$. 其随机密码模型满足如下假设：

(1) 明文与密文共用同一个字母表 A，长度为 n 的明文集合 A^n 划分成两个集合 B_n 和$\overline{B_n}=A^n-B_n$，B_n 中明文是有意义的，而$\overline{B_n}$中明文是无意义的，且当 $n\to\infty$时，$\overline{B_n}$中明文出现的概率可忽略不计；

(2) 密钥为等概率分布，即 $p(k)=|K|^{-1}=2^{-H(K)}$；

(3) 对于 $\boldsymbol{k}\in K$，对应的加密变换 $E_{\boldsymbol{k}}$ 为 $A^n\to A^n$ 的一一映射；

(4) B_n 中每个明文为等概率的.

定理 10.2.5 满足上面假设的密码系统$(M,B,K,E_{\boldsymbol{k}},D_{\boldsymbol{k}})$将长为 n 的明文加密成长为 n 的密文，则

$$H(K|Y^n)=H(K)+H(X^n)-H(Y^n). \tag{10.2.6}$$

证 由联合熵的性质，有

$$H(X^n,K,Y^n)=H(K,Y^n)+H(X^n|K,Y^n),$$
$$H(Y^n,K,X^n)=H(Y^n|K,X^n)+H(K,X^n).$$

故

$$H(K,Y^n)-H(K,X^n)=H(Y^n|K,X^n)-H(X^n|K,Y^n). \tag{10.2.7}$$

由于知道密钥 $\boldsymbol{k}$ 和明文 $\boldsymbol{m}=m_1m_2\cdots m_n$ 就可求出密文 $\boldsymbol{c}=c_1c_2\cdots c_n$，反之已知密钥 $\boldsymbol{k}$ 和密文 $\boldsymbol{c}$ 也可求出明文 $\boldsymbol{m}$，故

$$H(Y^n|K,X^n)=H(X^n|K,Y^n)=0.$$

从而 $H(K,X^n)=H(K,Y^n)$. 又

$$H(K|Y^n)=H(K,Y^n)-H(Y^n),$$

同时由于明文和密钥相互独立，知

$$H(K,X^n)=H(K)+H(X^n),$$

所以有

$$H(K|Y^n)=H(K)+H(X^n)-H(Y^n). \qquad \blacksquare$$

一般地，称 $R_0=\log|A|$ 为信源的**绝对信息率**，$R_n=\dfrac{\log|B_n|}{n}$ 为信源的**近似信息率**，$d_n=R_0-R_n$ 为信源的**近似剩余度**.

由假设条件可知，对于 n，有

$$H(X^n)=nR_n=\log|B_n|,$$
$$H(Y^n)=nR_0=n\log|A|.$$

所以，有

$$H(K|Y^n)=H(K)+nR_n-nR_0.$$

令上式为0，求得

$$N_0=n=\frac{H(K)}{R_0-R_n}.$$

记 $\overline{H}=\lim\limits_{n\to\infty}R_n$ 为信源信息率，则 n 充分大时，可用 $\overline{H}$ 来代替 R_n，即

$$n=\frac{H(K)}{R_0-\overline{H}}.$$

R_0-R_n 或 $R_0-\overline{H}$ 为明文多余度，Shannon 利用了多余度来近似估计唯一解距离，并使得多余度成为密码分析的基础. 当然，N_0 仅仅为一个理论值，一般破译密码系统所需要的密文量均远远大于 N_0.

当然，还有一种情况是，$\lim\limits_{n\to\infty} H(K\,|\,Y^n)\neq 0$. 对于这种密码系统来说，截获再多的密文也无法消除关于密钥的不确定性，有时，称这种密码系统为理想的密码系统.

10.2.3 实用安全性

前面分析的唯一解距离 N_0 说明，当截获的密文长度大于 N_0 时，原则上可以唯一确定所使用的密钥，从而可以破译该密码. 但这只是一种理想状态，即我们在此还假定破译者具有无限的计算能力，并能充分地利用信源的全部统计知识. 然而在实际中，破译者会受到各种条件的限制，不可能做到完全利用资源. 如果破译密码的代价超出了该码的信息价值，或者破译成功所花时间超出了所得信息的时效，则破译是徒劳无益的. 因此，研究密码系统在时间、人力、物力等限制条件下的安全性更具有实用意义. 这种安全性即所谓实用安全性.

另一方面，密码系统的理论安全性是在理想的、容易进行数学上分析的假设基础之上对密码安全性的测度，它忽略了破译者实际上往往可以利用的其他边际信息，所以即使理论上安全的密码系统，实用中也可以通过其他边际信息来破译.

现代密码的破译最终会归结为求解一些数学问题，即密码系统的实用安全性大小取决于求解这些数学问题的难易程度. 它们与破译者分析问题的能力、计算能力、可利用的资源有关，也与所采用方法的有效性有关. 问题复杂性和算法复杂性为分析不同密码技术和算法的“计算复杂性”提供了一种方法，它对密码算法和技术进行比较，并确定它们的安全性. 因此，计算复杂性成了密码学的重要基础.

10.3 数据加密标准(DES)

传统的密码系统可以分成分组密码和序列密码两类. 所谓**分组密码**是将明文消息编码表示后的数字序列 $x_1,x_2,\cdots$ 划分成长为 n 的组 $\boldsymbol{m}=(m_0,$

$m_1, \cdots, m_n$)，各组（长为 n 的向量）分别在密钥 $\boldsymbol{k}=(k_1, k_2, \cdots, k_t)$ 确定的加密算法 $E_{\boldsymbol{k}}$ 加密下变换成长度为 N 的密文 $\boldsymbol{c}=(c_1, c_2, \cdots, c_N)$. 若 A 为明文字母表，A' 为密文字母表，则分组加密实际上是 $A^n \to A'^N$ 的一个代换. 实际上，大多数情况下，取 $A=A'=\{0,1\}$，$n=N$. 此时若将长度为 n 的二元向量 $\boldsymbol{m}=(m_1, m_2, \cdots, m_n)$ 看做是整数 $\sum_{i=1}^{n} m_i 2^{i-1}$，即为整数 $\sum_{i=1}^{n} m_i 2^{i-1}$ 的二进制表示，则相应的密码就是 $\mathbf{Z}_{2^n}=\{0,1,2,\cdots,2^n-1\}$ 上的一个置换集合.

DES 系统是由美国 IBM 公司提出来的，是早期的称为 Lucifer 密码的一种发展和修改. 1977 年，该系统被美国国家标准局接受，并批准作为美国联邦信息处理标准，即 FIPS-46. 1998 年 7 月，电子边境基金学会 (EFF) 使用了一台 25 万美元的电脑在 56 小时内破译了 56 位 DES，美国遂决定 1998 年 12 月以后将不再使用 DES，并加紧制定新的数据加密标准 AES. 尽管如此，DES 对于推动密码理论的发展和应用起了重大的作用，对于掌握分组密码的基本理论、设计思想和实际应用仍然有着重要的参考价值. 下面我们来描述这一算法.

10.3.1 DES 的描述

DES 是一个分组密码算法，它采用 56 bit 长的密钥将 64 bit 长的明文数据加密成 64 bit 长的密文，因此它实际上是由 2^{56} 个 $\mathbf{Z}_{2^{64}}$ 上的置换构成的. 其加密工作程序如下：

(1) 给定明文 $\boldsymbol{x}$，通过一个固定的初始变化 IP 置换 $\boldsymbol{x}$ 得到 $\boldsymbol{x}_0$，记为 $\boldsymbol{x}_0$：$\mathrm{IP}(\boldsymbol{x})=L_0R_0$，这里 L_0 为 $\boldsymbol{x}_0$ 的前 32 bit，R_0 为 $\boldsymbol{x}_0$ 的后 32 bit.

(2) 随后进行 16 轮完全相同的运算. 将这数据与密钥相结合，我们可以根据以下规则计算 L_iR_i $(1 \leqslant i \leqslant 16)$：

$$L_i=R_{i-1}, \quad R_i=L_{i-1} \oplus f(R_{i-1}, k_i),$$

这里$\oplus$表示两个比特串的异或，f 为一个函数（其描述见后），$k_1, k_2, \cdots, k_{16}$ 为密钥 $\boldsymbol{k}$ 的函数，长度均为 48 bit（实际上每个 k_i 都来自密钥 $\boldsymbol{k}$ 的比特的一个置换选择），$k_1, k_2, \cdots, k_{16}$ 构成一个密钥方案. 每轮 DES 加密过程如图 10.2 所示.

(3) 对比特串 $R_{16}L_{16}$ 应用初始置换 IP 的逆置换 IP^{-1}，获得密文 $\boldsymbol{y}$，即 $\boldsymbol{y}=\mathrm{IP}^{-1}(R_{16}L_{16})$. 注意最后一次迭代后，左边和右边未进行交换，而是将 $R_{16}L_{16}$ 作为 IP^{-1} 的输入，目的是为了使算法可同时用于加密和解密.

函数 $f(A, J)$ 的第一个变量 A 是一个长度为 32 的比特串，第二个变量 J 是一个长度为 48 的比特串，输出的是一个长度为 32 的比特串. 其计

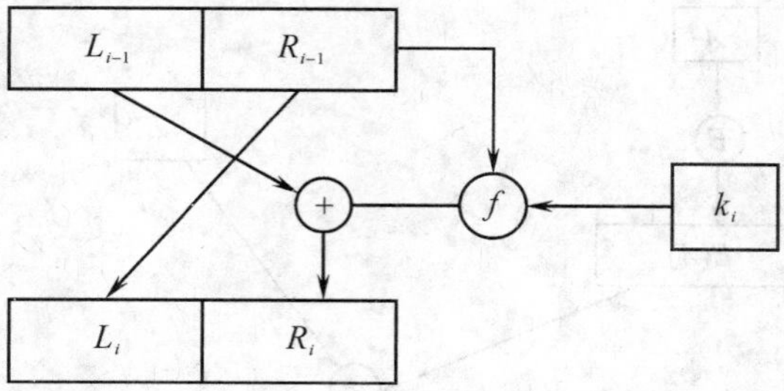

图 10.2 一轮 DES 加密过程

算过程如下：

(1) 将 f 的第一个变量 A 根据一个固定的扩展函数 E 扩展成为一个长度为 48 的比特串.

(2) 计算 $E(A)\oplus J$，并将所得结果分成 8 个长度为 6 的比特串，记为

$$B=B_1B_2B_3B_4B_5B_6B_7B_8.$$

(3) 使用 8 个 $\boldsymbol{S}$-盒 $\boldsymbol{S}_1,\boldsymbol{S}_2,\cdots,\boldsymbol{S}_8$. 每个 $\boldsymbol{S}_i$ 是一个固定的 4×16 矩阵，它的元素来自 0～15 这 16 个整数. 给定一个长度为 6 的比特串，比如说 $B=b_1b_2\cdots b_6$，我们按下列方法计算 $\boldsymbol{S}_j(B_j)$：用两个比特 b_1b_2 对应的整数 r $(0\leqslant r\leqslant 3)$ 来确定 $\boldsymbol{S}_j$ 的行(即整数 r 的二进制表示为 b_1b_6)，用 4 个比特 $b_2b_3b_4b_5$ 对应的整数 c $(0\leqslant c\leqslant 15)$ 来确定 $\boldsymbol{S}_j$ 的列，而 $\boldsymbol{S}_j(B_j)$ 的取值就是 $\boldsymbol{S}_j$ 的第 r 行、第 s 列的整数所对应的二进制表示. 记

$$C_j=\boldsymbol{S}_j(B_j),\quad 1\leqslant j\leqslant 8.$$

(4) 将长度为 32 的比特串 $C=C_1C_2C_3C_4C_5C_6C_7C_8$ 通过一个固定的置换 P 进行置换，将所得结果 $P(C)$ 作为 $f(A,J)$ 的输出. 函数 f 的描述如图 10.3 所示.

初始置换 IP 和 IP^{-1} 如下：

IP

58	50	42	34	26	18	10	2
60	52	44	36	28	20	12	4
62	54	46	38	30	22	14	6
64	56	48	40	32	24	16	8
57	49	41	33	25	17	9	1
59	51	43	35	27	19	11	3
61	53	45	37	29	21	13	5
63	55	47	39	31	23	15	7

IP^{-1}

40	8	48	16	56	24	64	32
39	7	47	15	55	23	63	31
38	6	46	14	54	22	62	30
37	5	45	13	53	21	61	29
36	4	44	12	52	20	60	28
35	3	43	11	51	19	59	27
34	2	42	10	50	18	58	26
33	1	41	9	49	17	57	25

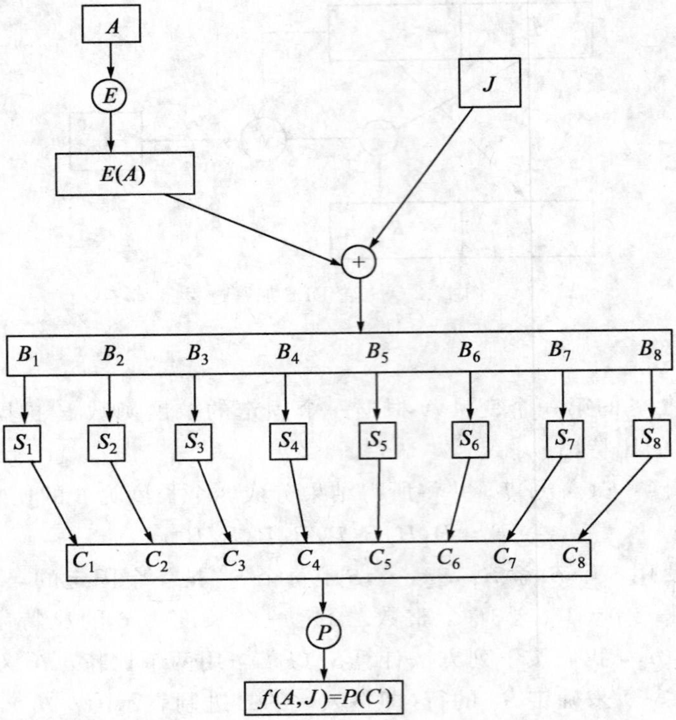

图 10.3 DES 的函数 f

这意味着 $\boldsymbol{x}$ 的第 58 比特是 IP($\boldsymbol{x}$) 的第一比特，$\boldsymbol{x}$ 的第 50 比特为 IP($\boldsymbol{x}$) 的第 2 比特等. IP 与 IP^{-1} 没有密码意义，因为 $\boldsymbol{x}$ 与 IP($\boldsymbol{x}$)（或 $\boldsymbol{y}$ 与 $\mathrm{IP}^{-1}(\boldsymbol{y})$）的一一对应关系已知. 它们的作用在于打乱原来输入 $\boldsymbol{x}$ 的 ASCII 码字划分的关系，并将原来明文的校验位 $x_8, x_{16}, \cdots, x_{64}$ 变成 IP 的输出的一个字节.

扩展函数 E 为

32	1	2	3	4	5
4	5	6	7	8	9
8	9	10	11	12	13
12	13	14	15	16	17
16	17	18	19	20	21
20	21	22	23	24	25
24	25	26	27	28	29
28	29	30	31	32	1

置换 P 为

16	7	20	21
29	12	28	17
1	15	23	26
5	18	31	10
2	8	24	14
32	27	3	9
19	13	30	6
22	11	4	25

密钥方案的计算：每一轮都使用不同的、从初始密钥(种子密钥) $\boldsymbol{k}$ 导出的48 bit密钥 k_i. $\boldsymbol{k}$ 为一个长度为64的比特串，它实际上只有56 bit，在第8,16,…,64位为校验比特，共8个，主要是为了检错.在位置8,16,…,64的比特是按下述办法给出的：使得每一个字节(8 bit长)含有奇数个1. 因而在每个字节中的一个错误能被检测出来. 在密钥方案的计算中，不考虑校验位. 密钥方案的计算过程如下：

(1) 给定一个 64 bit 的密钥 $\boldsymbol{k}$，删除掉 8 个校验比特并利用一个固定的置换 PC-1 置换 $\boldsymbol{k}$ 的余下的 56 bit，记 PC-1($\boldsymbol{k}$) $= C_0 D_0$，其中 C_0 为 PC-1($\boldsymbol{k}$) 的前 28 bit，D_0 为 PC-1($\boldsymbol{k}$) 的后 28 bit.

(2) 对于每个 i，$1 \leqslant i \leqslant 16$，计算

$$C_i = \mathrm{LS}_i(C_{i-1}),\quad D_i = \mathrm{LS}_i(D_{i-1}),\quad k_i = \mathrm{PC\text{-}2}(C_i D_i),$$

其中 LS_i 表示一个或两个位置的左循环移位，当 $i=1,2,9,16$ 时，移动一个位置；当 $i=3,4,5,6,7,8,10,11,12,13,14,15$ 时，移动两个位置. PC-2 是另外一个固定的置换. 密钥方案的计算过程如图 10.4 所示.

置换 PC-1 和 PC-2 为

PC-1

57	49	41	33	25	17	9
1	58	50	42	34	26	18
10	2	59	51	43	35	27
19	11	3	60	52	44	36
63	55	47	39	31	23	15
7	62	54	46	38	30	22
14	6	61	53	45	37	29
21	13	5	28	20	12	4

PC-2

14	17	11	24	1	5
3	28	15	6	21	10
23	19	12	4	26	8
16	7	27	20	13	2
41	52	31	37	47	55
30	40	51	45	33	48
44	49	39	56	34	53
46	42	30	36	29	32

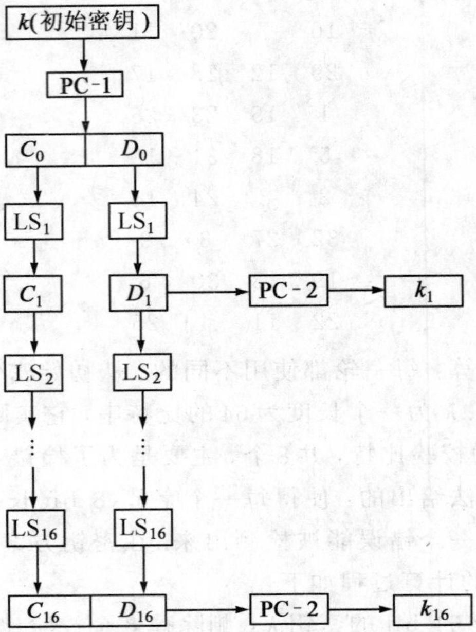

图10.4 DES的密钥方案的计算

解密采用同一算法实现，把密文 $\boldsymbol{y}$ 作为输入，倒过来使用密钥方案即以逆序 $k_{16},k_{15},\cdots,k_2,k_1$ 使用密钥方案，输出的即为明文 $\boldsymbol{x}$.

8 个 $\boldsymbol{S}$-盒如下：

S_1	14	4	13	1	2	15	11	8	3	10	6	12	5	9	0	7
	0	15	7	4	14	2	13	1	10	6	12	11	9	5	3	8
	4	1	14	8	13	6	2	11	15	12	9	7	3	10	5	0
	15	12	8	2	4	9	1	7	5	11	3	14	10	0	6	13

S_2	15	1	8	14	6	11	3	4	9	7	2	13	12	0	5	10
	3	13	4	7	15	2	8	14	12	0	1	10	6	9	11	5
	0	14	7	11	10	4	13	1	5	8	12	6	9	3	2	15
	13	8	10	1	3	15	4	2	11	6	7	12	0	5	14	9

S_3	10	0	9	14	6	3	15	5	1	13	12	7	11	4	2	8
	13	7	0	9	3	4	6	10	2	8	5	14	12	11	15	1
	13	6	4	9	8	15	3	0	11	1	2	12	5	10	14	7
	1	10	13	0	6	9	8	7	4	15	14	3	11	5	2	12

S_4	7	13	14	3	0	6	9	10	1	2	8	5	11	12	4	15
	13	8	11	5	6	15	0	3	4	7	2	12	1	10	14	9
	10	6	9	0	12	11	7	13	15	1	3	14	5	2	8	4
	3	15	0	6	10	1	13	8	9	4	5	11	12	7	2	14
S_5	2	12	4	1	7	10	11	6	8	5	3	15	13	0	14	9
	14	11	2	12	14	7	13	1	5	0	15	10	3	9	8	6
	4	2	1	11	10	13	7	8	15	9	12	5	6	3	0	14
	11	8	12	7	1	14	2	13	6	15	0	9	10	4	5	3
S_6	12	1	10	15	9	2	6	8	0	13	3	4	14	7	5	11
	10	15	4	2	7	12	9	5	6	1	13	14	0	11	3	8
	9	14	15	5	2	8	8	12	3	7	0	4	10	1	15	11
	4	3	2	12	9	5	15	10	11	14	1	7	6	0	8	13
S_7	4	11	2	14	15	0	8	13	3	12	9	7	5	10	6	1
	13	0	11	7	4	9	1	10	14	3	5	12	2	15	8	6
	1	4	11	13	12	3	7	14	10	15	6	8	0	5	9	2
	6	11	13	8	1	4	10	7	9	5	0	15	14	2	3	12
S_8	13	2	8	4	6	15	11	1	10	9	3	14	5	0	12	7
	1	15	13	8	10	3	7	4	12	5	6	11	0	14	9	2
	7	11	4	1	9	12	14	2	0	6	10	13	15	3	5	8
	2	1	14	7	4	10	8	13	15	12	9	0	3	5	6	11

10.3.2　DES 的讨论

DES 具有如下互补性，即若明文组 $\boldsymbol{x}$ 逐位取补得 $\boldsymbol{x}$，密钥 $\boldsymbol{k}$ 逐位取补得 $\bar{\boldsymbol{k}}$，且 $\boldsymbol{y}=\mathrm{DES}_{\boldsymbol{k}}(\boldsymbol{x})$，则 $\bar{\boldsymbol{y}}=\mathrm{DES}_{\bar{\boldsymbol{k}}}(\boldsymbol{x})$，其中 $\bar{\boldsymbol{y}}$ 为 $\boldsymbol{y}$ 的逐位取补. 这种特性称为**算法上的互补性**. 它表明在选择明文攻击下仅需试验可能的 2^{56} 个密钥中的一半(2^{55} 个)即可，同时也告诫人们不要使用互补密钥.

$\boldsymbol{S}$-盒是 DES 的心脏，DES 靠它实现非线性交换，关于 $\boldsymbol{S}$-盒的设计准则尚未完全公开.

对 DES 安全性批评意见中，较为一致的看法是 DES 密钥太短，其密钥长度为 56 bit，密钥量为 $2^{56}\approx10^{17}$，不能抵抗穷举搜索攻击. 美国克罗拉多州的程序员 Verser 从 1997 年 3 月 13 日起，用了 96 天的时间，在 Internet 上数万名志愿者的协同工作下，于 1997 年 6 月 17 日成功地找到了 DES 的密钥. 这一事件表明，依靠 Internet 的分布式计算能力，用穷举搜索方法破译 DES 是可行的，从而使人们认识到随着计算能力的增强，必须相应地增加算法的密钥长度.

10.4 其 他

10.4.1 公开钥密码系统

传统的密钥密码系统要求一个安全信道来传输所用的密钥，这要付出昂贵的代价，因而仅限于军事、政治等部门. 为了适应于商业、银行、科技等民用保密的需要，特别是计算机通信网络等多用户的需要，1976 年，Diffe 和 Hellman 提出了公开钥密码系统的概念.

公开钥密码系统的观点是加密用的每个密钥 $\boldsymbol{k}$ 对应了一个解密用的密钥 $\boldsymbol{k}'$，$\boldsymbol{k}$ 与 $\boldsymbol{k}'$ 是不同的，每个用户配一对 $(\boldsymbol{k},\boldsymbol{k}')$，将各用户加密钥 $\boldsymbol{k}$ 公开，称为**公开钥**，而解密钥 $\boldsymbol{k}'$ 保密，称为**秘密钥**. 任何用户要向用户 A 发送明文 $\boldsymbol{u}$ 时，首先查到 A 的公开钥 $\boldsymbol{k}$，然后用公开钥 $\boldsymbol{k}$ 对应的加密编码 $f_{\boldsymbol{k}}$ 把明文 $\boldsymbol{u}$ 变成密文 $\boldsymbol{v}=f_{\boldsymbol{k}}(\boldsymbol{u})$，从公开信道把 $\boldsymbol{v}$ 传送到 A，A 收到 $\boldsymbol{v}$ 后，用自己的密钥 $\boldsymbol{k}'$ 对应的解密译码 $\varphi_{\boldsymbol{k}'}$ 将密文 $\boldsymbol{v}$ 解密成为明文 $\boldsymbol{u}=\varphi_{\boldsymbol{k}'}(\boldsymbol{v})$.

比较有名的公开钥密码系统有 RSA 系统、背包系统和线性码系统，其数学基础一般是数论和代数.

10.4.2 认证系统

前面讨论的问题都是针对被动的密码分析，即攻击者的目的仅是从信道上截获发送的信息. 然而主动攻击者并不满足于此，他可能在信道中注入伪造的信息、删除或增加某些信息，来骗取合法受信者的信任，使合法受信者误以为这个消息来自某个合法的或约定的发信者. 所以抵抗这种主动攻击的系统在许多场合，如在电子汇款中，甚至比保密更重要. 为了检测这种信息的真伪，当用户 B 收到一个消息时，他要确证这个消息是 A 发的，有时还需确证该消息是没有被篡改过的. 这就需要认证系统和数字签名.

一个信息认证系统是由一个密钥空间 K、明文空间 M、标签符号集 Z 和由密钥 $\boldsymbol{k}\in K$ 确定的从 M 到 Z 的认证函数 $g_{\boldsymbol{k}}$ 构成的. 用户 A 和 B 要进行消息认证通信，首先他们需建立一个共同的密钥 $\boldsymbol{k}\in K$，当 A 发送认证消息 $\boldsymbol{u}\in M^N$ 给 B 时，A 计算 $\boldsymbol{z}=g_{\boldsymbol{k}}(\boldsymbol{u})$，并把 $\boldsymbol{z}$ 和 $\boldsymbol{u}$ 一起发送到 B. B 收到后，计算 $g_{\boldsymbol{k}}(\boldsymbol{u})$，并和 $\boldsymbol{z}$ 进行比较，如果两者一致，则消息得到确证.

一个安全的消息认证系统应能抵抗已知明文攻击，即从已知$(\boldsymbol{z}_i,\boldsymbol{u}_i)$，$i=1,2,\cdots,n$，来求出密钥$\boldsymbol{k}$或构造新的明文——标签对$(\boldsymbol{z}_{n+1},\boldsymbol{u}_{n+1})$在计算上是不可行的.由此可知,一个能够抵抗明文攻击的密钥分组密码系统均可构成一个消息认证系统.

10.4.3 数字签名

尽管认证系统使得受信者B相信收到的消息来自A，但他不能向第三者提供证明，以证明消息是A提供的而非B自己伪造的. 因而一旦A，B双方关于消息来源发生争执时，第三方无法作出正确的裁决，这就需用数字签名来解决.

一个安全的公开钥密码系统可以完成这项工作. 一个公开钥密码系统如果满足如下条件：

(1) 明文、密文空间相同，即$M=B$；

(2) 对每对公开钥和密钥$(\boldsymbol{k},\boldsymbol{k}')$及所有的$\boldsymbol{m}\in M$，有

$$E_{\boldsymbol{k}}(D_{\boldsymbol{k}'}(\boldsymbol{m}))=\boldsymbol{m},$$

则该公开钥密码系统可用于数字签名. 这时将用户的密钥$\boldsymbol{k}'$所确定的解密算法$D_{\boldsymbol{k}'}$作为签名算法，将用户的公开加密算法$E_{\boldsymbol{k}}$作为签名验证工作即可. 其工作流程是：用户A给B发送签名的消息$\boldsymbol{m}$，A用自己的解密算法计算出$\boldsymbol{s}=D_{\boldsymbol{k}'}(\boldsymbol{m})$，$\boldsymbol{s}$就作为$A$的签名消息发送给$B$. B收到后，保存$\boldsymbol{s}$，并用公开钥加密算法计算$E_{\boldsymbol{k}}(\boldsymbol{s})=E_{\boldsymbol{k}}(D_{\boldsymbol{k}'}(\boldsymbol{m}))=\boldsymbol{m}$，从而得到有意义的明文消息. 若$A$,$B$发生了关于消息内容和来源的争执，则$B$把$\boldsymbol{s}$和$\boldsymbol{m}$提供给仲裁者，仲裁者用$A$的公开钥加密算法计算$E_{\boldsymbol{k}}(\boldsymbol{s})$并和$\boldsymbol{m}$作比较. 若两者相符，则$\boldsymbol{m}$必为$A$所发，因为只有$A$具有从$\boldsymbol{m}$产生$\boldsymbol{s}$的解密密钥. 当然明文$\boldsymbol{m}$中应包括发送者、接收者和日期信息等.

10.4.4 密钥的管理

密钥的保密和安全管理是信息安全系统中极为重要的课题. 密钥的管理，包括密钥的产生、分配、存储、保护、销毁等一系列工作，其中分配和存储可能是最棘手的问题. 密钥管理不仅影响到系统的安全性，而且涉及系统的可靠性、有效性和经济性等. 当然，密钥管理过程中还会涉及人事、规程、物理上的一些问题，我们不作过多的讨论.

10.4.5 电子货币

随着社会的信息化和电子化及远距离贸易的增加，实物货币（一般指

纸币）面临着严峻的挑战，因为人们希望所使用的货币能在网上进行传输，而纸币显然不能满足这一要求. 因此20世纪80年代初，人们就开始从理论上研究电子货币.

目前，研究电子货币的出发点有两个. 一个是不考虑个人隐私权，也就是银行能追踪顾客的每一笔开支，顾客不能隐瞒把钱交给了谁，购买了什么东西. 这种电子货币称为**可追踪电子货币**. 目前，可追踪电子货币是较容易实现的，利用现有的密码技术如加密技术和认证技术便能设计出满足要求的可追踪电子货币. 但从发展的角度来看，这种电子货币不会得到顾客的支持，因为这种电子货币不能提供保护个人隐私的能力. 为此，人们从另一个角度出发来研究电子货币，即考虑个人的隐私权. 使用这种电子货币银行不能追踪顾客的开支情况，不能知道顾客把钱给了谁，购买了什么东西等. 这种电子货币称为**不可追踪电子货币**. 与可追踪电子货币相比，这种电子货币的设计并非一件容易的事情. 目前主要还停留在理论研究上，而且在理论上也不太成熟，如系统计算太复杂，一些关键性技术还未彻底得到解决等.

电子货币按支付方式可分为在线电子货币和离线电子货币两种. 在线电子货币要求每次支付都要有银行参加，主要是为阻止超额消费，其通信代价很高，一般适用于高额支付，对低额支付是不实用的. 离线电子货币在支付过程中无需和银行联系，主要目的是为阻止资金的滥用，一般适用于低额支付，而对高额支付是不适用的.

电子货币按面值是否变化可分为两种：一种是硬币（coin），面值固定不变；另一种是支票（check），面值在不断变化.

一个电子货币至少应满足以下三个特点：

（1）独立性. 它不依赖于任何物理条件，这样货币可通过网络传输.

（2）安全性. 能阻止伪造和拷贝货币，不可重复使用.

（3）不可追踪性. 用户的隐私能得到保证.

一个理想的电子货币应和现实中货币具有相同的特点，即还应具有以下3个特点：

（4）可迁移性. 即货币能借贷给别人.

（5）可分性. 能将价值为 C 的货币分割成许多小子片. 每个子片具有任何期望的值，每个子片之值不大于 C，但总和必为 C.

（6）离线支付. 用户在支付过程中无需和银行取得联系.

目前所设计的系统除了必须满足性质(1)～(3)外，一般还满足性质(4)～(6)中的部分性质.

部分习题解答或提示

2.4(a) $H(X|Y)+H(Y|Z)\geqslant H(X|YZ)+H(Y|Z)=H(X,Y|Z)$
$\geqslant H(X|Z)$

(b) $$\frac{H(X|Y)}{H(X,Y)}+\frac{H(Y|Z)}{H(Y,Z)}\geqslant\frac{H(X|Y)+H(Y|Z)}{H(X,Y,Z)}\geqslant\frac{H(X,Y,Z)-H(Z)}{H(X,Y,Z)}$$
$$=1-\frac{H(Z)}{H(X,Y,Z)}\geqslant 1-\frac{H(Z)}{H(X,Z)}$$
$$=\frac{H(X,Z)-H(Z)}{H(X,Z)}=\frac{H(X|Z)}{H(X,Z)}.$$

2.5 按照 $g(x_i)$ 相等的情况，将 x_i 分组，利用分组原理进行讨论.

2.6 根据条件熵的定义以及熵函数为 0 的充分必要条件，可以证明.

2.8 利用分组原理.

2.9 (1) $H(Y)=(2p^2-2p+1)\log\dfrac{1}{2p^2-2p+1}+(2p-2p^2)\log\dfrac{1}{2p-2p^2}$

(3) $H(X_2)$

3.1 $p(z=0)=p(z=1)=\dfrac{1}{2}$,

$$p(x=0,y=0,z=0)=p(x=1,y=1,z=0)=p(x=1,y=0,z=1)$$
$$=p(x=0,y=1,z=1)=\frac{1}{4},$$
$$p(x=0,y=0,z=1)=p(x=0,y=1,z=0)=p(x=1,y=1,z=1)$$
$$=p(x=1,y=0,z=0)=0$$

3.2 首先由定义可计算出 $I(X;Z|Y)=0$，再利用三个随机变量的互信息公式可以证明.

3.3 直接将左边进行展开.

3.7 由 X,Y 相互独立，可知 $H(X)=H(X|Y)$，可推出系列结论.

3.10 利用题设条件可知 $I(X;Z|Y)=0$，再根据三个随机变量的互信息公式可得.

4.1 利用大数定理.

4.4 (1) $\overline{n}=3.26$

(2) $\overline{n}=2.11$

4.6 设 $K=2^j+i\ (0\leqslant i<2^j)$.

用二元树来表示即可得到结果.

4.7 $\overline{n}=3.75$

4.12 (1) $p(a_1)=\frac{3}{7}$，$p(a_2)=p(a_3)=\frac{2}{7}$，

(2) $H(X|S_1)=\frac{3}{2}$，$H(X|S_2)=1$，$H(X|S_3)=0$.

(3) $H_\infty(X)=\frac{6}{7}$

(4) $\frac{8}{7}$

5.5 利用 Fano 不等式

7.1 用定义.

7.2 $D_{\min}=1$，$\begin{pmatrix}1 & 0\\ \alpha & 1-\alpha\\ 0 & 1\end{pmatrix}$ $(0\leqslant\alpha\leqslant1)$

$D_{\max}=\frac{4}{3}$，$\begin{pmatrix}\alpha & 1-\alpha\\ \beta & 1-\beta\\ \alpha & 1-\alpha\end{pmatrix}$ $(0\leqslant\alpha,\beta\leqslant1)$

7.3 $D_{\min}=0$，$D_{\max}=\min\{p,1-p\}$，$R(D)=H(P)-H(D)$

7.6 可用反证法.

8.4 将 $p_1(x)$的解代入 $H(p_1)-H(p_2)$可得结果.

8.7 将 r 的解代入 $D(q,r)+D(r,p)$可得后者等于 $D(q,p)$.

参考文献

[1] Roman Steven. Coding and Information Theory. New York: Springer-Verlag, 1992.

[2] Cover Thomas M, Thomas Joy A. Elements of Information Theory. New York: Wiley, 1991.

[3] Jones Duglas Samual. Elementary Information Theory. Oxford: Clarendon, 1979.

[4] Ash Robert B. Information Theory. New York: Dover Publications, 1990.

[5] Li Ming, Vitanyi Paul. An Introduction to Kolmogorov Complexity and Its Applications. New York: Springer-Verlag, 1993.

[6] Guiasu Silviu. Information Theory with Applications. New York: McGraw-Hill, 1997.

[7] Kullback S. Information Theory and Statistics. New York: Willey, 1959.

[8] Pincus S M. Approximate entropy as a measure of system complexity. Proc. Nat. Sci. USA, 1991, 88: 2297-2301.

[9] Richman J S, Moorman J R. Physiological time series analysis using approximate entropy and sample entropy. Am. J. Physiol. Heart Physio. 2000, 278 (6): H2039-H2049.

[10] Renyi A. On measures of entropy and information. In Proceedings of the Fourth Berkeley Symposium on Math. Statist. Prob. Vol. 1, 1960, University of California Press. Berkeley, 1961: 547－561.

[11] Tsallis C. Possible generalization of Boltzman-Gibbs statistics. J. Statist. Phys., 1988, 52: 479-487.

[12] 孟庆生. 信息论. 西安：西安交通大学出版社，1986.

[13] 仇佩亮. 信息论及其应用. 杭州：浙江大学出版社，1999.

[14] 张照止，林须端. 信息论与最优编码. 上海：上海科学技术出版

社，1993.
[15] 钟义信. 信息科学原理. 北京：北京邮电大学出版社，1996.
[16] 朱雪龙. 应用信息论基础. 北京：清华大学出版社，2001.
[17] 李明，P. M. B. 威塔涅. 描述复杂性. 北京：科学出版社，1998.
[18] 冯登国，裴定一. 密码学引论. 北京：科学出版社，1999.
[19] 常迥. 信息理论基础. 北京：清华大学出版社，1993.
[20] 周炯磐. 信息理论基础. 北京：人民邮电出版社，1983.
[21] 贾世楼. 信息论理论基础. 哈尔滨：哈尔滨工业大学出版社，2001.
[22] 傅祖芸. 信息论——基础理论与应用. 北京：电子工业出版社，2001.
[23] 叶中行. 信息论基础. 北京：高等教育出版社，2003.